工程建设标准宣贯培训系列丛书

大体积混凝土施工
标准解析与应用指南

林松涛　主编

中国建筑工业出版社

图书在版编目（CIP）数据

大体积混凝土施工标准解析与应用指南/林松涛主编. —北京：
中国建筑工业出版社，2018.12
（工程建设标准宣贯培训系列丛书）
ISBN 978-7-112-22939-0

Ⅰ. ①大…　Ⅱ. ①林…　Ⅲ. ①大体积混凝土施工-国家标准-
中国-指南　Ⅳ. ①TU755.6-65

中国版本图书馆 CIP 数据核字（2018）第 251112 号

责任编辑：何玮珂　孙玉珍
责任设计：李志立
责任校对：张　颖

工程建设标准宣贯培训系列丛书
大体积混凝土施工标准解析与应用指南
林松涛　主编
*
中国建筑工业出版社出版、发行（北京海淀三里河路 9 号）
各地新华书店、建筑书店经销
北京红光制版公司制版
大厂回族自治县正兴印务有限公司印刷
*
开本：787×1092 毫米　1/16　印张：21¼　字数：527 千字
2018 年 12 月第一版　　2018 年 12 月第一次印刷
定价：**88.00** 元
ISBN 978-7-112-22939-0
（33040）

《大体积混凝土施工标准解析与应用指南》
编 委 会 名 单

主　编： 林松涛

副主编： 仲晓林　张际斌　彭宣常　沈德建　彭明祥

编　委： 林松涛　仲晓林　彭宣常　张际斌　张兴斌

郝挺宇　程大业　彭明祥　张　剑　韩宇栋

殷淑娜　甘新平　屠柳青　李顺凯　刘可心

路来军　姜国庆　沈德建　鲁开明　许立山

肖启华　陈定洪　万　宇　仲朝明　黄思伟

胡立辉　张晓平　霍先庆　樊兴林　杨　尚

曹　杨　魏宏超　黄洪军　杜风来　陈拥军

郭建平　董伟玮　刘小刚　马雪英　常仕文

郑谦文

序

近年来，我国混凝土的年产量已超过 70 亿吨，占世界总产量的 40％以上，我国已成为名副其实的混凝土消费大国。随着现浇混凝土技术和机械化施工水平的不断提高，在冶金、交通、电力、核电、民用、军事等各个建设领域大体积混凝土技术已得到了广泛应用。大体积混凝土的一次浇筑量已从早期的几百方发展到现在的数万方，造成了大体积混凝土工程的施工技术难度日益加大、质量风险也同步提高，如果施工质量控制不当，极易出现混凝土开裂的现象。

中冶建筑研究总院有限公司通过对全国各地区跨行业的广泛调研和大量科学实验的基础上，并在成功完成了大量大型冶金设备基础，大型火力、发电设备基础，大型桥梁桥墩，核电基础及安全壳，超高层建筑物，超高烟囱基础，大型文化体育场馆，航站楼等大体积混凝土工程施工的经验基础上，不断地总结工程经验与教训，主编了国家标准《大体积混凝土施工标准》GB 50496—2018。该标准必将在保证大体积混凝土工程施工质量方面发挥重要作用。

本书是国家标准《大体积混凝土施工标准》GB 50496—2018 的配套工具书。林松涛领导的编制组进行了积极的探索，通过多年对大体积混凝土工程施工特点的研究和工程实际经验，形成此书。林松涛同志自 20 世纪 80 年代末 90 年代初就在国际著名混凝土裂缝控制专家王铁梦教授的领导下开展大体积混凝土裂缝控制技术的研究，先后在上海宝钢建设和上海浦东开发过程中参与完成了数十项大体积混凝土施工质量控制工程，形成了一整套大体积混凝土裂缝控制技术，并将该技术成果推广应用至我国核电建设等多个领域，实现了核电站安全壳基础底板混凝土一次性浇筑，取得了混凝土基础底板不出现有害裂缝的效果。

该书以表格、图形、具体案例的形式对大体积混凝土原材料的选择、配合比设计、施工工艺、养护方法、温度监控、温度场和应力场的计算等内容进行了详细表述，可以帮助施工企业工程技术、管理人员快速理解大体积混凝土工程施工的基本原理和管理要点，准确掌握混凝土裂缝控制方法，为标准的使用者掌握大体积混凝土工程施工质量控制的关键技术环节和控制方法提供了很好的参考依据。

中国工程院院士

中冶建筑研究总院有限公司董事长

前　言

大体积混凝土工程涉及冶金、电力、核电、石化、机械、交通和大型民用建筑等建设工程领域。包括大型民用建筑基础、城市公共建筑物、构筑物、桥梁、大型设备基础等众多施工过程，所包含的工程专业分项繁杂且交叉作业多，一次性施工体量巨大。特别是涉及的大型复杂结构施工技术难度大、风险高，导致大体积混凝土工程施工质量控制难度大，极易出现混凝土开裂现象。大体积混凝土工程往往都是各类重要建筑的基础，因此，确保大体积混凝土工程的施工质量是事关公共安全和国计民生的重大课题。

长期以来，在各个行业的大体积混凝土工程施工中，均不同程度地总结出相应的技术措施和施工方法，起到了一定的施工指导作用。但是由于缺乏统一的国家标准，技术路线不一致，控制指标差别较大，造成质量控制系统性差、控制参数漏项、重要环节不突出等现象，出现施工质量不稳定，质量事故时有发生。

2009 年由中冶建筑研究总院主编的国家标准《大体积混凝土施工规范》GB 50496—2009（以下简称《规范》）为大体积混凝土工程的施工质量控制起到了很好的作用，它根据大体积混凝土工程的特点，从原材料的选择、配合比的设计、长龄期（60d 和 90d）混凝土验收强度的规定、温控指标的建立、温度应力计算方法的提出，系统归纳了大体积混凝土工程施工所涉及的控制项目，并给出了各项技术指标的控制准则。编制组在全国各地区跨行业的广泛调研和大量科学实验的基础上，充分借鉴交通、电力、核电、石化、机械、民用建筑行业的相关标准，结合大体积混凝土工程施工的特点，总结形成了适用性和针对性强的条文规定。该《规范》获得了大体积混凝土工程领域广大施工技术人员的认可，得到了广泛的推广应用，为保证大体积混凝土工程的施工质量发挥了重要作用。

随着材料技术的进步，水泥、外加剂、混凝土掺合料的性能指标大大提高，混凝土制备工艺和施工技术也大大改进，混凝土的强度越来越高，超高强混凝土和高性能混凝土不断涌现，原有标准已不能满足现代大体积混凝土施工质量控制的要求。标准编制组开展了广泛的调查分析，总结了近年来《大体积混凝土施工规范》GB 50496—2009 的实施情况和实践经验，针对近年来混凝土材料的技术进步，进行了大量的补充试验研究，与相关的标准规范进行了协调，参考了有关国外标准，广泛征求了全国有关单位的意见并进行了工程试应用，修订完成了《大体积混凝土施工标准》GB 50496—2018（以下简称《标准》）。

大体积混凝土工程施工一次性施工体量大、工作作业面大、工序繁多、施工临时设施种类多且结构复杂、各项过程中的检查要素多且技术含量高。《标准》中虽然具体给出了各个控制项目的控制参数和技术要求，但施工过程中仍面临着依据的标准规范多、需检查确认文件资料多、检测检验指标多等难题，对施工技术人员提出了很高的能力要求。为便于广大工程施工技术人员、管理人员能充分理解《标准》的编制思路，提高工作效率，并且能对《标准》的技术条款尽快融会贯通，我们特组织了《标准》编制组编写了本书。本书是国家标准《大体积混凝土施工标准》GB 50496—2018 的配套工具书，主编人也是国家标准《大体积混凝土施工标准》GB 50496—2018 的主要起草人。

本书针对标准的第 1～6 章和 3 个附录分章节逐条逐款进行了解读，系统说明了胶凝材料的水化热原理、各项控制参数的取值依据以及计算方法，并给出了算例和工程实例，以帮助标准的执行者能够把握大体积混凝土工程施工质量控制的关键技术环节和控制方法。书中各章以表格、图形、具体案例的形式对混凝土原材料的选择、配合比设计、施工工艺、养护方法、温度监控、温度场和应力场的计算等内容进行了详细表述；并对应给出了温度和温度应力监控的设备选型、测点布置、监测制度及数据处理方法。同时为了使《标准》使用人员能够更进一步了解大体积混凝土工程施工质量控制参数的取值依据，在理论上有所收获，书中提供了相关的研究报告和工程质量控制案例。

由于大体积混凝土工程施工所涉及的环节较多，临时施工设施较为复杂，控制点较多，为提前做好施工技术方案和有针对性的预案措施，本书给出场地布置、施工机具的配置、交通路线的设计、应急预案的策划等相关案例和示范。本书内容全面、翔实、可操作性强，是一部内容齐全的大型实施性手册。力争做到"一书在手，施工无忧"。

本书主要是为了帮助施工企业工程技术、管理人员快速理解大体积混凝土工程施工的基本原理和管理要点，准确掌握《标准》中混凝土裂缝控制方法；本书可作为国家标准《大体积混凝土施工标准》GB 50496—2018 宣贯培训的辅导教材，可供从事大体积混凝土工程施工的施工技术、施工管理、质量监督、咨询等工程技术人员及大专院校相关专业师生参考使用；对于大体积混凝土工程的设计单位、监理单位和安全监督等部门的工程技术管理人员也具有一定的参考价值。

本书的编制离不开团队的协作，感谢积极参与本书具体章节编制的同志们，他们在兼顾繁忙日常工作的同时，为本书的成稿付出了艰辛的努力。本书的编制过程中，广泛参阅了国内大体积混凝土工程施工领军企业的施工方案、企业标准、手册、指南，吸纳了他们在大体积混凝土工程施工技术方面的宝贵经验，从而保证了该书的编制质量和实用性。在本书与读者见面之时，对上述人员和单位无私奉献的精神一并表示衷心的感谢！

在编写过程中，作者力求编写完美，但由于大体积混凝土工程施工的专业类别和涉及知识面过于宽广，新技术、新材料、新工艺日新月异，对施工质量控制不断提出新要求，新的标准不断制订，原有标准不断修订，加之作者水平有限及经验不足，书中难免会有不足、过时或疏漏之处，恳请广大工程技术人员批评指正。

林松涛

2018 年 10 月

目　　录

第二篇　工　程　实　例

第三篇　专　题　研　究

第一篇　标准解析

1 总　　则

1.0.1 为在大体积混凝土施工中贯彻国家技术经济政策，保证工程质量，做到技术先进、工艺合理、节约资源、保护环境，制定本标准。

在工业与民用建筑工程的大体积混凝土施工中，由于水泥水化热引起混凝土浇筑体内温度的升高和水分的丧失，导致混凝土浇筑体早期塑性收缩和混凝土硬化过程中的收缩，当混凝土浇筑体内部温度非常不均匀或内外温差过大，在内外约束的作用下，使混凝土浇筑体内部产生温度应力，当温度应力大于该龄期的混凝土抗拉强度时将导致混凝土浇筑体或构件产生裂缝。

如何防止大体积混凝土施工中出现有害裂缝是大体积混凝土施工中的关键技术问题。特别是随着国民经济的快速发展，在大体积混凝土施工中，由于混凝土建构筑物的设计强度等级的提高，水泥等胶凝材料细度的提高，各种外加剂的掺入，用水量的减少，使大体积混凝土施工过程中因水泥水化热产生的温度应力或由于混凝土干燥收缩而产生的收缩应力的变化引起混凝土体积变形而产生裂缝的防控问题更为突出。

从20世纪70年代至今四十多年的时间里，随着现浇混凝土技术和机械化施工水平的提高，大流动度、高强、高性能的预拌混凝土已广泛应用在冶金、交通、电力（包括核电）、民用、军事等大体积混凝土工程施工中。

为了保证施工质量，我们在科学实验的基础上，不断地总结工程经验与教训，在大体积混凝土工程设计、构造要求、混凝土材料选择、配比的设计、混凝土强度等级、混凝土的保温保湿养护以及在混凝土浇筑硬化过程中浇筑体内温度及温度应力的监测和应急预案的制定等技术环节，采取了一系列的技术措施，逐步形成了一整套大体积混凝土防裂的技术措施和方法。成功完成了大量大型冶金设备基础、大型火力发电设备基础、大型桥梁桥墩、核电基础及安全壳、超高层建筑物、超高烟囱基础、大型文化体育场馆、航站楼等大体积混凝土工程的施工，积累了丰富的经验。成功的控制现场混凝土裂缝出现和发展的过程，确保了工程质量，做到技术先进、工艺合理、节约资源、保护环境。

1.0.2 本标准适用于混凝土结构中大体积混凝土施工。不适用于碾压混凝土和水工大体积混凝土等工程施工。

该条对本标准的适用范围作了规定。对大体积混凝土的界定，是根据冶金、电力、核电、石化、机械、交通和大型民用建筑等建设工程施工经验，对按大体积混凝土施工的厚大块体结构的最小厚度和体积作了的规定（第2.1.1条）。同时，考虑目前许多工业与民用建筑物结构虽然其结构的厚度和分块体积并不大，但由于其在施工和结构设计中忽略了温控和抗裂措施，会因混凝土中胶凝材料水化引起的温度变化和收缩而导致这类结构在施工阶段中出现裂缝，影响了结构的使用和耐久性。因此，把这类混凝土结构也归类为大体积混凝土，本标准也适用于这类混凝土结构的工程施工。

本标准不适用碾压和水工大体积混凝土的主要原因：

1）与本标准所指的大体积混凝土相比，碾压混凝土的水泥用量和坍落度都比较低，且大多数是素混凝土。

2）水工用大体积混凝土所用水泥大多用低热水泥或大坝水泥；而本标准所指大体积混凝土大多用普通硅酸盐水泥。

1.0.3 大体积混凝土施工除应符合本标准外，尚应符合国家现行有关标准的规定。

该条规定了本标准与其他标准的关系。因为大体积混凝土工程施工属于钢筋混凝土工程施工的一部分，但由于其具有水泥水化热引起温度应力和收缩应力的特殊问题，大体积混凝土的施工除应遵守本标准之外，尚应符合与钢筋混凝土工程施工有关的技术规范和标准的规定进行施工和工程验收。

尚应符合下述国家现行有关标准：

1）产品与应用技术标准

《混凝土外加剂应用技术规范》GB 50119

《粉煤灰混凝土应用技术规范》GB/T 50146

《通用硅酸盐水泥》GB 175

《用于水泥和混凝土中的粉煤灰》GB/T 1596

《混凝土外加剂》GB 8076

《预拌混凝土》GB/T 14902

《用于水泥、砂浆和混凝土中的粒化高炉渣粉》GB/T 18046

《混凝土用水标准》JGJ 63

2）方法标准

《普通混凝土拌合物性能试验方法标准》GB/T 50080

《普通混凝土力学性能试验方法标准》GB/T 50081

《普通混凝土长期性能和耐久性能试验方法标准》GB/T 50082

《水泥水化热测定方法》GB/T 12959

《普通混凝土用砂、石质量及检验方法标准》JGJ 52

《水工混凝土试验规程》DL/T 5150

3）设计规范

《混凝土结构设计规范》GB 50010

《普通混凝土配合比设计规程》JGJ 55

《组合结构设计规范》JGJ 138

4）施工标准

《混凝土结构工程施工规范》GB 50666

《建筑工程绿色施工规范》GB/T 50905

《高层建筑混凝土结构技术规程》JGJ 3

《混凝土泵送施工技术规程》JGJ/T 10

5）验收标准

《混凝土强度检验评定标准》GB/T 50107

《混凝土质量控制标准》GB 50164

《建筑地基工程施工质量验收标准》GB 50202

《混凝土结构工程施工质量验收规范》GB 50204

《建筑工程施工质量验收统一标准》GB 50300

《建筑工程施工质量评价标准》GB/T 50375

6）其他

《滑动模板工程技术规范》GB 50113

《组合钢模板技术规范》GB/T 50214

《民用建筑工程室内环境污染控制规范》GB 50325

《建筑施工作业劳动防护用品配备及使用标准》JGJ 184

2 术语和符号

2.1 术 语

2.1.1 大体积混凝土 mass concrete

混凝土结构物实体最小尺寸不小于1m的大体量混凝土，或预计会因混凝土中胶凝材料水化引起的温度变化和收缩而导致有害裂缝产生的混凝土。

《普通混凝土配合比设计规程》JGJ 55 中关于大体积混凝土的定义：混凝土结构物实体最小尺寸等于或大于1m，或预计会因水泥水化热引起混凝土内外温差过大而导致裂缝的混凝土。

本标准与其的区别主要有3点：

1）最小尺寸用不小于1m替代大于等于1m。

2）用混凝土中胶凝材料替代水泥。因为粉煤灰、矿粉、硅灰等也具有水化活性，会改变混凝土的水化放热速率及放热量。

3）用温度变化和收缩代替内外温差过大。以前考虑胶凝材料水化热引起的温度应力，现在同时又增加了温度变化引起的收缩应力作用，它们都是引起大体积混凝土裂缝产生的主要因素。

美国混凝土协会标准 ACI 207 将大体积混凝土定义为：任意体量的混凝土，其尺寸足以要求必须采取措施，控制由于体积变形（温度及收缩作用）引起裂缝的混凝土称为"大体积混凝土"。

日本建筑协会标准（JASS5）对大体积混凝土的定义为：凡是超过80cm厚，由于温度及收缩作用，温度应力比荷载作用大得多，温度应力起控制作用的块体或构筑物称大体积混凝土。该定义同时考虑到了温度变化和收缩作用，但强调温度应力比荷载作用大得多，温变应力起主导作用，但是在实际工程中难以定量考虑。

该定义的理解主要是从两个方面入手：

1）只要最小尺寸不小于1m，就是大体积混凝土（碾压和水工混凝土除外）。

2）如果最小尺寸小于1m，可以根据实际情况来判定是否归属于大体积混凝土范畴以及是否按照《大体积混凝土施工标准》来执行，举例来说：

（1）自密实混凝土，通常自密实混凝土的单方胶凝材料都在 500kg 以上，水化放热及收缩都比普通混凝土大，因此即使最小尺寸小于1m，也可以按照大体积混凝土的温控防裂措施来施工；

（2）有实际工程开裂教训的普通混凝土工程，例如一期工程没有按照大体积混凝土施工标准进行施工，结果出现有害裂缝，那么后期可以按照本标准进行施工。

2.1.2 胶凝材料 cementitious material

配制混凝土的硅酸盐水泥与活性矿物掺合料的总称。

由于粉煤灰、矿渣粉、硅灰等活性矿物掺合料也具有水化活性，对混凝土的水化热有一定的影响，因此在标准中将硅酸盐水泥和活性矿物掺合料统称为胶凝材料，水化热试验、温升曲线模拟计算等均是以胶凝材料为基础，而不单独说硅酸盐水泥。

2.1.3　跳仓施工法　alternative bay construction method

将超长的混凝土块体分为若干小块体间隔施工，经过短期的应力释放，再将若干小块体连成整体，依靠混凝土抗拉强度抵抗下段温度收缩应力的施工方法。

2.1.4　永久变形缝　permanent deformation seam

将建（构）筑物垂直分割开永久留置的预留缝，包括伸缩缝和沉降缝。

伸缩缝仅将基础以上的建筑物分开，而沉降缝则将建筑物连同基础一起分开。在布置变形缝时，宜将伸缩缝和沉降缝结合起来处理，往往一缝兼有两缝甚至三缝的作用。变形缝是在建筑结构的总体布置中，要考虑沉降、温度收缩和体型复杂对结构的危害而设置的。对这两种缝的要求，有关规范都做了原则性规定。但在高层建筑中，常常由于建筑使用要求和立面效果考虑，以及防水处理困难等，希望少设或不设缝；从结构设计和施工上看，缝的设置常常造成材料多样、结构复杂和施工困难；在地震区建筑中，由于缝将房屋分成几个独立的部分，地震时常常因为互相碰撞而造成震害。因此，在高层建筑中，目前的总趋势是避免设缝。

2.1.5　竖向施工缝　vertical construction seam

混凝土不能连续浇筑时，浇筑停顿时间有可能超过混凝土的初凝时间，在适当位置留置的垂直方向的预留缝。

2.1.6　水平施工缝　horizontal construction seam

混凝土不能连续浇筑时，浇筑停顿时间有可能超过混凝土的初凝时间，在适当位置留置的水平方向的预留缝。

"施工缝"又称"建筑缝"或"工作缝"。施工缝分水平施工缝和竖向施工缝，是因每天完工或因故施工中断而设置的接缝。水平施工缝一般做成横缝形式，并设传力杆；竖向施工缝一般做成企口缝形式，须设置拉杆。但对预制构件和设计上要求抗裂、抗渗的结构和部位，不得设置施工缝。

2.1.7　温度应力　thermal stress

混凝土温度变形受到约束时，在混凝土内部产生的应力。

由于混凝土是热的不良导体，对于大体积混凝土结构来说，混凝土中心部位的水化热不易扩散，而表面混凝土向空气中散热比较容易，由此造成了混凝土的内外温差。内部混凝土的受热膨胀受到外部混凝土的约束，因而内部产生压应力，外部产生拉应力。当外部混凝土的拉应力超过其极限抗拉强度时，即出现裂缝。

2.1.8　收缩应力　shrinkage stress

混凝土收缩变形受到约束时，在混凝土内部产生的应力。

引起混凝土收缩变形的因素有很多，例如混凝土浇筑初期水分散失导致的塑性收缩、硅酸盐水泥的水化产生的化学收缩等，当这些收缩受到基层、钢筋或者混凝土本身的约束时，就会产生收缩应力。例如混凝土浇筑初期，表层的混凝土水分散失的速率会远远大于内部的混凝土，由此表层产生的收缩也远大于内部，从而导致表层混凝土的收缩受到内部混凝土的约束，从而形成收缩应力。

2.1.9 温升峰值 peak value of rising temperature

混凝土浇筑体内部的最高温升值。

在大体积混凝土浇筑过程中，由于胶凝材料水化的放热作用，使大体积混凝土内部产生的水化热大于散热时，表现为内部温度逐渐上升。当大体积混凝土浇筑体内部的温升达到最高时（一般3～7d）的温度值称为温升峰值。

2.1.10 里表温差 temperature difference of core and surface

混凝土浇筑体内最高温度与外表面内50mm处的温度之差。

由于在大体积混凝土浇筑体内的不同位置存在温差，而在温控计算时需要得到里表温差，因此这一概念非常重要。这"里"指中心温度，而"表"指距离混凝土浇筑体外表面垂直方向50mm处的温度。里表温差一般控制在25℃以内。

2.1.11 断面加权平均温度 thickness weighted mean temperature

根据测试点位各温度测点代表区段长度占厚度权值，对各测点温度进行加权平均得到的值。

如图2-1-1所示，一块厚度为L的混凝土等分为8个区段，均匀分布了5个测点T_1～T_5，每个测点代表了其所处的相应区段，由图2-1-1可知，其中T_1和T_5的代表区段长度为$L/8$，T_2～T_4的代表区段长度为$L/4$，则该断面加权平均温度为$[(T_1+T_5)+2(T_2+T_3+T_4)]/8$。

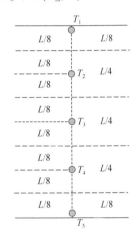

图 2-1-1 断面加权
平均温度举例

2.1.12 降温速率 descending speed of temperature

散热条件下，混凝土浇筑体内部温度达到温升峰值后，24h内断面加权平均温度下降值。

大体积混凝土浇筑体内由于胶凝材料水化而产生热量，使混凝土浇筑体内温度高于表层温度，当散热作用大于温升时，会使混凝土浇筑体内温度逐渐下降，一般以24h为单位来衡量温度下降的速率，每24h混凝土浇筑体内温度下降的值称为降温速率，降温速率一般不大于2℃。

在实际大体积混凝土温控工作中，为提前预测和控制24h降温速率，也会用到更短间隔的降温速率，如4h、6h、8h等时间间隔的降温速率。新版标准里，为避免出现部分单位对降温速率要求不明确，而过于严格的控制降温速率的情况。特别指出，控制降温速率的目的是降低混凝土浇筑体在降温阶段因外约束产生的拉应力，所以要求控制的是断面加权平均温度的降温速率，而不是控制每个温度测试点的降温速率。

2.1.13 入模温度 temperature of mixture placing to mold

混凝土拌合物浇筑入模时的温度。

混凝土拌合物通过搅拌、运输和泵送浇筑到预先支好模板内，此时混凝土拌合物的温度称之为入模温度。冬季时要求该温度不应低于5℃，以防止混凝土被冻坏；夏季时为了控制混凝土的温升峰值，需要通过冷却骨料、冰水拌合等方法，降低混凝土的入模温度，入模温度不应高于30℃。

2.1.14 有害裂缝 harmful crack

影响结构安全或使用功能的裂缝。

这里实际上有两层意思:一是指从混凝土表面延伸到混凝土内部的贯穿型裂缝,二是指对混凝土结构和使用功能产生不利影响(如强度和耐久性等)的裂缝。

总结世界各国的经验,根据混凝土结构使用要求和现场条件可以允许的无害裂缝宽度为分为两种,一是正常条件下无特殊要求时允许的无害裂缝宽度为 0.3~0.4mm;二是有侵蚀介质或防水抗渗要求的时允许的无害裂缝宽度为 0.1~0.2mm。我国各种规范中允许的无害裂缝宽度一般为 0.1~0.3mm,其中 A 类预应力结构不允许有裂缝出现。

2.1.15 绝热温升 adiabatic temperature rise

混凝土浇筑体处于绝热状态条件下,其内部某一时刻温升值。

假设大体积混凝土浇筑体处于绝热状态,混凝土浇筑体内部某一时刻温度上升的值。它与混凝土的胶凝材料用量、混凝土比热容、混凝土的质量密度、龄期、水泥品种和入模温度等有关。

2.1.16 胶浆量 binder paste content

混凝土中胶凝材料浆体量占混凝土总量之比。

这里所指的胶凝材料浆体量应包括各种胶凝材料、外加剂和拌合水,也就是指混凝土中除粗细骨料以外的其他所有组分的质量,单位为 kg/m^3。

假设 $1m^3$ 混凝土中除了粗细骨料以外其他所有组分的质量为 480kg,而 $1m^3$ 混凝土的质量为 2400kg,那么该混凝土的胶浆量则为 20%。

2.1.17 温度场 temperature field

混凝土温度在空间和时间上的分布。

在混凝土浇筑初期由于胶凝材料水化热的作用,混凝土浇筑体内的温度处于上升过程(一般 3~5d),通常中心温度较高,边缘温度较低,随着时间的延长以及散热条件的不同,混凝土内部温度将发生持续改变。混凝土内部温度在不同时间条件下的空间分布,即为温度场。

2.2 符 号

2.2.1 温度及材料性能

a——混凝土热扩散率;

C——混凝土比热容;

C_x——外约束介质(地基或老混凝土)的水平变形刚度;

E_0——混凝土弹性模量;

$E(t)$——混凝土龄期为 t 时的弹性模量;

$E_i(t)$——第 i 计算区段,龄期为 t 时,混凝土的弹性模量;

$f_{tk}(t)$——混凝土龄期为 t 时的抗拉强度标准值;

K_b、K_1、K_2——混凝土浇筑体表面保温层传热系数修正值;

m——与水泥品种、浇筑温度等有关的系数;

Q——胶凝材料水化热总量;

Q_0——水泥水化热总量;

Q_t——龄期 t 时的累积水化热；

R_s——保温层总热阻；

t——混凝土的龄期；

T_s——混凝土浇筑体表面温度；

$T_b(t)$——龄期为 t 时，混凝土浇筑体内的表层温度；

$T_{bm}(t)$、$T_{dm}(t)$——混凝土浇筑体中部达到最高温度时，其块体上、下表面的温度；

T_{max}——混凝土浇筑体内的最高温度；

$T_{max}(t)$——龄期为 t 时，混凝土浇筑体内的最高温度；

T_q——混凝土达到最高温度时的大气平均温度；

$T(t)$——龄期为 t 时，混凝土的绝热温升；

$T_y(t)$——龄期为 t 时，混凝土收缩当量温度；

$T_w(t)$——龄期为 t 时，混凝土浇筑体预计的稳定温度或最终稳定温度；

$\Delta T_1(t)$——龄期为 t 时，混凝土浇筑块体的里表温差；

$\Delta T_2(t)$——龄期为 t 时，混凝土浇筑块体在降温过程中的综合降温差；

$\Delta T_{1max}(t)$——混凝土浇筑后可能出现的最大里表温差；

$\Delta T_{1i}(t)$——龄期为 t 时，在第 i 计算区段混凝土浇筑块体里表温差的增量；

$\Delta T_{2i}(t)$——龄期为 t 时，在第 i 计算区段内，混凝土浇筑块体综合降温差的增量；

β_μ——固体在空气中的放热系数；

β_s——保温材料总放热系数；

λ_0——混凝土的导热系数；

λ_i——第 i 层保温材料的导热系数。

2.2.2　数量几何参数

H——混凝土浇筑体的厚度，该厚度为浇筑体实际厚度与保温层换算混凝土虚拟厚度之和；

h——混凝土的实际厚度；

h'——混凝土的虚拟厚度；

L——混凝土搅拌运输车往返距离；

N——混凝土搅拌运输车台数；

Q_1——每台混凝土泵的实际平均输出量；

Q_{max}——每台混凝土泵的最大输出量；

S——混凝土搅拌运输车平均行车速度；

T_t——每台混凝土搅拌运输车总计停歇时间；

V——每台混凝土搅拌运输车的容量；

W——每立方米混凝土的胶凝材料用量；

α_1——配管条件系数；

δ——混凝土表面的保温层厚度；

δ_i——第 i 层保温材料厚度。

2.2.3　计算参数及其他

$H(t, \tau)$——在龄期为 τ 时产生的约束应力延续至 t 时的松弛系数；

K——防裂安全系数；

k——不同掺量掺合料水化热调整系数；

k_1、k_2——粉煤灰、矿渣粉掺量对应的水化热调整系数；

M_1、$M_2 \cdots\cdots M_{11}$——混凝土收缩变形不同条件影响修正系数；

$R_i(t)$——龄期为 t 时，在第 i 计算区段，外约束的约束系数；

n——常数，随水泥品种、比表面积等因素不同而异；

$\bar{r}$——水力半径的倒数；

α——混凝土的线膨胀系数；

β——混凝土中掺合料对弹性模量的修正系数；

β_1、β_2——混凝土中粉煤灰、矿渣粉掺量对应的弹性模量修正系数；

ρ——混凝土的质量密度；

ε_y^0——在标准试验状态下混凝土最终收缩的相对变形值；

$\varepsilon_y(t)$——龄期为 t 时，混凝土收缩引起的相对变形值；

$\sigma_x(t)$——龄期为 t 时，因综合降温差，在外约束条件下产生的拉应力；

$\sigma_z(t)$——龄期为 t 时，因混凝土浇筑块体里表温差产生自约束拉应力的累计值；

η——作业效率；

$\sigma_{z\max}$——最大自约束应力。

3 基 本 规 定

3.0.1 大体积混凝土施工应编制施工组织设计或施工技术方案，并应有环境保护和安全施工的技术措施。

大体积混凝土工程施工时，除应满足普通混凝土施工所要求的混凝土力学性能及可施工性能外，还应控制有害裂缝的产生。为此，施工单位应预先制定好满足上述要求的施工组织设计和施工技术方案。并应进行技术交底，切实贯彻执行。混凝土抗裂是一个综合性问题。只有设计与施工单位的密切配合，在结构的防裂设计，材料选用、施工工艺、温控等方面采取综合技术措施才能有效地解决这一问题。而大量工程的成功经验对结构设计、优化温控和防裂措施具有很好的借鉴作用。为贯彻国家技术经济政策，保证工程质量，施工组织设计和施工技术方案中应包含环境保护和安全施工的技术措施。

3.0.2 大体积混凝土施工应符合下列规定：

1 大体积混凝土的设计强度等级宜为 C25～C50，并可采用混凝土 60d 或 90d 的强度作为混凝土配合比设计、混凝土强度评定及工程验收的依据；

根据现有资料统计，一般大体积混凝土的设计强度等级在 C25～C50 的范围内比较适宜。从冶金、交通、电力、核电、石化等行业的资料证明，许多工程已经利用 60d 或 90d 混凝土强度作为评定工程交工验收及设计的依据。这是一种有科学依据、工程实践，并可节能、降耗，有效减少有害裂缝产生的技术措施。

2 大体积混凝土的结构配筋除应满足结构承载力和构造要求外，还应结合大体积混凝土的施工方法配置控制温度和收缩的构造钢筋；

本款提出大体积混凝土施工对结构的配筋除应满足结构承载力和构造要求外，还应根据大体积混凝土施工的具体办法（整体浇筑、分层浇筑或跳仓浇筑），配置承受因胶凝材料水化热和混凝土收缩而引起的温度应力和收缩应力的构造钢筋。

3 大体积混凝土置于岩石类地基上时，宜在混凝土垫层上设置滑动层；

大体积混凝土的收缩裂缝往往是由于外部约束造成的。由于岩石地基约束系数较大，为了有效地降低岩石地基的约束，可在混凝土垫层上设置滑动层。根据以往的工程经验，滑动层构造可采用一毡二油或一毡一油（夏季），或利用防水卷材，以达到尽量减少约束的目的。

4 设计中应采取减少大体积混凝土外部约束的技术措施；

大体积混凝土的外部约束主要是指：地基、桩基、既有混凝土、模板等限制混凝土变形的影响因素。在进行施工组织设计时应尽量采取有效的技术措施，把这些影响尽量降低。

5 设计中应根据工程情况提出温度场和应变的相关测试要求。

在施工组织设计或施工方案中应根据大体积混凝土工程的具体情况，在遵照本标准第 6 章相关要求的同时，提出测试温度场和应变的具体测试要求。

3.0.3 大体积混凝土施工前，应对混凝土浇筑体的温度、温度应力及收缩应力进行试算，并确定混凝土浇筑体的温升峰值、里表温差及降温速率的控制指标，制定相应的温控技术措施。

本条确定了大体积混凝土在施工方案阶段应做的试算分析工作，对大体积混凝土浇筑体在浇筑前应进行温度、温度应力及收缩应力的验算分析，以达到 1.15 倍的计算主拉应力小于等效龄期的混凝土抗拉强度标准值的控制目标。其目的是为了确定温控指标（温升峰值、里表温差、降温速率、混凝土表面与大气温差）及制定温控施工的技术措施（包括混凝土原材料的选择，混凝土拌制、运输过程及混凝土养护的降温和保温措施，温度监测方法等），以防止或控制有害裂缝的发生，确保施工质量。

3.0.4 大体积混凝土施工温控指标应符合下列规定：

1 混凝土浇筑体在入模温度基础上的温升值不宜大于 50℃；

这一条主要是从混凝土内部最高温度和混凝土整体降温速率控制两方面来考虑的。如果混凝土浇筑体的温升值大于 50℃，考虑入模温度，在夏季施工时混凝土浇筑体中心最高温度将会超过 80℃。这为延迟钙矾石的形成提供了条件，将导致混凝土后期强度及耐久性的降低；另一方面，如果混凝土浇筑体的温升值过大，将导致混凝土的整体温度与环境温度之间产生巨大的温差，降温速率不易控制，从而导致混凝土出现开裂。

2 混凝土浇筑体里表温差（不含混凝土收缩当量温度）不宜大于 25℃；

里表温差主要是从混凝土温度应力的大小方面来考虑的。混凝土浇筑以后，由于混凝土内部的水化热无法及时扩散，造成了混凝土浇筑体中心的温度明显高于表层。相对来说，中心的混凝土温升较高，受热膨胀趋势显著，当膨胀受到约束时形成压应力；而表层的混凝土温升较低，受热膨胀趋势不明显，整体协调变形后形成拉应力。而当里表温差超过 25℃时，表层混凝土受到的拉应力将很有可能超过混凝土同龄期的抗拉强度，造成混凝土的开裂。因此规定了混凝土浇筑体的里表温差（不含混凝土收缩的当量温度）不宜大于 25℃。

3 混凝土浇筑体的降温速率不宜大于 2.0℃/d；

混凝土浇筑体的最终温度会降至和气温一致，理论上由降温形成的混凝土收缩值与降温时间的长短无关。但是如果降温较缓，混凝土由最高温度降至气温的时间越长，在这段时间内，混凝土的强度也逐渐增长，尤其是抗拉的强度的不断增长，使得混凝土浇筑体抗裂能力也逐渐加强；此外在降温时间较长的情况下，混凝土自身所具有的徐变和松弛效应可以消解浇筑体内部产生的拉应力，可以非常有效地降低开裂风险。

为避免出现部分单位对降温速率要求不明确，而过于严格的控制降温速率的情况，特别指出，由于控制降温速率从根本上是在降温阶段控制由于外约束产生的宏观应力，所以要求控制的是断面加权平均温度的降温速率，而不是控制每个温度测试点的降温速率。

经理论计算和工程经验的验证，小于 2.0℃/d 的降温速率，可以在很大程度上降低混凝土开裂的风险。

4 拆除保温覆盖时混凝土浇筑体表面与大气温差不应大于 20℃。

本款规定了大体积混凝土养护工作拆除保温覆盖的条件。拆除保温覆盖，一般也意味着绝大部分大体积混凝土养护工作已经完成。

因为一旦拆除保温养护，混凝土表面温度将迅速降低，为防止由于混凝土表面与环境温差过大而造成混凝土表面降温速率大，进而导致表面温度收缩应力过大产生的裂缝，在拆除大体积混凝土保温覆盖层时要测定混凝土浇筑体表面和大气环境温度。一般情况下，环境温度可取日平均温度，在重要工程项目中，为安全起见，环境温度也可取为日最低温度。

同时需要说明的是，一般不建议在养护结束时一次性拆除所有保温覆盖，而是建议在整个养护过程中，根据温度场测试结果，采用动态养护的理念，及时调整养护层的增减，这样一方面可以大大缩减养护工作周期，另一方面，科学的动态调整可以非常有效地降低大体积混凝土开裂风险。

3.0.5 大体积混凝土施工前，应做好施工准备，并应与当地气象台、站联系，掌握近期气象情况。在冬期施工时，尚应符合有关混凝土冬期施工规定。

本条提出了大体积混凝土施工前，必须了解掌握项目所在地气候情况，至少应包括近3年该地3个月的气温、湿度、降雨和大风情况，施工期尽量避开恶劣气候的影响。如大雨、大雪等天气，若无良好的防雨雪措施，就会影响混凝土的质量。高温天气如不采取遮阳降温措施，骨料的高温会直接影响混凝土拌合物的出罐温度和入模温度。而在寒冷季节施工，会给大体积混凝土增加保温保湿养护措施的费用，并给温控带来困难。所以应与当地气象台、站联系，掌握近期的气象情况，避开恶劣气候的影响十分重要。

3.0.6 大体积混凝土施工应采取节能、节材、节水、节地和环境保护措施，并应符合现行国家标准《建筑工程绿色施工规范》GB/T 50905 的有关规定。

为贯彻国家技术经济政策，保证工程质量、节能和施工安全，特增加这条新规定。在施工中除应符合现行国家标准《建筑工程绿色施工规范》GB/T 50905 外，尚应符合现行国家和行业标准《建筑施工安全技术统一规范》GB 50870 和《建筑施工作业劳动防护用品配备及使用标准》JGJ 184 的有关规定。

4 原材料、配合比、制备及运输

4.1 一 般 规 定

4.1.1 大体积混凝土配合比设计除应满足强度等级、耐久性、抗渗性、体积稳定性等设计要求外，尚应满足大体积混凝土施工工艺要求，并应合理使用材料、降低混凝土绝热温升值。

混凝土抗压强度、耐久性、抗渗性、体积稳定性等要求，是所有混凝土都必须满足的基本要求，不论是商品混凝土还是现场搅拌混凝土。而对于大体积混凝土来说，除了满足这些普通的要求以外，还需要根据大体积混凝土施工工艺的特性满足一些特殊的要求。因施工方法、施工技术、施工地域环境以及混凝土浇筑体体积等因素的差异，导致大体积混凝土在施工过程的施工工艺各具特点。但就其混凝土拌合物的特性而言，应满足良好的流动性、不泌水、合理的凝结时间以及坍落度损失小等基本要求。

与普通混凝土相比，由于混凝土浇筑体内外温差而导致混凝土开裂是影响大体积混凝土工程质量的主要因素。因此在大体积混凝土配合比设计时，除了要满足抗压强度、耐久性、抗渗性、体积稳定性等要求，还需要重点关注混凝土的绝热温升。混凝土是热的不良导体，胶凝材料的水化热量不易散失，特别是大体积混凝土中心内部，其热量无法快速传导到混凝土表层或底层，只能集聚在混凝土内，从而导致中心部位的温度迅速上升，而表层的混凝土，因为存在与空气的热交换，如果不采取合理的保温措施，其温度会比内部低很多。根据热胀冷缩的原理，因为温差的存在，相对而言中心部位混凝土处于"热胀受压"状态，而表层混凝土处于"冷缩受拉"状态，由此便形成了大体积混凝土的内部应力，并且温差越大应力越大，当应力超过了混凝土的抗拉强度时，便产生了温差裂缝。因此，为了避免温差裂缝的产生，除了后期的保温养护以外，在前期进行配合比设计时就需要重点关注混凝土的绝热温升。绝热温升越小，大体积混凝土的中心温度就越低，中心和表面的温差也就越小，再加上合理的保温养护，可以将内表温差控制在一个合理的范围内，从而避免温差裂缝的产生。

4.1.2 大体积混凝土制备及运输，除应符合混凝土设计强度等级要求，还应根据预拌混凝土供应运输距离、运输设备、供应能力、材料批次、环境温度等调整预拌混凝土的有关参数。

由于大体积混凝土体量大，一般工程大都选用商品混凝土搅拌站供应的预拌混凝土。因此，除要求混凝土强度应满足设计要求外，为保证混凝土到达现场的工作性能和连续性，还应根据预拌混凝土供应运输距离、运输设备、供应能力、材料批次、环境温度等调整预拌混凝土的有关参数，制定和实施有效的技术方案和技术措施。例如，根据预拌混凝土供应距离和运输时间来调整混凝土的坍落度损失，根据环境温度来调整大体积混凝土的入模温度等。在混凝土从搅拌站到卸料地点的运输过程中，混凝土拌合物的坍落度将会有所损失，而且还可能出现混凝土离析的现象，必须提前采取预防措施。大体积混凝土连续施工是保证混凝土结构整体性和使用功能的重要条件，故在混凝土制备、运输时应根据混凝土浇筑量、现场浇筑速度、运输距离和道路状况等，需要制定保证混凝土连续不间断浇筑的有效措施。

4.2 原 材 料

4.2.1 水泥选择及其质量，应符合下列规定：

1 水泥应符合现行国家标准《通用硅酸盐水泥》GB 175 的有关规定，当采用其他品种时，其性能指标应符合国家现行有关标准的规定；

1）硅酸盐水泥的定义及分类：

美国 ASTM C150 将硅酸盐水泥定义为：由主要成分为水硬性硅酸钙熟料和少量的一种或几种类型的硫酸钙共同粉磨而成的一种水硬性胶凝材料。

在中国水泥国家标准《通用硅酸盐水泥》GB 175 中，对通用硅酸盐水泥做了如下定义：以硅酸盐水泥熟料和适量的石膏及规定的混合材料制成的水硬性胶凝材料。通用硅酸盐水泥按混合材料的品种和掺量分为硅酸盐水泥、普通硅酸盐水泥、矿渣硅酸盐水泥、火山灰质硅酸盐水泥、粉煤灰硅酸盐水泥和复合硅酸盐水泥。

各种不同的硅酸盐水泥，区别主要是混合材料的种类及数量的不同，具体情况见表4-2-1。

通用硅酸盐水泥组分　　　　　　　　　　　　表 4-2-1

品种	代号	组分（%）				
		熟料＋石膏	粒化高炉矿渣	火山灰质混合材料	粉煤灰	石灰石
硅酸盐水泥	P·Ⅰ	100	—	—	—	—
	P·Ⅱ	≥95	≤5	—	—	—
		≥95	—	—	—	≤5
普通硅酸盐水泥	P·O	≥80且<95	>5且≤20			—
矿渣硅酸盐水泥	P·S·A	≥50且<80	>20且≤50	—	—	—
	P·S·B	≥30且<50	>50且≤70	—	—	—
火山灰质硅酸盐水泥	P·P	≥60且<80	—	>20且≤40	—	—
粉煤灰硅酸盐水泥	P·F	≥60且<80	—	—	>20且≤40	—
复合硅酸盐水泥	P·C	≥50且<80	>20且≤50			

2）通用硅酸盐水泥的强度等级

不同品种及强度等级的通用硅酸盐水泥各龄期的强度见表4-2-2。

通用硅酸盐水泥各龄期的强度　　　　表 4-2-2

品种	强度等级	抗压强度（MPa）		抗折强度（MPa）	
		3d	28d	3d	28d
硅酸盐水泥	42.5	≥17.0	≥42.5	≥3.5	≥6.5
	42.5R	≥22.0		≥4.0	
	52.5	≥23.0	≥52.5	≥4.0	≥7.0
	52.5R	≥27.0		≥5.0	
	62.5	≥28.0	≥62.5	≥5.0	≥8.0
	62.5R	≥32.0		≥5.5	
普通硅酸盐水泥	42.5	≥17.0	≥42.5	≥3.5	≥6.5
	42.5R	≥22.0		≥4.0	
	52.5	≥23.0	≥52.5	≥4.0	≥7.0
	52.5R	≥27.0		≥5.0	
矿渣硅酸盐水泥 火山灰硅酸盐水泥 粉煤灰硅酸盐水泥 复合硅酸盐水泥	32.5	≥10.0	≥32.5	≥2.5	≥5.5
	32.5R	≥15.0		≥3.5	
	42.5	≥15.0	≥42.5	≥3.5	≥6.5
	42.5R	≥19.0		≥4.0	
	52.5	≥21.0	≥52.5	≥4.0	≥7.0
	52.5R	≥23.0		≥4.5	

从表 4-2-2 中可知，通用硅酸盐水泥的强度等级分类是以其 28d 抗压强度来进行的，例如 42.5 级就表示 28d 的水泥胶砂抗压强度不小于 42.5MPa，而在等级后面的字母"R"代表早强，"P•O42.5R"表示 3d 水泥胶砂抗压强度不小于 22.0MPa、28d 水泥胶砂抗压强度不小于 42.5MPa 的早强型普通硅酸盐水泥。

2 应选用水化热低的通用硅酸盐水泥，3d 水化热不宜大于 250kJ/kg，7d 水化热不宜大于 280kJ/kg；当选用 52.5 强度等级水泥时，7d 水化热宜小于 300kJ/kg；

为在大体积混凝土施工中降低混凝土因水泥水化热引起的温升，达到降低温度应力和保温养护费用的目的，本条文根据目前国内水泥水化热的统计数据，多个大型重点工程的成功经验，以及美国《大体积混凝土》ACI207.1R-96 中的相关规定，将原标准《大体积混凝土施工规范》GB 50496—2009 中的"大体积混凝土施工时所用水泥其 3d 水化热应小于 240kJ/kg"修订为"大体积混凝土施工时所用水泥其 3d 水化热应小于 250kJ/kg"；"大体积混凝土施工时所用水泥其 7d 水化热应小于 270kJ/kg"修订为"大体积混凝土施工时所用水泥其 7d 水化热应小于 280kJ/kg"；同时规定当选用 52.5 强度等级水泥时，7d 水化热宜小于 300kJ/kg。

当使用 7d 水化热大于 280kJ/kg 或抗渗要求高的混凝土，在混凝土配合比设计时应根据温控施工的要求及抗渗能力要采取适当措施调整。

水泥的水化是一种放热反应，从能量的角度来考虑的话，水泥熟料矿物是在高温条件下吸收热量形成的，处于一种高能不稳定的状态，而水泥熟料与水接触后发生化学反应，形成了致密、坚硬的水泥石，水泥石相对于水泥熟料是处于一种低能稳定状态，因此整个水化过程需要释放能量，而这种能量就以水化热的形式释放出来。

典型的硅酸盐水泥水化放热速率示意如图 4-2-1 所示。

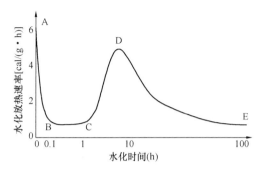

图 4-2-1 典型的硅酸盐水泥水化放热速率示意图

从图 4-2-1 中可以看出，硅酸盐水泥的水化主要分为四个阶段：

AB 段：从硅酸盐水泥遇水开始迅速放热，并且只持续几分钟，这一阶段可能是铝酸盐和硫酸盐的溶解热，这一阶段在实际工程应用中意义不大，一般在混凝土搅拌和运输过程中已经完成，大体积混凝土测温曲线中无法反映出这一阶段。

BC 段：早期的溶解热结束以后，水泥进入不活泼阶段，也有学者称之为"诱导期"，主要表现为水化进行得非常缓慢，几乎不释放热量。至于这一阶段持续时间，一般认为是 1h 左右，但是不同的实验给出了不同的结果，这应该和水泥熟料矿物成分的不同而各有区别。实际工程中泵送混凝土工作性的保持即对应了这一阶段，并且可以通过缓凝剂等外加剂的掺入来延长"诱导期"，"诱导期"结束标志着水泥进入初凝阶段。

CD 段："诱导期"结束后，硅酸盐水泥水化正式开始，C_3S 进行激烈的水化反应并逐渐形成 CH 和 C-S-H，并释放大量的热，C_2S 也有水化反应并放出热量，但是与 C_3S 相比，C_2S 活性较低，放热量也较低。也有学者认为 CD 段的曲线是形成钙矾石的放热过程，而 C_3S 的水化热只是次要的。这一阶段对应了水泥的终凝和初始硬化情况。

DE 段：C_3S 经历了早期的快速水化后，水化速度逐渐减慢，并趋于稳定。对于一般的硅酸盐水泥来说，水化 3d 会释放出总水化热的 50% 左右，水化 7d 则释放总水化热的 70%。通常对于 DE 段水化放热速率逐渐降低的解释，主要是由于水化产物附着于未水化的水泥颗粒表面，从而减缓了未水化的水泥颗粒与水的接触，导致水化速率的减慢。这一观点，也符合现实中水泥颗粒越细，其水化速度和早期强度越高的事实。

硅酸盐水泥的这种水化热在大多数情况下是对工程有利的，因为化学反应一般都对温度敏感，当温度升高时，反应速度加快，水泥的水化反应也不例外。水泥水化释放出来的水化热可以反过来促进水泥的水化，从而可以加快混凝土的强度发展，起到类似于加速养护的效果，从而加快工程进度，这一点在低温下施工时尤为突出。

但是对于大体积混凝土来说，水化热却是非常不利的因素，尤其是在炎热季节施工的大体积混凝土。当气温较高时，制备混凝土的各种原材料的温度都较高，因此混凝土的入模温度可能会高达 30℃ 以上。并且高温会加速水泥的水化，从而导致水化热迅速释放出来，而混凝土本身是热的不良导体，传热较慢，因此大体积混凝土内部的温度不断上升；而表面的混凝土由于和空气接触，热量散失较快，由此形成了大体积混凝土中心和表面的温度差，当里表温差（混凝土浇筑体中心与混凝土浇筑体表层温度之差）超过 25℃ 时，很容易形成温差裂缝。

1) 不同矿物成分对水化热的影响

由于硅酸盐水泥熟料含有多种矿物成分，而各种矿物成分与水的反应速率有很多差异，因此矿物成分含量的不同，是影响硅酸盐水泥水化放热速率的主要因素。硅酸盐水泥熟料中，主要含有 C_3S、C_2S、C_3A、C_4AF 这四种矿物成分，它们的水化热情况见表 4-2-3。

硅酸盐水泥熟料矿物的水化热 表 4-2-3

熟料矿物	规定龄期的水化热（J/g）		
	3d	7d	28d
C_3S	243.6	436.8	512.4
C_2S	50.4	176.4	247.8
C_3A	890.4	1306.2	1360.8
C_4AF	289.8	411.6	428.4

从表 4-2-3 可以看出，C_3A 的放热速率和放热总量是水泥熟料所有矿物成分中最高的，而 C_2S 是最低的。C_3A 在水泥熟料中的含量较少，一般在 $7\%\sim15\%$ 波动，也有低热硅酸盐水泥的 C_3A 含量小于 3% 的。从表 4-2-3 还可以看出对于硅酸盐水泥来说，C_3S 水化时无论是放热速率还是放热总量都远高于 C_2S，而且 C_3S 在熟料中的含量通常在 40% 以上，因此对于硅酸盐水泥或者普通硅酸盐水泥来说，控制 C_3A 和 C_3S 的含量对于控制水泥的水化放热速率和放热总量有决定性的作用。

2）水化温度对水化热的影响

对于绝大部分化学反应来说，温度的提高会加快分子的运动，从而提高化学反应的速度，水泥的水化也不例外。图 4-2-2 是利用热导式等温量热仪测试出的同一水泥样品在 20℃、30℃和 40℃水化热功率曲线和积分曲线。

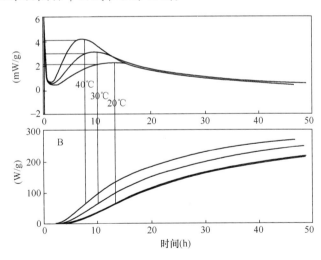

图 4-2-2 不同温度下水泥水化热功率曲线和积分曲线

从图 4-2-2 可以看出，温度的升高明显提升了水泥"诱导期"结束以后的水化反应（对应图 4-2-1 的 CD 段），水化放热速率明显提升。温度的升高还降低了水的黏度系数，提高了水的扩散系数，这样就导致了水更容易透过水化产物到达未水化的熟料颗粒表面，从而加速了水化反应。

这一试验结果对大体积混凝土的温升控制非常重要，因为在大体积混凝土浇筑完成后，水泥的水化热导致混凝土的温度升高，温度升高反过来又加速了水泥的水化反应，尤其是混凝土的内部，由于热量的聚集，导致内部温度上升得非常快。表面混凝土的散热主要靠传导和对流（流动的空气带走大部分热量），混凝土内部的散热只能靠传导，而混凝土是热的不良导体，导热系数很低，热量无法及时散失，从而造成了内部混凝土的温度不断升高。

同时，游离氧化钙或游离氧化镁都是经高温烧成的晶体颗粒，熟化很慢，在水泥硬化后才进行熟化，引起周围水泥石固相体积膨胀，使水泥石开裂。

当石膏掺量过多时，水泥硬化后，它还会继续与固态的水化铝酸钙反应生成高硫型水化硫铝酸钙，体积约增大 1.5 倍，也会引起水泥石开裂。

3）水胶比对水化热的影响

从理论上来说，C_3S 和 C_2S 有固定的化学反应式，只要加水量大于水化反应所需的水量，加水量的多少并不会改变硅酸盐水泥熟料矿物的水化放热情况。

但是从实际测试的角度来考虑则不然。C_3S 和 C_2S 的理论需水量分别为 24％和 21％，如果仅以熟料矿物水化所需的理论最低用水量来加水，那么水与熟料颗粒是无法充分浸润的，并且水化产物会附着在未水化的熟料颗粒表面，阻止了水与熟料颗粒的接触，从而延缓了熟料的继续水化；另一方面，虽然加水量增加会加大熟料颗粒与水的接触面积，但是由于水与水泥熟料以及水化产物的比热不同，而加水量的增加会使测试样品的比热增加，从而对测试结果造成影响。表 4-2-4 是硅酸盐水泥不同水灰比的测试水化热。

硅酸盐水泥不同水灰比的测试水化热

表 4-2-4

水灰比	24h 水化热（J/g）	48h 水化热（J/g）	72h 水化热（J/g）
0.3	94.65	150.48	185.21
0.4	93.84	156.80	188.83
0.5	92.06	159.10	190.70
0.6	92.13	159.73	192.50
0.8	90.34	156.42	187.16
1.0	89.95	155.66	186.00

从表 4-2-4 可知，水灰比 0.3 时，虽然 24h 水化放热量较高，但是 48h 和 72h 水化热都是最低的，这主要是因为水灰比较低时的水化不完全造成的。而水灰比 1.0 的测试样品，其早期和后期的水化热均较低，主要是因为水灰比较大时，测试样品的热容较大，导致了整个反应的热功率较低。

4）水泥细度对水化热的影响

硅酸盐水泥和普通硅酸盐水泥的细度是以比表面积来表示的，《通用硅酸盐水泥》GB 175—2007 中要求其细度不小于 $300m^2/kg$。在水泥的生产过程中，通过提高比表面积来提高水泥的早期强度是很常用的手段，因为水泥细度越高，相同时间内参与水化反应的水泥量就越高，从而使得早期强度也越高，同时水化放热速率也越高。对于给定矿物组成的水泥，通过将其比表面积从 $300m^2/kg$ 提高到 $500m^2/kg$，水泥浆的 1d、3d 和 7d 抗压强度分别提高 50％～100％、30％～60％和 15％～40％。水泥细度对抗压强度和水化放热量的影响分别见图 4-2-3 和图 4-2-4。

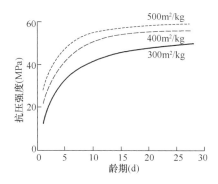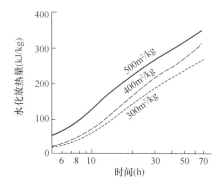

图 4-2-3 比表面积对水泥抗压强度的影响 图 4-2-4 比表面积对水泥水化放热量的影响

如果 $1\sim3\mu m$ 的颗粒含量高，3d 的强度就高，同时需水量增加，浇筑性能下降，水化热较大，收缩率较大，易出现早期开裂。

通过不同矿物成分、水化温度、水灰比、水泥细度对水化热的分析可以看出，对于大体积混凝土来说，为了尽可能地控制水化放热速率、减少水化放热总量、降低温升峰值，可以采取的措施包括：

（1）选用 C_3S 和 C_3A 含量较低的水泥，例如矿渣硅酸盐水泥和粉煤灰硅酸盐水泥，其 3d 的水化热不宜大于 250kJ/kg，7d 水化热不宜大于 280kJ/kg；

（2）夏季施工时可以对原材料采取降温措施，避免使用温度超过 60℃ 的新鲜水泥，必要时采用冰水拌合，降低混凝土的入模温度；

（3）尽可能地利用水发泥后期强度，避免选用通过增加比表面积来提高早期强度的水泥。

3 水泥在搅拌站的入机温度不宜高于 60℃。

在水泥销售的旺季，经常会出现水泥粉磨完毕不久，在水泥还处于较高温度的状态下就已经出库装车了。大体积混凝土施工一次性浇筑量很大，对水泥的需求量就非常高，而很多混凝土搅拌站为了节省初期投资，往往只建一个水泥仓，水泥储备严重不足，只能将刚出库的水泥直接运到现场投入使用，导致水泥到场温度和使用温度有时会超过 60℃。这将对混凝土工程带来诸多不利影响，例如混凝土拌合物出机流动性变差、需水量和坍落度损失变大等问题，尤其是对大体积混凝土来说，较高的水泥温度会导致混凝土的出机温度和入模温度较高，对混凝土浇筑以后的温控带来很大的难度，往往会导致温差裂缝的出现。因此，建议水泥的入机温度不宜大于 60℃。如果确实因为工程特殊情况，必须使用 60℃ 以上的水泥，应该采取冰水搅拌、骨料冷却等方法对混凝土的出机温度进行控制。

4.2.2 用于大体积混凝土的水泥进场时应检查水泥品种、代号、强度等级、包装或散装编号、出厂日期等，并应对水泥的强度、安定性、凝结时间、水化热进行检验，检验结果应符合现行国家标准《通用硅酸盐水泥》GB 175 的相关规定。

本条作为本标准的强制性条文提出。水泥是混凝土组成材料中最关键的一个组分，它的质量直接决定了混凝土的力学性能、体积稳定性、耐久性等各项指标。在工程前期所做的各种试配和实验，都是建立在各种指标均合格的水泥基础上的。因此，如果后期工程使用的水泥质量出现问题，所有的技术指标都会与设计要求发生偏差，从而导致工程质量下降，严重的还会发生工程质量事故。据调研，在供应大体积混凝土工程用混凝土时大多数商品混凝土搅拌站对进站的水泥品种、强度等级、包装或散装型号、出厂日期等均进行检查，并对其强度、安定性、凝结时间、水化热等性能指标进行检验。但也有相当数量的商品混凝土搅拌站并未及时检查或检验的性能指标不全，将直接影响大体积混凝土工程质量，会造成严重的后果，给国家财产带来损失，并威胁人身安全。因此，将此条列为强制条文是十分必要的。

用于大体积混凝土的水泥的物理性能指标宜符合表 4-2-5 的要求。

用于大体积混凝土的水泥的物理性能指标

表 4-2-5

试验名称	方法	验收准则	备注
凝结时间	GB/T 1346	初凝＞45min、终凝＜6.5h（硅酸盐水泥） ＜10h（普通水泥）	42.5 强度等级水泥 52.5 强度等级水泥
机械性能	GB/T 17671	GB 175	
体积安定性	GB/T 1346	煮沸法合格	
比表面系数	GB/T 8074	＞2500cm²/g ＜5000cm²/g	
干缩试验	JC/T 603	7d＜800μm/m 28d＜1000μm/m	
水化热	GB/T 12959	3d≤250kJ/kg 7d≤280kJ/kg	

水泥进场温度≤60℃

如果水泥出厂时强度不足、受潮或过期，都可能使混凝土强度不足，从而导致混凝土开裂。

4.2.3 骨料的选择，除应符合现行行业标准《普通混凝土用砂、石质量及检验方法标准》JGJ 52 的有关规定外，尚应符合下列规定：

根据混凝土种类的不同，粗细骨料在混凝土中所占的体积也不一样。对于普通泵送混凝土来说，粗、细骨料在混凝土中所占的体积一般为 70%～80%；对流动性要求较高的自密实混凝土，粗、细骨料所占体积可能低致 60%以下；而不需要流动性的碾压混凝土，其粗、细骨料所占体积可能高致 90%以上。

由于骨料不参与水泥复杂的水化反应，过去通常将其视为一种惰性填充料。随着近代混凝土技术的发展与研究的不断深入，混凝土材料和工程界越来越意识到骨料对混凝土的许多重要性能（如强度、体积稳定性、极限拉伸和耐久性等）都会产生相当大的影响，甚至会起着决定性的作用。美国的 P.K.Mehta 教授曾指出："将骨料作为一种惰性填充料这种传统的见解，确实应该画上一个句号。如果不像对待水泥那样来重视骨料，显然是不适当的"。

骨料对大体积混凝土裂缝控制的影响主要有以下几个因素：

1）骨料对混凝土热膨胀系数的影响

混凝土的热膨胀系数主要与骨料的热膨胀系数直接相关。根据不同的骨料类型，通常混凝土的热膨胀系数为 $(6\sim12)\times10^{-6}/℃$。如果混凝土的热膨胀系数为 $10\times10^{-6}/℃$，

当温度下降 $15℃$，将会产生 150×10^{-6} 的温度收缩应变；假定混凝土的弹性模量为 2.07×10^{4} MPa，那么在约束条件下，混凝土温度收缩应变所产生的拉应力可高达 3.1MPa，将造成极大的混凝土开裂风险。因此，在混凝土配合比设计中应根据实际工程对温度变化的要求，选择不同矿物的骨料，降低混凝土的温度变形，以减少混凝土由于温度应力产生的裂缝。

特别是在大体积混凝土施工时，由于水泥用量大，会产生较高的水化热，而导致混凝土温升较高，因此要更加重视骨料品种的选择。表 4-2-6 列出了不同品种骨料热膨胀系数及由该骨料所配制的混凝土热膨胀系数。

不同品种骨料热膨胀系数及由该骨料所配制的混凝土热膨胀系数　　　　表 4-2-6

骨料品种	石灰石	玄武岩	花岗岩	气冷高炉矿渣	辉绿岩	砂浆和砾石	石英岩
热膨胀系数	5×10^{-6}	6×10^{-6}	7×10^{-6}	8×10^{-6}	9×10^{-6}	10×10^{-6}	11×10^{-6}
混凝土热膨胀系数	6×10^{-6}	7×10^{-6}	8×10^{-6}	9×10^{-6}	10×10^{-6}	11×10^{-6}	12×10^{-6}

从表 4-2-6 中可以看出，不同品种骨料的热膨胀系数最大可相差 1 倍，从而导致在同样温度变化条件下，由不同品种骨料配置的混凝土的体积变化将相差 1 倍。在混凝土的弹性模量相同的情况下，混凝土所受到的拉应力将相应的增加 1 倍。在此情况下，混凝土裂缝控制难度将大大提高。

因此，在强调混凝土的高体积稳定性时，骨料品种的选择是十分重要的。而高体积稳定性又是裂缝控制的基础，因此，在大体积混凝土施工中必须重视骨料的品种和质量。

2）骨料的体积含量对混凝土干缩的影响

在混凝土配合比设计中，对干缩的影响首先反映在骨料的体积含量。通过试验表明，当骨料体积含量从 71% 增加到 74% 时，在相同水胶比的情况下，混凝土的收缩值可降低约 20%。因此，合理的混凝土配合比设计和在满足施工条件下尽可能提高骨料的体积含量是减少混凝土收缩的有力措施，同时也是裂缝控制的先决条件。

骨料体积含量对混凝土收缩的影响，可参考下列经验公式：

$$\varepsilon_{con} = \varepsilon_{p}(1-A)^{n}$$

式中　ε_{con}——混凝土的收缩应变；

ε_{p}——水泥浆体的收缩应变；

A——骨料的体积含量；

n——常数，其值为 1.2～1.7。

3）骨料对混凝土极限拉伸的影响

对于混凝土的裂缝控制而言，混凝土的极限拉伸是一项十分重要的指标。此项指标在水工工程中使用的非常广泛，但在工民建工程中应用的却很少。混凝土极限拉伸的大小是混凝土的一项重要力学性能，它对于混凝土裂缝的控制和超长结构施工缝的设置具有一定的指导作用。从下列公式中可以看到，混凝土极限拉伸与最大伸缩缝距离（即超长混凝土施工时不设缝的最大距离）的关系。

$$[L_{max}] = 2\sqrt{\frac{EH}{C_{x}}}\,\mathrm{arcch}\frac{\alpha T}{\alpha T - \varepsilon_{p}}$$

式中　　α——混凝土的热膨胀系数；

$\quad\quad T$——混凝土内部温度；

$\quad\quad E$——混凝土弹性模量；

$\quad\quad H$——混凝土浇筑体厚度；

$\quad\quad C_x$——约束系数（根据不同约束条件取值）。

若 $\alpha T-\varepsilon_p$ 趋近于 0 时，混凝土即可以任意长度进行施工而无须留缝。

混凝土的极限拉伸是一个随时间变化的指数函数，随龄期的延长而有提高。混凝土早期的极限拉伸应变大多为 100×10^{-6} 左右，后期可增加到 150×10^{-6} 或更高些。混凝土在早期可承受不致引发裂缝的温差为 $8\sim14℃$，而到后期则可承受 $17\sim28℃$ 的不裂温差。混凝土温度裂缝大多在降温后的早期出现；远期裂缝只出现在冬季更低的气温中，并与拉伸速度、混凝土材料、混凝土配合比等多种因素有关，其中与配制混凝土所用的骨料有一定的关系。通过国内外的研究发现，混凝土的极限拉伸也受拉伸速度的影响。我国长江科学院对水工混凝土进行的一项试验表明，缓慢拉伸 $(0.01\sim0.02MPa/d)\varepsilon_{tu}$ 值可比快速拉伸 $(0.2\sim0.3MPa/d)$ 值提高 1 倍左右。达到 $115\times10^{-6}\sim133\times10^{-6}$。混凝土的极限拉伸与骨料的最大粒径有关，粒径愈增大，抗拉伸能力愈降低。碎石骨料的混凝土抗拉伸能力明显高于天然卵石骨料。

混凝土的极限拉伸与骨料的品种、粒径的大小存在如下关系：

$$\varepsilon_p=\frac{K_a\cdot f_t}{E_c}=\frac{K_a\cdot f_{cu}^{0.77}}{E_c}$$

式中　　K_a——骨料系数；对于有棱角的机制碎石可取 $K_a=1.0$，对于天然的光滑圆卵石可取 $K_a=0.74$；

$\quad\quad E_c$——混凝土的弹性模量；

$\quad\quad f_{cu}$——混凝土抗压强度；

$\quad\quad f_t$——混凝土抗拉强度。

采用碎石和机制砂的混凝土，其抗拉伸性可比卵石河砂混凝土有很大的提高；快速加荷时约增 50%，缓慢加荷时约增 $40\%\sim80\%$。

对于钢筋混凝土来讲，根据齐斯克列里经验公式：

$$\varepsilon_{tu}=0.5f_t\cdot\left(1+\frac{10\mu_p}{d}\right)\times10^{-4}$$

式中　　ε_{tu}——混凝土的极限拉伸；

$\quad\quad \mu_p$——混凝土配筋率；

$\quad\quad f_t$——混凝土抗拉强度；

$\quad\quad d$——钢筋直径。

可以看到，提高钢筋混凝土极限拉伸的有效措施是减小钢筋的直径。即在满足结构受力要求和相同配筋率的前提下，尽可能地采用细而密的配筋形式，以提高混凝土的极限拉伸，控制混凝土裂缝的产生，减少施工时的留缝数量。

钢筋混凝土的极限拉伸与骨料品种的关系是通过骨料的线膨胀系数建立的：

$$\varepsilon_{tu}=0.5f_t\left(1+\frac{\mu_p}{\alpha}\right)\times10^{-4}$$

从上述公式中可以看到,提高钢筋混凝土极限拉伸的另一个方法就是选择线膨胀系数较低的骨料。关于这方面的介绍已在前文讲述,这里就不再重复了。总而言之,采取适当有效的措施提高混凝土的极限拉伸,是混凝土裂缝控制中的重要环节,应当引起材料界的重视,特别是在工民建领域中。

1 细骨料宜采用中砂,细度模数宜大于2.3,含泥量不应大于3%;

当细骨料偏细时,会造成相同坍落度的混凝土需水量增加;细骨料偏粗时,会造成混凝土的粘聚性差、砂浆对粗骨料包裹不完全等问题,因此推荐细骨料采用中砂能很好地解决上述问题。

细骨料中的含泥量偏大时,会造成混凝土初始坍落度降低、坍落度损失加大、降低混凝土骨料界面的粘结强度,降低混凝土的抗拉强度,增大收缩率,使混凝土结构易出现裂缝。同时还会降低水泥浆对粗骨料的握裹力,从而降低混凝土强度。增加混凝土产生早期和后期裂缝的风险,因此需要严格控制细骨料中的含泥量。

2 粗骨料粒径宜为5.0mm~31.5mm,并应连续级配,含泥量不应大于1%;

粗骨料的级配直接影响混凝土拌合物的工作性能。骨料粒径太小、级配不良、空隙率大,将导致水泥和拌和水用量加大,影响混凝土的强度,使混凝土收缩加大而出现开裂。水胶比相同时,级配良好的粗骨料对砂浆的需求量要低一些,这样在维持相同工作性能及力学性能的同时,可以降低单方混凝土胶凝材料的用量,这样既可以节约成本,又可以减少混凝土内部的水化放热,对大体积混凝土的裂缝控制非常有好处。

考虑到目前很多所谓连续级配的粗骨料,其中15mm以下粒径的粗骨料含量非常少,建议采用两种级配的粗骨料进行复配,以达到连续级配的目的。

粗骨料一般为人工破碎,本身含泥量较低,且清洗相对容易,因此规定其含泥量不大于1%。

另外,骨料中云母的含量较高,削弱水泥与骨料的粘结力,降低混凝土强度。骨料中有机质和轻物质过多,将延缓水泥的硬化过程,降低混凝土强度,特别是早期强度。骨料中硫化物可与水泥中的铝酸三钙发生化学反应,体积膨胀导致开裂。

3 应选用非碱活性的粗骨料;

蛋白石、安山岩、玄武岩、辉绿岩、千枚岩等碱性骨料有可能与碱性很强的水泥起化学反应,生成有膨胀能力的碱-硅凝胶而引起混凝土膨胀破坏,产生裂缝。

本条文规定了大体积混凝土所使用的骨料应采用非活性骨料。但如使用了无法判定是否是碱活性骨料或有碱活性的骨料时,应采用GB 175等水泥标准规定的低碱水泥,并按照表4-2-7控制混凝土的碱含量;也可采用抑制碱骨料反应的其他措施。

混凝土碱含量限值 表4-2-7

反应类型	环境条件	混凝土最大碱含量(按Na_2O当量计)/(kg/m³)		
		一般工程环境	重要工程环境	特殊工程环境
碱硅酸盐反应	干燥环境	不限制	不限制	3.0
	潮湿环境	3.5	3.0	2.0
	含碱环境	3.0	用非活性骨料	

4 当采用非泵送施工时,粗骨料的粒径可适当增大。

在实际工程中发现，如果泵送混凝土的粗骨料粒径过大，会增加泵送施工时堵泵的概率，对工程的连续施工造成不利影响，而采用非泵送施工时不存在此问题，因此当使用非泵送施工时，混凝土的粗骨料粒径可适当增大。

用于大体积混凝土施工的骨料在经过筛分、冲洗后应符合表4-2-8的要求。

用于混凝土的骨料物理性能 表 4-2-8

试验名称	方法	验收准则
碎石或卵石：		
颗粒级配	JGJ 52	JGJ 52
针、片状颗粒含量（按重量计）	JGJ 52	≤10%
含泥量（按重量计）	JGJ 52	≤1%
泥块含量（按重量计）	JGJ 52	≤0.5%
抗压强度，压碎值指标	JGJ 52	JGJ 52
坚固性指标	JGJ 52	≤8%
有机物质含量	JGJ 52	颜色不深于标准色
碱活性集料	JGJ 52	JGJ 52
氯离子含量（Cl^-）	JGJ 52	<100mg/kg
硫化物及硫酸盐含量	JGJ 52	<0.5%
（折算成SO_3，按重量计）		
砂：		
颗粒级配	JGJ 52	JGJ 52
表观密度	JGJ 52	供参考
含泥量（按重量计）	JGJ 52	≤3%
泥块含量（按重量计）	JGJ 52	≤1%
坚固性指标	JGJ 52	≤8%
有害物质含量	JGJ 52	JGJ 52
碱活性集料	JGJ 52	JGJ 52
氯离子含量（Cl^-）	JGJ 52	<100mg/kg
硫化物及硫酸盐含量	JGJ 52	<0.5%
（折算成SO_3，按重量计）		
人工砂总压碎值指标	JGJ 52	<30%
人工砂或混合砂中石粉含量	JGJ 52	≤7%（≤3%）

4.2.4 粉煤灰和粒化高炉矿渣粉，质量应符合现行国家标准《用于水泥和混凝土中的粉煤灰》GB/T 1596 和《用于水泥、砂浆和混凝土中的粒化高炉矿渣粉》GB/T 18046 的有关规定。

粉煤灰是现代燃煤电厂的废弃物，也称之为"飞灰"，英文名称为"fly ash"。在燃煤电厂中，当煤粉通过炉膛的高温区时，碳和有机物质会被烧掉，而大部分的矿物杂质则会在高温下熔融，当这些熔融物质被快速送到低温区时就会冷却成为粒径很小的球状玻璃体，并会随着高温气流一起上升，所以称之为"飞灰"。

　　粉煤灰最早作为混凝土的矿物掺合料来使用，是为了消耗这种产量巨大的工业副产品，从而起到改善生态环境的作用。随着人们的不断深入研究，发现混凝土内掺入粉煤灰不仅可以改善混凝土的工作性，还可以减少水泥用量，降低大体积混凝土的水化热总量，同时还可以提高混凝土的耐久性。粉煤灰在混凝土中主要表现出形态效应、火山灰效应和微集料效应，通过这三个效应可在多个方面影响混凝土的性能，可改善新拌混凝土的工作性、提高混凝土后期强度、降低大体积混凝土水化热、提高混凝土的抗渗性、降低氯离子的扩散系数、提高混凝土耐腐蚀性等。目前粉煤灰已经成为混凝土中使用最为广泛的矿物掺合料。

　　高炉矿渣粉是冶炼生铁时从高炉中排出的造渣熔融体，经水淬急冷处理，形成以玻璃体为主要成分的颗粒，称为粒化高炉矿渣。这种矿渣具有潜在的胶凝性，并根据其中碱性氧化物和酸性氧化物含量的比值 M 的大小，把矿渣划分为碱性、中性和酸性。一般酸性矿渣的胶凝性较差，碱性矿渣的胶凝性好。

　　在大体积混凝土中所使用的粉煤灰和高炉矿渣粉，其细度、需水量、游离氧化钙含量等指标必须满足各自的材料标准要求，否则会影响到大体积混凝土的工作性及温度裂缝的控制。

　　众所周知，除粉煤灰和磨细矿渣粉之外矿物掺合料的种类较多。近些年来在一些大体积混凝土工程中使用了钢渣粉、锰渣粉和磷渣粉等矿物掺合料，取得了较好的结果。由于多种原因不可能都列出。因此编写组在条文说明中加上：当有可靠试验数据并满足相应国家标准要求时，可采用其他矿物掺合料。

　　用于大体积混凝土施工的粉煤灰的性能指标应符合表 4-2-9 的要求。

粉煤灰物理性能指标　　　　　　　　　　　　　　　　　　　　表 4-2-9

项　目		技术要求		
		Ⅰ级	Ⅱ级	Ⅲ级
细度（45μm 方孔筛筛余），不大于（%）	F 类粉煤灰	12.0	25.0	45.0
	C 类粉煤灰			
需水量比，不大于（%）	F 类粉煤灰	95	105	115
	C 类粉煤灰			
烧失量，不大于（%）	F 类粉煤灰	5.0	8.0	15.0
	C 类粉煤灰			
含水量，不大于（%）	F 类粉煤灰	1.0		
	C 类粉煤灰			
三氧化硫，不大于（%）	F 类粉煤灰	3.0		
	C 类粉煤灰			
游离氧化钙，不大于（%）	F 类粉煤灰	1.0		
	C 类粉煤灰	4.0		
安定性 雷氏夹沸煮后增加距离，不大于（mm）	C 类粉煤灰	5.0		

　　《粉煤灰混凝土应用技术规范》GB/T 50146 中粉煤灰取代水泥的最大限量见表 4-2-10。

粉煤灰取代水泥的最大限量　　　　　　　　　　　　表 4-2-10

混凝土种类	粉煤灰取代水泥的最大限量（%）			
	硅酸盐水泥	普通硅酸盐水泥	矿渣硅酸盐水泥	火山灰质硅酸盐水泥
预应力钢筋混凝土	25	15	10	～
钢筋混凝土 高强度混凝土 高抗冻融性混凝土 蒸养混凝土	30	25	20	15
中、低强度混凝土泵送混凝土 大体积混凝土 水下混凝土 地下混凝土 压浆混凝土	50	40	30	20
碾压混凝土	65	55	45	35

4.2.5　外加剂质量及应用技术，应符合现行国家标准《混凝土外加剂》GB 8076 和《混凝土外加剂应用技术规范》GB 50119 的有关规定。

　　混凝土外加剂在混凝土技术的发展过程中起着至关重要的作用，是混凝土技术发展的推动力，但是如何正确选择及使用混凝土外加剂却是长期以来困扰工程界的一大问题。对于减水剂来说，较高的减水率可以在保证工作性的同时降低混凝土的水胶比，从而提高抗压强度，但是水胶比降低同时又可能带来了收缩增加的问题；对于引气剂来说，合适掺量下，可以增加混凝土抗冻融能力，过量时又会造成混凝土强度的下降。目前混凝土外加剂的种类越来越多，但是每一种外加剂在解决某一个问题的同时又可能会带来一个或多个新的问题，因此大体积混凝土在选择和使用混凝土外加剂时必须要符合《混凝土外加剂》GB 8076、《混凝土外加剂应用技术规范》GB 50119 的标准要求。

　　用于钢筋混凝土和预应力混凝土中的外加剂不得含有氯化物和氯酸盐，并按照《混凝土外加剂》GB 8076—2008 进行检验，具体指标要求详见表 4-2-11、表 4-2-12。

混凝土外加剂性能指标　　　　　　　　　　　　表 4-2-11

项目	外加剂品种									
	高性能减水剂 HPWR			高效减水剂 HWR		引气减水剂 AEWR	泵送剂 PA	早强剂 Ac	缓凝剂 Re	引气剂 AE
	早强型 HPWR-A	标准型 HPWR-S	缓凝型 HPWR-R	标准型 HWR-S	缓凝型 HWR-R					
减水率（%）， 不小于	25	25	25	14	14	10	12	—	—	6
泌水率比（%）， 不大于	50	60	70	90	100	70	70	100	100	70
含气量 （%）	≤6.0	≤6.0	≤6.0	≤3.0	≤4.5	≥3.0	≤5.5	—	—	≥3.0

项目		外加剂品种									
		高性能减水剂 HPWR			高效减水剂 HWR		引气减水剂 AEWR	泵送剂 PA	早强剂 Ac	缓凝剂 Re	引气剂 AE
		早强型 HPWR-A	标准型 HPWR-S	缓凝型 HPWR-R	标准型 HWR-S	缓凝型 HWR-R					
凝结时间之差（min）	初凝	−90～+90	−90～+120	>+90	−90～+120	>+90	−90～+120	—	−90～+90	>+90	−90～+120
	终凝								—	—	
1h经时变化量	坍落度（mm）	—	≤80	≤60	—		—	≤80			—
	含气量（%）	—					−1.5～+1.5				−1.5～+1.5
抗压强度比（%），不小于	1d	180	170	—	140				135		
	3d	170	160	—	130	—	115	—	130		95
	7d	145	150	140	125	125	110	115	110	100	95
	28d	130	140	130	120	120	100	110	100	100	90
收缩率比（%），不大于	28d	110	110	110	135	135	135	135	135	135	135
相对耐久性（200次）（%），不小于		—					80	—	—	—	80

混凝土外加剂匀质性指标

表 4-2-12

项目	指标
氯离子含量（%）	不超过生产厂控制值
总碱量（%）	不超过生产厂控制值
含固量（%）	$S>25\%$ 时，应控制在 $0.95S\sim1.05S$；$S\leq25\%$ 时，应控制在 $0.90S\sim1.10S$
含水率（%）	$W>5\%$ 时，应控制在 $0.90W\sim1.10W$；$W\leq5\%$ 时，应控制在 $0.80W\sim1.20W$
密度（g/cm³）	$D>1.1$ 时，应控制在 $D\pm0.03$；$D\leq1.1$ 时，应控制在 $D\pm0.02$
细度	应在生产厂控制范围内
pH 值	应在生产厂控制范围内
硫酸钠含量（%）	不超过生产厂控制值

注：1　生产厂应在相关的技术资料中明示产品匀质性指标的控制值；

　　2　对相同和不同批次之间的匀质性和等效性的其他要求，可由供需双方商定；

　　3　表中的 S、W 和 D 分别为含固量、含水率和密度的生产厂控制值。

4.2.6 外加剂的选择除应满足本标准第4.2.5条的规定外，尚应符合下列规定：

1 外加剂的品种、掺量应根据材料试验确定；

混凝土之所以能够成为世界上使用量最大的建筑材料，它的经济性无疑是主要的因素之一。目前我国的水泥生产厂家众多、分布广泛，生产规模、管理水平、产品质量参差不齐。由于各水泥厂之间原材料、生产工艺、外加剂（水泥生产过程中使用的外加剂）、掺合料等因素的不同，导致了每个厂家的产品质量及相应的性能指标都不尽相同。不同厂家生产的水泥之间的最大区别就是对外加剂的适应性。外加剂的重要性已经众所周知。混凝土外加剂在改善新拌和硬化混凝土性能中起着重要的作用。由于有了外加剂，出现了商品混凝土、泵送混凝土等新的混凝土生产方式、运输方式和施工方式；在建筑工程中相继出现了大流动性及免振捣混凝土、喷射混凝土、混凝土冬期施工、混凝土滑模施工等新工艺；在结构类型上出现了高层、超高层、大跨度体系等。掺入外加剂，不仅能改善混凝土的拌合物及其硬化过程中或硬化以后的性能，还能改善混凝土的各项物理力学性能及长期耐久性，并且能从根本上改进混凝土的工业化生产方式，达到节约资源、文明生产与施工的目的，同时还能取得较好的经济效益和社会效益。是循环经济和可持续发展的重要组成部分。

目前我国的外加剂生产厂家也是数不胜数，各个厂家生产的外加剂性能同样存在很大的差异。对于一个具体的工程来说，以前外加剂的使用经验只能作为参考，因为水泥厂家和外加剂厂家都在变化，即使是同一厂家的水泥或者外加剂，因为批次的不同，同样存在很多不确定因素。因此，本条规定在使用外加剂之前，必须进行水泥与外加剂的适配性试验，只有通过试验确认，且混凝土的各种性能都能满足标准要求时，才能确定外加剂的使用。

2 宜提供外加剂对硬化混凝土收缩等性能的影响系数；

由于外加剂对于硬化混凝土的收缩会产生很大的影响，所以在大体积混凝土施工前，必须对所采用的外加剂的收缩值作为一项重要指标加以控制。

大体积混凝土施工的难点是裂缝控制，而裂缝控制的前提之一是混凝土收缩产生的拉应力应小于混凝土自身的抗拉强度，因此，混凝土收缩的大小，直接影响了混凝土施工完成后是否会产生裂缝。如果一种外加剂的使用会增加混凝土的收缩，就必须通过试验给出外加剂对混凝土收缩的影响系数，并根据影响程度的大小决定外加剂的选择。

这些年来由于生产成本的下降和良好的性价比，聚羧酸盐系高效减水剂已在越来越多的大体积混凝土施工中推广应用。它是一类全新型的高性能减水剂，是一种具有高效羧酸基和磺酸基、同时还具有其他官能团的长支链接枝共聚高性能减水剂。主要工作原理是通过不饱和单体在引发剂作用下发生共聚，将带有活性基团的侧链接枝到聚合物的主链上。它具有一系列独特的优点：低掺量、高减水率、分散性好、与不同品种的水泥具有较好的适应性、低坍落度损失、混凝土后期强度较高等，并且能更好地解决混凝土的引气、缓凝、泌水等问题。

聚羧酸系高效减水剂掺加量一般只是萘系高效减水剂的1/5～1/10，减水率却可达到30%以上。由于掺量大幅度降低，使带入混凝土中的有害成分大幅度减少，且综合成本并未增加。

与基准混凝土相比，掺聚羧酸高性能减水剂的混凝土坍落度保持率很好，低正温时保持不变，扩展度还有所增加，其各项性能指标与基准混凝土相比，如表 4-2-13 所示。

掺高性能减水剂的混凝土与基准混凝土性能指标比　　　　表 4-2-13

性能指标	掺高性能减水剂的混凝土/基准混凝土
减水率（％）	≥25
泌水率（％）	≤70
含气量（％）	≥6.0
抗压强度（％）	1d≥170，3d≥160，7d≥150，28d≥140
28d 收缩率（％）	≤110
凝结时间（min）	−90～＋180

从国家标准《混凝土外加剂》GB 8076—2008 "表 1 受检混凝土性能指标"中可见，高性能减水剂与高效减水剂性能指标比见表 4-2-14。

高性能减水剂与高效减水剂性能指标比　　　　表 4-2-14

性能指标	高性能减水剂/高效减水剂
减水率（％）	25/14
泌水率比（％）	60/90
收缩率比（％）	110/135
28d 抗压强度比（％）	140/120

由表 4-2-14 可见，高性能减水剂的各项性能指标都占优。特别是收缩率这一影响大体积混凝土施工质量的重要性能指标，掺高性能减水剂的混凝土比掺高效减水剂的混凝土相对基准混凝土而言减少 25％，这对有效控制大体积裂缝十分有利。

3　耐久性要求较高或寒冷地区的大体积混凝土，宜采用引气剂或引气减水剂。

引气剂的使用是混凝土发展史上的一个重要里程碑，它对混凝土施工性能及综合耐久性能有显著的改善效果，尤其是对提高混凝土的抗冻融能力有显著的作用。

引气剂是一种能使混凝土在搅拌过程中引入大量均匀分布、稳定而封闭的微小气泡（直径一般在 20～200μm），从而改善混凝土和易性与耐久性的外加剂。

混凝土在搅拌过程中均能引入空气产生的"气泡"，但是这种气泡既不均匀又不稳定，在混凝土搅拌与振捣过程中很容易由小变大而逸出。而要形成稳定、细小和均匀的气泡则要借助于引气剂。引气剂在混凝土中发挥的作用，受到引气剂的品种与掺量、水泥的品种与掺量、骨料的粒径和级配以及混凝土施工方法等的影响。

1）对新拌混凝土的影响

在混凝土凝结硬化之前引入大量微小、独立的气泡就像一个个小滚珠，改变了混凝土内骨料间相对运动的摩擦机制，变骨料间的滑动摩擦为滚动摩擦，减少了摩擦阻力。同时产生了一定的浮力，对细小骨料起到了浮托和支撑作用。这就使新拌混凝土具有更好的和易性和流动性，同时不容易沉降和泌水。在相同用水量配制混凝土时表现为和易性好、泌水率低，在相同和易性时可减少用水量。

2）对硬化混凝土的影响

（1）抗压强度：引气剂增加了混凝土中的气泡，因而减小了浆体的有效面积，造成了混凝土抗压强度的降低。在混凝土外加剂应用技术规范中认为，混凝土中含气量每增加 1%，其抗压强度约降低 4%～6%，抗折强度降低 2%～3%。

（2）抗冻融性：混凝土中掺入引气剂后，由于引入大量微细气泡，均匀分布在混凝土内部（气泡间隔系数在 0.1～0.2mm），就可以容纳自由水分的迁移，从而大大地缓和了静水压力，这就可以显著地提高混凝土承受反复冻融循环的能力，比不掺引气剂的混凝土抗冻性提高 1～6 倍。

（3）抗渗性：引气剂掺入混凝土后，可以提高抗渗性。这是因为引气剂不但能减少用水量，改善和易性，防止泌水和沉降，使骨料与胶凝材料界面上的大毛细孔减少，而且产生的微小气泡汇集于毛细管的通道上切断了毛细管，提高了抗渗压力，只有在更大的静压力下才会产生渗透。

引气减水剂具有引气剂的性能：引气、改善和易性、减少泌水和沉降，提高混凝土耐久性（抗冻融循环、抗渗）和抗浸能力；同时具备减水剂的性能：减水、增强以及对混凝土其他性能的改善。其最大特点是在提高混凝土含气量的同时，不降低混凝土强度。在改善混凝土物理力学性能的基础上，显著地提高混凝土的抗冻融、抗渗等耐久性。

4.2.7 混凝土拌合用水质量应符合现行行业标准《混凝土用水标准》JGJ 63 的有关规定。

水是混凝土不可缺少的一部分，也是非常重要的部分。水的酸碱度、各种离子含量都可能会影响到混凝土最终的性能。氯离子含量过高的地下水会造成混凝土内部的钢筋锈蚀，硫酸盐含量过高时会造成混凝土的硫酸盐腐蚀，因此混凝土拌合用水的质量必须符合现行标准要求。

拌合用水的性能指标应符合国家现行标准《混凝土用水标准》JGJ 63—2006 的有关规定，指标要求见表 4-2-15。

拌合用水性能指标

表 4-2-15

项　　目	检验方法	验收准则	附注
不溶物（mg/L）	符合 GB/T 11901 的要求	≤2000	
可溶物（mg/L）	符合 GB 5750 中溶解性总固体检验法的要求	≤2000	
氯离子（Cl⁻）含量（mg/L）	符合 GB/T 11896 的要求	<250	
硫酸盐离子（SO_4^{2-}）含量（mg/L）	符合 GB/T 11899 的要求	<250	
碱含量（mg/L）	符合 GB/T 176 中关于氧化钾、氧化钠测定的火焰光度计法的要求	≤1500	
pH 值	符合 GB/T 6920 的要求，并宜在现场测定	≥5	

4.3　配合比设计

4.3.1 大体积混凝土配合比设计，除应符合现行行业标准《普通混凝土配合比设计规程》

JGJ 55 的有关规定外，尚应符合下列规定：

1 当采用混凝土 60d 或 90d 强度验收指标时，应将其作为混凝土配合比的设计依据；

本条文考虑到大体积混凝土工程多为基础底板和大型设备基础，上部结构的建设周期一般较长、荷载增加较慢。在保证混凝土有足够强度满足使用要求的前提下，规定了大体积混凝土可以采用 60d 或 90d 的后期强度，这样可以减少大体积混凝土中的水泥用量，提高掺合料的用量，以降低大体积混凝土的水化温升。同时可以使浇筑后的混凝土内外温差减小，降温速度控制的难度降低，并进一步降低养护费用。

大体积混凝土配合比设计中，为了降低胶凝材料的水化热，为大体积混凝土的温度裂缝控制提供保障，通常会采用粉煤灰替代部分水泥。掺入粉煤灰后混凝土的早期强度会有所降低，降低的程度随着煤灰掺量、粉煤灰等级、水胶比的变化而不同。随着龄期的不断增长，掺入粉煤灰的混凝土后期强度会增加较快，60d、90d 的强度会达到甚至超过基准混凝土的强度。目前混凝土配合比设计规范中采用 28d 强度作为验收标准，针对普通混凝土要求是可以的。但是在大体积混凝土施工中，如果按照 28d 强度进行配合比设计，就要提高水泥用量，就达不到降低混凝土水化热的目的。目前很多大体积混凝土工程已经采用 60d 或 90d 强度作为设计和验收指标，并取得了良好的效果，为大体积混凝土的裂缝控制提供了有力保障，因此本标准里建议采用混凝土 60d 或 90d 强度作指标时，也应该将其作为混凝土配合比设计的依据。

2 混凝土拌合物的坍落度不宜大于 180mm；

混凝土坍落度过大，混凝土离析、分层的概率也会相应增大，也不利于浇筑以后混凝土的匀质性和裂缝控制。

《混凝土泵送施工技术规程》JGJ/T 10 中规定了泵送高度在 30m 以下时，应选用的混凝土入泵坍落度为 100mm～140mm；泵送高度 100m 以上时，选用的混凝土入泵坍落度为 180mm～200mm。

美国 ACI 认为混凝土坍落度大于 6 英寸（15.24cm）时，不利于泵送；德国工业标准中认为流动性为 K_2（坍落度 10～18cm）时，混凝土最利于泵送，过小和过大的坍落度都不利于泵送。过大的坍落度即不利于泵送，也不利于浇筑以后混凝土的匀质性和裂缝控制。

本标准参照上述规定，并结合大体积混凝土的施工特点，提出了混凝土到浇筑面的坍落度不宜大于 180mm 的要求。

长期以来，工程界对泵送混凝土存在一个认识上的误区，认为混凝土的坍落度越大，混凝土流动性越好，泵起来就越容易，而且不容易堵泵。在实际工程中，一些泵送混凝土不分泵送高度，而把混凝土坍落度定在了 200mm 以上，甚至有一些地方还出台规定，混凝土的入泵坍落度不能小于 180mm。

混凝土的坍落度越大，粘滞阻力越小，泵送压力越低，有利于混凝土拌合物在管道中的输送，但这是建立在混凝土拌合物完全是匀质状态下的结论。在实际工程中，泵送混凝土的在管道中是承受一定泵压的，压力泌水不可避免，当混凝土坍落度过大，出现离析分层，或泵送短时间停止时，这种现象更加明显。如果混凝土拌合物发生离析，那么粗骨料堆积在管道壁的下侧，而管道上部分则是黏度较低的砂浆，这两部分在泵压下流动性不同，从而造成混凝土拌合物发生相对流动，增加混凝土的流动阻力，使得混凝土出泵时匀质性降低，并增加堵泵的可能。

3 拌合水用量不宜大于 170kg/m³；

一般大体积混凝土中胶凝材料完全水化所需的水量远低于拌合用水量，多余的水是为了满足混凝土的工作性要求而加入的，这些多余的水分在混凝土硬化以后会慢慢蒸发出去，而在混凝土内部留下很多孔隙。胶凝材料用量一定时，水量越大，后期留下的孔隙也就越多，这对混凝土的耐久性是非常不利的。同时，其他条件不变时，混凝土用水量越大，混凝土强度越低，混凝土离析、泌水的倾向越严重，这会影响到混凝土的匀质性，骨料多的部位容易形成蜂窝麻面，砂浆多的部位容易形成收缩裂缝。因此，从混凝土的强度、匀质性、耐久性等方面考虑，本标准规定混凝土拌合用水量不宜大于 170kg/m³。

4 粉煤灰掺量不宜大于胶凝材料用量的 50%，矿渣粉掺量不宜大于胶凝材料用量的 40%；粉煤灰和矿渣粉掺量总和不宜大于胶凝材料用量的 50%；

早期粉煤灰和矿渣粉掺入混凝土中，是为了消耗这些工业废品。目前粉煤灰和矿渣粉已经成为高性能混凝土不可缺少的组分，甚至有一些无筋高性能混凝土的粉煤灰掺量达到了胶凝材料总量的 80%。但是对于大体积混凝土来说，适量掺入粉煤灰和矿渣粉能够改善混凝土的性能，提高混凝土的施工质量。但掺入总量要做限定，并不是越高越好。当粉煤灰和矿渣粉掺量增加时会降低混凝土的抗拉强度和含碱度，对于混凝土的裂缝控制和耐久性不利。

综合粉煤灰和矿渣粉对大体积混凝土水化热、抗拉强度、抗碳化能力的影响等多种因素考虑，并结合工程应用实际效果，本标准规定粉煤灰掺量不宜超过胶凝材料用量的 50%；矿渣粉的掺量不宜超过胶凝材料用量的 40%；粉煤灰和矿渣粉掺合料的总量不宜大于混凝土中胶凝材料用量的 50%。

5 水胶比不宜大于 0.45；

混凝土的水胶比越大，就是混凝土中的用水量越多，固化后混凝土内部的孔隙率就会越高，其强度就越低。同时，水胶比越大，相同掺量下粉煤灰和矿渣粉对混凝土抗拉强度降低的影响也越大，混凝土抗氯离子渗透的能力也越弱，包括抗渗、抗冻融和抗腐蚀等耐久性能都将降低。混凝土中用水量越多，相应的干燥收缩、沉降和自收缩就越大，这些因素对大体积混凝土裂缝控制十分不利。因此，在达到混凝土设计要求和满足施工性能的前提下，尽量减少用水量，降低水胶比。由于高性能聚羧酸减水剂在性价比上的突出优势，目前已在国内外很多高强、高性能大体积混凝土工程中得到应用，其超强的减水增强效果可使混凝土在水胶比较低时，具有较好的强度、密实性及耐久性。因此，从混凝土强度、耐久性等方面出发，并结合实际工程经验，本标准规定大体积混凝土的水胶比不宜大于 0.45。

6 砂率宜为 38%～45%。

混凝土中砂和胶凝材料形成砂浆，共同填充粗骨料堆积留下的空隙，考虑到实际工程中混凝土的工作性要求，砂浆的体积量会超过粗骨料的空隙体积，多余的砂浆对粗骨料进行包裹，从而降低粗骨料之间的摩擦阻力，提高混凝土的流动性。在混凝土配合比设计中，胶凝材料用量和水胶比固定以后，砂率过低，砂浆量就过少，混凝土的工作性变差，很可能出现粗骨料包裹不完全的现象；砂率过高，混凝土拌合物黏度变大，流动性变差，同时混凝土收缩开裂的风险增大。根据实际工程经验和试验结果，本标准确定混凝土砂率的最佳区间是38%～45%。

混凝土配合比设计工程实例

1）混凝土配合比要求

根据工程结构设计对底板混凝土强度等级的要求，商品混凝土供应商根据施工现场所确定的水泥品种、砂石级配、含泥量和外加剂等进行混凝土试配。配合比设计时要按原材料性能及对混凝土的技术要求进行计算及调整，定出满足设计和施工要求并比较经济合理的混凝土配合比。并业主、监理审查认可。

根据工程设计参数及底板混凝土的特性及现行国家规范及标准《普通混凝土配合比设计规程》JGJ 55、《大体积混凝土施工标准》GB 50496、《混凝土外加剂应用技术规范》GB 50119，对底板混凝土配合比设计要求如下：

（1）考虑到混凝土耐久性及降低水化热的要求，混凝土中胶凝材料总用量不小于350kg，其中水泥用量宜为200kg左右。

（2）底板混凝土强度等级为C40（采用60d后期强度），抗渗等级1.0MPa，水胶比要求不大于0.45。

（3）采用超缓凝高效减水剂，其缓凝时间要求初凝时间为14～16h；终凝时间不超过24h。

（4）控制混凝土的碱含量不大于3.0kg/m³。

（5）混凝土中的最大氯离子含量不大于0.15%。

（6）混凝土浇筑坍落度180±20mm，入模坍落度控制在160～190mm。

（7）混凝土浇筑体在入模温度基础上的温升值不大于50℃，混凝土浇筑块体的里表温差（不含混凝土收缩的当量温度）不大于≤25℃，混凝土浇筑体的降温速率不大于2.0℃/d，混凝土浇筑体表面与大气温差不大于20℃。

（8）混凝土中石子的含泥量不大于1%，砂的含泥量小于3%。

2）混凝土原材料要求

混凝土的原材料包括水泥、骨料、掺合料、外加剂和水。

（1）水泥

采用水化热较低、安定性好、细度适中的P·O42.5级普通硅酸盐水泥。水泥全部指标符合现行国家标准《通用硅酸盐水泥》GB 175中对普通硅酸盐水泥的要求。要求水泥的比表面积不小于300m²/kg；水泥中的碱含量不大于0.60%；水泥的水化热3d不宜大于240kJ/kg，7d不宜大于270kJ/kg。

在对其进行安定性、凝结时间、强度、比表面积、烧失量、碱含量、水化热、三氧化硫、不溶物等全项目抽检后，其指标全部合格。安定性、凝结时间按现行国家标准《水泥标准稠度用水量、凝结时间、安定性检验方法》GB/T 1346检验，比表面积按现行国家标准《水泥比表面积测定方法 勃氏法》GB 8074检验，水化热按现行国家标准《水泥水化热测定方法》GB/T 12959检验。

（2）骨料

粗骨料采用粒径为(5～25)mm连续级配且含泥量小于1%的机碎石（石灰岩），检验标准为现行行业标准《普通混凝土用砂、石质量及检验方法标准》JGJ52。选用粒径较大、级配良好的石子配制的混凝土，和易性较好，抗压强度较高，同时可以减少用水量及水泥用量，从而使水泥水化热减少，降低混凝土温升。

拌制时采用天然中砂，细度模数宜大于2.3，含泥量不大于3%。选用平均粒径较大的中砂拌制的混凝土比采用细砂拌制的混凝土可减少用水量，同时相应减少水泥用量，使水泥水化热减少，降低混凝土温升，并可减少混凝土收缩。砂执行现行行业标准《普通混凝土用砂、石质量及检验方法标准》JGJ 52 中中砂的技术要求。

骨料的碱活性指标除满足现行国家标准外，还必须满足现行国家标准《预防混凝土碱骨料反应技术规范》GB/T 50733 的要求，采用低碱活性的骨料。

骨料中严禁混入影响混凝土性能的有害物质。不得混入粉煤灰、水泥和外加剂等粉状材料及其他杂质。骨料入场后先存入大棚内，不能直接露天堆放。

（3）掺合料

在混凝土中合理掺加粉煤灰，可以达到改善混凝土性能、提高工程质量、节省水泥、延长水泥水化热释放时间等目的。粉煤灰取代部分水泥可使混凝土内部顶峰温度显著降低，减少混凝土水化热，有利于防止大体积开裂。同时，由于掺入粉煤灰后，可提高混凝土的密实度，改善其微孔结构，抑制混凝土的碱集料反应。

为确保主楼底板混凝土的质量，本工程拟掺加Ⅱ级粉煤灰和S95级矿粉。

粉煤灰质量标准符合现行国家标准《用于水泥和混凝土中的粉煤灰》GB/T 1596 的有关规定。要求细度（0.045mm 方孔筛筛余）不大于25%，需水量比不大于105%，游离氧化钙含量不大于1.0%且体积安定性合格。

根据设计要求各项性能指标，同时考虑各粉煤灰生产单位产量、库存、运输均须满足集中供应要求，并经过多次试验后，最终确定粉煤灰供应商。

矿渣粉质量标准符合现行国家标准《用于水泥、砂浆和混凝土中的粒化高炉矿渣粉》GB/T 18046 的有关规定，S95级要求比表面积不小于400m²/kg，流动度比大于95%，28d 活性指标大于95%。

（4）外加剂

混凝土外加剂的性能或种类，必须使用当地政府批准的品种和生产厂家，并报监理工程师认可后方准使用。

外加剂检验执行现行国家标准《混凝土外加剂》GB 8076 技术要求。正式生产前尚需进一步试拌，保证不出现假凝、速凝、分层、离析或者结皮现象。

其他指标尚应符合现行国家标准《混凝土外加剂应用技术规范》GB 50119 的要求。

（5）水

要求搅拌站采用符合现行行业标准《混凝土用水标准》JGJ 63 的自来水或者地下水。

3）混凝土配合比设计

（1）基准配合比、试配资料

混凝土强度等级 C40P10，混凝土初凝时间为 14~16h（标准养护情况）。

根据对比试验，确定的最佳配合比如下：

配合比1见表4-3-1。

配 合 比 1

表 4-3-1

材料名称	水泥	细骨料	碎石	粉煤灰	矿粉	外加剂	水
规格品种	P·O42.5	中砂	5～25mm	Ⅱ级	S95	聚羧酸类	/
用量	200	710	1090	80	120	9.9	170

配合比 2 见表 4-3-2。

配 合 比 2

表 4-3-2

材料名称	水泥	细骨料	碎石	粉煤灰	矿粉	外加剂	水
规格品种	P·O42.5	中砂	5～25mm	Ⅱ级	S95	聚羧酸类	/
用量	180	723	1084	100	110	9.4	168

（2）混凝土的性能要求（表 4-3-3）、入模温度控制

混凝土施工性能要求

表 4-3-3

混凝土初凝时间（h）		混凝土终凝时间（h）		含气量（%）	最大入模温度（℃）
≥14		≤24		<5	30
90min 经时损失（mm）		现场控制指标（mm）		90d 抗压强度	砂率
坍落度	扩展度	坍落度	扩展度	（MPa）	（%）
≤20	≤30	180±20	≥500	40～50	38～42

混凝土拌合物工作性能要求不离析、不泌水、不粘结、不起皮，流动性、匀质性、稳定性好，保塑性能良好，可泵性好。

混凝土入模温度计算：

有关数据如下（以 6 月底施工为例）：水温 15℃（地下水）、矿物掺合料 50℃、水泥温度 55℃、砂子温度 22℃、石子温度 28℃、砂子含水率 4.5%、石子含水率 0%、搅拌机棚内温度 28℃、平均环境温度 26℃、采用混凝土罐车（搅拌车）运输、从混凝土出站到工地所需时间约为 1.0h。

混凝土拌合温度的计算：

$$T_0 = \frac{\begin{aligned}0.92(m_{ce}T_{ce} + m_s T_s + m_{sa}T_{sa} + m_g T_g) + 4.2 T_w(m_w - \omega_{sa}m_{sa} - \omega_g m_g) \\ + c_1(\omega_{sa}m_{sa}T_{sa} + \omega_g m_g T_g) - c_2(\omega_{sa}m_{sa} + \omega_g m_g)\end{aligned}}{4.2 m_w + 0.92(m_{ce} + m_s + m_{sa} + m_g)}$$

式中 T_0——混凝土拌合物温度（℃）；

  m_w——水用量（kg）；

  m_{ce}——水泥用量（kg）；

  m_{sa}——砂子用量（kg）；

  m_g——石子用量（kg）；

  m_s——矿物掺合料用量（kg）；

  T_w——水的温度（℃）；

  T_s——矿物掺合料的温度（℃）；

T_{ce}——水泥的温度（℃）；

T_{sa}——砂子的温度（℃）；

T_g——石子的温度（℃）；

ω_{sa}——砂子的含水率（％）；

ω_g——石子的含水率（％）；

c_1——水的比热容（kJ/kg·K）；

c_2——冰的溶解热（kJ/kg）。

当骨料温度大于0℃时，$c_1=4.2$，$c_2=0$；当骨料温度小于或等于0℃时，$c_1=2.1$，$c_2=335$。

由上式计算得拌合温度：$T_0=27.1℃$（配合比1），27.0℃（配合比2）。

混凝土拌合物出机温度的计算：

$$T_1 = T_0 - 0.16(T_0 - T_i)$$

式中 T_1——混凝土拌合物出机温度（℃）；

T_i——搅拌机棚内温度（℃）。

由上式计算得出机温度：$T_1=27.2℃$（配合比1），27.2℃（配合比2）。

混凝土拌合物经运输到浇筑时温度的计算：

$$T_2 = T_1 - (\alpha t_1 + 0.032n)(T_1 - T_a)$$

式中 T_2——混凝土拌合物运输到浇筑时温度（℃）；

T_i——混凝土拌合物自运输到浇筑时的时间（h）；

n——混凝土拌合物运转次数（罐车—混凝土泵—入模，故$n=2$）；

T_a——混凝土拌合物运输时环境温度（℃）；

α——温度损失系数（h^{-1}），当用混凝土搅拌车输送时，$\alpha=0.25$。

由上式计算得浇筑时入模温度：$T_2=26.8℃$（配合比1），26.8℃（配合比2）。

4.3.2 混凝土制备前，宜进行绝热温升、泌水率、可泵性等对大体积混凝土裂缝控制有影响的技术参数的试验，必要时配合比设计应通过试泵送验证。

目前许多大体积混凝土工程在施工前都通过试验直接得到混凝土绝热温升值，而不再需要通过测得水泥水化热算出混凝土绝热温升值。因此，将原标准本条中"并应进行水化热…"修改为"宜进行混凝土绝热温升…"。如果不具备试验条件，也可按照本标准提供的计算方法确定。

普通混凝土如果出现裂缝或者施工质量问题，一般可以进行修补或者是重新浇筑，但是大体积混凝土一次性施工的混凝土用量较大，施工后出现质量问题的修补或重新浇筑难度非常大，因此在施工前应该做好充分准备，进行充分的试验模拟或试泵送，防止一切可能出现的问题。

4.3.3 在确定混凝土配合比时，应根据混凝土绝热温升、温控施工方案的要求，提出混凝土制备时粗细骨料和拌合用水及入模温度控制的技术措施。

大体积混凝土的裂缝控制是大体积混凝土工程施工成败的关键，而确定了混凝土配合比以后，胶凝材料的水化热也就确定了。通过试验可直接获得混凝土的绝热温升值，或根据水化热试验结果通过理论计算得到，从而可以计算出混凝土浇筑体的内部温升曲线和温度场；结合覆盖保温层、环境加热、自然散热、冷却水管散热等温控措施，可以确定混凝土入模温度的控制范围，从而提出是否采取骨料冷却、冰水降温或加热拌合水等技术措施；将粗细骨料和拌合水的温度控制在合适的范围内，从而达到控制混凝土入模温度的目的，以满足大体积混凝土温度裂缝控制的要求。

4.4 制 备 及 运 输

4.4.1 混凝土制备与运输能力应满足混凝土浇筑工艺要求，预拌混凝土质量应符合现行国家标准《预拌混凝土》GB/T 14902 的有关规定，并应满足施工工艺对坍落度损失、入模坍落度、入模温度等的技术要求。

大体积混凝土工程一次性施工对混凝土的需求量很大，施工必须连续进行不能中断。因此对预拌混凝土的生产企业的原材料储备、设备能力、应急配套设施、混凝土质量稳定性的技术保障、运送能力提出了更高的要求。要求混凝土质量除应满足现行国家标准的要求，还应该满足大体积混凝土施工工艺对坍落度损失、入模坍落度、入模温度等的技术要求。施工前应对混凝土供应商进行考查。

4.4.2 对同时供应同一工程分项的预拌混凝土，胶凝材料和外加剂、配合比应一致，制备工艺和质量控制水平应基本相同。

大体积混凝土施工一次性混凝土的浇筑量比较大，往往一家预拌混凝土生产企业的生产及运输能力有限，无法满足工程对混凝土用量的需求，需要多个预拌混凝土生产企业同时供货。当多个预拌混凝土厂家同时对某一工程进行供货时，必须保证混凝土所用的胶凝材料、外加剂和配合比相一致，制备工艺和质量检验水平相同这一基本要求。否则如果每个混凝土供货商运送到混凝土浇筑现场的混凝土质量有差异，将给大体积混凝土的施工、养护和裂缝控制造成重大影响，难以保证大体积混凝土的工程质量。

4.4.3 混凝土拌合物运输应采用混凝土搅拌运输车，运输车应根据施工现场实际情况具有防晒、防雨和保温措施。

预拌混凝土从生产单位运输到浇筑现场时，根据距离的远近所需要的时间各不相同，短的几十分钟，长的很可能超过两个小时。如果再加上排队等候泵送，所需时间更长。在这么长的时间内，如果混凝土搅拌运输车没有防晒、防雨和保温措施，会造成混凝土水分散失、坍落度降低、离析、甚至结冰破坏等不同程度的质量下降。

4.4.4 搅拌运输车数量应满足混凝土浇筑工艺要求，计算方法可按本标准附录 A 确定。

根据大体积混凝土的施工速率、运输车单次运送量、单车往返运输时间按照本标准附录 A 提供的计算公式计算搅拌运输车的数量。

4.4.5 搅拌运输车运送时间应符合现行国家标准《预拌混凝土》GB/T 14902 的有关规定。

搅拌运输车的单程运送时间是指混凝土装入运输车开始到该运输车开始卸料为止，这样就包括了中途行驶时间和等候卸车时间这两部分。《预拌混凝土》GB/T 14902—2012 中规定的单程运送时间宜在 1.5h 内完成；最高气温低于 25℃时，单程运送时间可以延长至 2h。此项规定主要是从混凝土坍落度损失角度来考虑的，单程运送时间过长，往往会造成混凝土的坍落度损失过大，到了浇筑点以后无法满足泵送要求。

4.4.6 运输过程补充外加剂进行调整时，搅拌运输车应快速搅拌，搅拌时间不应小于120s。

本条文主要是从混凝土的匀质性角度考虑的，因为搅拌运输车的搅拌效率是无法和搅拌机相比的，当混凝土出现离析或再添加外加剂时，搅拌时间过短或者搅拌速度较慢，很难保证混凝土的匀质性。

4.4.7 运输和浇筑过程中，不应通过向拌合物中加水方式调整其性能。

在实际工程中，有部分搅拌运输车司机在发现混凝土坍落度损失比较大、无法满足设计或泵送要求时，私自向搅拌车内加水，这种做法是非常错误的，这会导致混凝土的配合比发生变化，造成混凝土的强度下降，影响工程质量。同时，在混凝土浇筑过程中也不能因为坍落度损失而向拌合物内加水。

4.4.8 运输过程中当坍落度损失或离析严重，经采取措施无法恢复混凝土拌合物工作性能时，不得浇筑入模。

大体积混凝土工程是一个由连续浇筑形成的整体工程，其工程质量靠浇筑的所有混凝土质量来保证，而坍落度损失严重或者离析严重的混凝土，浇筑入模以后会造成混凝土的局部缺陷，影响整体工程质量。

混凝土供应及服务要求工程实例

大体积混凝土由商品混凝土搅拌站供应，混凝土原材料计量要准确，以保证配合比的准确性。

（1）计量

拌制每盘混凝土各组成材料计量结果的误差应符合表4-4-1。

每盘混凝土各组分材料计量允许偏差　　　　　　　　　表4-4-1

组成材料	允许偏差（%）
水泥、粉煤灰、矿粉	±2
粗、细骨料	±2
水、外加剂	±2

注：固体材料计量按重量计，液体材料按体积计。

要求使用检定过的计量器具，保证计量正确。每一工作班正式称量前，要求对计量设备进行零点校核。

生产过程中要求测定骨料的含水率，每一工作班不少于1次，当含水率有较大变化以及雨天施工时，要求增加测定次数，依据检测结果及时调整用水量和骨料用量。

（2）拌制

控制原材料投入搅拌机顺序，不得采用"外掺"、"后掺"等作法。混凝土必须严格控制拌制时间，驻站工程师每一班抽测2次。搅拌完成后装入运输车时，即要求每车测定坍落度，同时观察混凝土的和易性，不得存在离析、分层等现象，坍落度不符合要求的混凝土不得出站。

（3）运输

根据路线的长短、交通的状况，随时增减车辆，现场要有足够的混凝土罐车等待浇筑，保证混凝土的正常供应，连续浇筑，避免因混凝土供应不上而出现冷缝。

混凝土运输时间在任何情况下不得大于180min，对到达浇筑点超过210min的混凝土不得使用。混凝土运输车离开搅拌站后不得掺加任何材料，包括水、外加剂等。混凝土坍落度在运输过程中损失超过40mm，不得浇筑到作业面。

5 施 工

5.1 一 般 规 定

5.1.1 大体积混凝土施工组织设计，应包括下列主要内容：

施工组织设计是指导建筑工程施工全过程的纲领性文件，大体积混凝土与普通混凝土施工有较大区别，由于水泥用量大、水泥水化所释放的水化热会产生较大的温度变化和收缩作用，措施不当易产生有害裂缝。本条根据大体积混凝土的特点和工程实践经验对大体积混凝土施工组织设计规定了九个方面的主要内容，其中安全管理与文明施工还应遵守国家现行有关标准的规定。

1 大体积混凝土浇筑体温度应力和收缩应力的计算；

可参照"8 大体积混凝土浇筑体施工阶段温度应力与收缩应力的计算"进行；有条件时，可采用成熟的商业有限单元计算软件或经过验证的自编有限元软件，利用有限单元法，或采用其他方法（例如解析法等）进行更加细致地计算分析。第8章介绍的方法，是目前众多计算大体积混凝土温度场和温度应力方法中的一种，是在《大体积混凝土施工规范》GB 50496—2009 的基础上，根据现有材料和工艺的发展和使用情况，经过大量试验和工程实测总结的成果。可以在施工前对施工对象在现有条件下（包括材料和工艺）的温升峰值、降温速率、里表温差等参数及开裂状况做出合理估算，参考估算结果对拟采用材料和工艺进行调整。计算过程中需要的参数，应尽量采用实际试验结果，同时，施工过程中要加强监测，与理论预测结果比较，并根据动态监测数据适当调整施工部署。

2 施工阶段主要抗裂构造措施和温控指标的确定；

施工阶段温控指标包括：温升值、里表温差、降温速率、混凝土表面与大气温差，其确定应符合本标准第3.0.4条要求。

施工阶段目前应用较成熟的主要抗裂构造措施包括但不限于：

1）结合大体积混凝土的施工方法配置控制温度和收缩的构造钢筋。

合理布置分布钢筋，可以提高混凝土的极限拉伸值，起到减缓混凝土收缩程度、限制裂缝开展和表面裂缝等作用。经研究表明，如合理在混凝土块体四周（纵向）和表面（横向）配置直径较细、间距较密（$\phi 8@100 \sim \phi 14@100$）的构造钢筋时，对控制混凝土的表面裂缝效果较好。

2）当大体积混凝土置于岩石类地基上时，宜在混凝土垫层上设置滑动层。

试验研究表明，地基与基础约束的强弱，与它们之间的接触状态有很大关联。如在基础底部设置理想的滑动层，则地基产生的外约束力几乎接近于零，若在局部设置滑动层，则可大大削弱水平剪应力。滑动层的材料，可采用价格相对低廉环保的改性沥青类材料，一般可采用"一毡二油"或"一毡一油"（夏季）。

3）对模板、桩基和已有混凝土等外部较强约束的情况，可在其周边结合模板构造设置聚苯板等缓冲层，改善对混凝土块体的约束条件（图 5-1-1）。

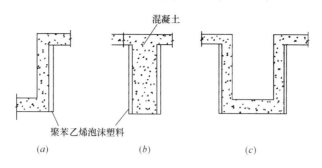

图 5-1-1 缓冲层示意

（a）不同标高处；（b）梁板交界处；（c）水沟槽处

4）采用二次振捣和二次压光工艺，增加混凝土的密实度，减少沉缩变形所引起的表面裂缝。

5）因地制宜地优选原材料和施工方法，如降低水化热、采取跳仓法施工、留置施工缝等。

3 原材料优选、配合比设计、制备与运输计划；

见本指南第 4 章相关内容。

4 主要施工设备和现场总平面布置；

由于大体积混凝土工程中的混凝土用量大，目前绝大多数采用的是商品混凝土或现场自备搅拌站。故而大体积混凝土施工设备主要指：混凝土搅拌运输车、混凝土泵车、地泵、布料机、振捣设备、现场搅拌站等。

大体积混凝土施工时，其现场总平面布置应该考虑：

1）预拌混凝土的卸料点至浇筑处尽量靠近；若地点较远可考虑地泵，但应注意地泵的长度不宜过长，以免压力不足造成混凝土离析。

2）便于混凝土搅拌运输车行走、错车、喂料，当使用地泵时，泵管布设合理有序，接、拆布料操作方便，并符合从远到近、退管施工的原则。

3）应保障大体积混凝土施工时水、电的供应，尽量避免施工过程中突然停水、停电。

主要施工设备和现场总平面布置工程实例

1）主要设备配置计划

（1）塔吊配置计划

现场布置 1 台 TC6015（臂长 60m）和 2 台 R5515（臂长 40m、50m）塔吊，塔式起重机安装在基坑内，已基本覆盖整个底板施工作业面，塔式起重机主要满足钢筋水平运输需要。底板钢筋采用场外加工，在场地北侧栈板上直接由塔吊调至作业面。

（2）混凝土输送泵配置计划

① 最小混凝土需求量的计算

根据本工程底板的混凝土量和底板厚度情况，为杜绝混凝土接茬处出现冷缝，分别计算各区混凝土浇筑的最小需求量。混凝土按照 10h 以上缓凝（现场实际混凝土缓凝时间按照 14～16h 配制），混凝土浇筑分层厚度为 500mm，考虑混凝土最不利自由流淌长度为高度的 9 倍～12 倍，实际现场将混凝土入模坍落度控制在 160～180mm（图 5-1-2、图 5-1-3）。

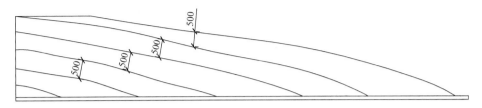

图 5-1-2　混凝土分层浇筑示意

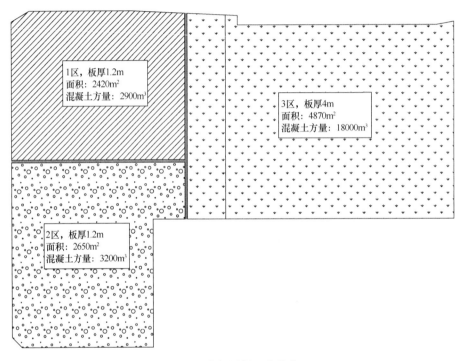

图 5-1-3　底板混凝土浇筑分区

a）1 区混凝土用量

1 区为西侧裙房 1.2m 厚底板北侧区域，底板混凝土方量约 2900m³，本区计划一次性整体连续浇筑。

按照不出现冷缝的混凝土需求量：54.6m（南北方向最宽处的长度）×0.5m×[1.2m（底板厚度）×10]（流淌长度）/10h（缓凝时间）=32.76m³/h≈33m³/h。

由于本工程地处城市最繁华的地段，周边交通单行道较多，车流量较大，因此考虑在一天中的晚交通高峰后开始浇筑，隔天早交通高峰前结束，共计浇筑 36h。则混凝土供应量：2900m³/36h=80.6m³/h>33m³/h。

b）2 区混凝土用量

2 区为西侧裙房 1.2m 厚底板南侧区域，底板混凝土方量约 3200m³，本区计划一次性整体连续浇筑。

按照不出现冷缝的混凝土需求量：54.6m（南北方向最宽处的长度）×0.5m×[1.2m

（底板厚度）×10](流淌长度)/10h(缓凝时间)＝32.76m³/h≈33m³/h。

本区浇筑时间段同 1 区浇筑时间段，共计浇筑 36h。则混凝土供应量：3200m³/36h＝88.9m³/h＞33m³/h。

c）3 区混凝土用量

3 区为塔楼 4m 厚底板区域及裙房 1.2m 底板至塔楼底板过渡区域，混凝土方量约 18000m³，计划一次性整体连续浇筑。

按照不出现冷缝的混凝土需求量：61.2m(东西方向最宽处的长度)×0.5m×[4m(底板厚度)×10](流淌长度)/10h(缓凝时间)＝122.4m³/h≈123m³/h。

结合混凝土搅拌站日最大混凝土供应量及其泵车、混凝土罐车数量，考虑在 72h 内完成该区混凝土浇筑。

该区段混凝土需求量：18000m³/72h＝250m³/h(平均值)＞123m³/h。

高峰期混凝土需求量需大于 250m³/h，取 270m³/h。

② 底板混凝土浇筑输送泵数量计算

底板混凝土考虑采用地泵、汽车泵、溜槽相结合的方式浇筑。各设备浇筑速度如下：

地泵：36m³/h　　汽车泵：60m³/h　　溜槽：100m³/h

a）1 区 1.2m 厚底板区域

根据现场周边实际情况及该区域底板混凝土浇筑方量，可在该区首道内支撑栈板西侧及北侧布置浇筑设备，主要考虑采用泵送。泵送选择：地泵 1 台，汽车泵 2 台（已考虑备用泵）。则每小时泵送能力：

$$36m³/h×1＋60m³/h×2＝156m³$$

满足要求。

b）2 区 1.2m 厚底板区域

可在首道内支撑栈板西侧、北侧及中部对称布置浇筑设备，主要考虑采用泵送。泵送选择：地泵 3 台，汽车泵 1 台（已考虑备用泵）。则每小时泵送能力：

$$36m³/h×3＋60m³/h×1＝168m³$$

满足要求。

c）3 区塔楼 4m 厚底板区域及裙房 1.2m 底板至塔楼底板过渡区域

可在首道内支撑栈板北侧、东侧及中部对称布置浇筑设备，考虑采用泵送及溜槽配合的方式浇筑混凝土。选用：地泵 2 台，汽车泵 2 台，溜槽 2 套（已考虑备用泵）。则每小时泵送能力：

$$36m³/h×2＋60m³/h×2＋100m³/h×2＝392m³$$

满足要求。

（3）混凝土运输车配置计划

每台地泵所需配备的混凝土罐车：

$$N_1 = \frac{Q_1}{60V_1}\left(\frac{60L_1}{S_0} + T_1\right)$$

式中　N_1——混凝土搅拌运输车台数；

　　　Q_1——每个地泵实际输出量（m³/h）；

　　　V_1——每台混凝土罐车容量（m³）；

S_0——混凝土罐车平均的车速度（km/h）；

L_1——混凝土罐车往返距离（km）取定36km；

T_1——每台混凝土罐车总计停歇时间（min）。

$$N_1 = \frac{36}{60 \times 10} \times \left(\frac{60 \times 36}{25} + 10 \right) \approx 6 \text{（辆）}$$

每台汽车泵所需配备的混凝土罐车：

$$N_1 = \frac{60}{60 \times 10} \times \left(\frac{60 \times 36}{25} + 10 \right) \approx 10 \text{（辆）}$$

每个溜槽所需配备的混凝土罐车：

$$N_1 = \frac{100}{60 \times 10} \times \left(\frac{60 \times 36}{25} + 10 \right) \approx 16 \text{（辆）}$$

则1区混凝土浇筑共需混凝土罐车数量：1×6+2×10+8（备用）＝34（辆）

2区混凝土浇筑共需混凝土罐车数量：3×6+1×10+8（备用）＝36（辆）

3区混凝土浇筑共需混凝土罐车数量：2×6+2×10+2×16+12（备用）＝76（辆）

底板大体积混凝土施工阶段设备投入计划见表5-1-1。

底板大体积混凝土施工阶段设备投入计划　　　　　　　　　表 5-1-1

序号	设备名称	型号	单位	数量	备注
1	塔式起重机	TC6015	台	1	臂长60m
2	塔式起重机	R5515	台	2	臂长40m、50m
3	混凝土地泵	40m³/h	台	3	/
4	混凝土汽车泵	60m³/h	台	2	现场备用1台
5	混凝土搅拌运输车	10m³	辆	76	备用8部
6	插入式振捣棒	φ50、φ30	台	50	10台备用
7	混凝土抹光机	φ900	台	6	混凝土表面压光、压实
8	抽水泵	100WQ100-35	台	5	应急使用，抽取雨水
9	发电机	400kW	台	1	备用
10	混凝土抗压试模	100×100	组	20	试验、同条件试件
11	混凝土抗渗试模		组	15	试验、同条件试件
12	混凝土坍落度仪		套	1	测量混凝土坍落度

2）底板钢筋施工阶段总平面布置

（1）现场料场布置

由于本工程场区面积狭小，场内没用足够的空间布置各类临建设施。为此，在底板施工阶段采用钢筋场外加工、各类施工材料按需进场、进场材料分区堆放等措施，最大限度地利用首道内支撑栈板上的场地。

现场仅布置一套钢筋加工设备，用于零星钢筋的加工。

本工程基础底板1、2区钢筋绑扎阶段，钢筋料场主要布置于首道内支撑栈板西北角及中部带栈板对称南部区域。主塔楼钢筋绑扎阶段，由于现场土方作业已全部完成，可将钢筋堆场布置与主塔楼中心岛两侧首道内支撑栈板上。工程及物资部门需协调好每日钢筋绑扎量及半成品钢筋进场数量，既不能出现工人等待钢筋现象，也不能出现现场钢筋过多导致无处堆放的情况。如遇特殊情况，钢筋备用堆场选择在首道内支撑西北角处。

（2）场内外交通组织

① 底板钢筋施工阶段所有运输车辆均从……路转至……路，由1#大门进入现场，卸车完毕后由2#大门出现场，转入……路离开现场。

② 施工及管理人员从1#大门进入施工现场后经主、副两个下人马道下至施工作业面。

③ 设置1名交通协管员，负责运输车辆进场的调度管理。车辆进入现场需由协管员进行指挥，未得进入指令车辆应在……路上依此靠边等候，确保车辆出入现场安全、有序。

④项目统一制定材料、机械设备进出场计划，保证材料、机械有序进出场。进场材料卸车至指定的堆场或直接吊装至底板施工作业面，避免在现场积压堆放，保证栈板上交通顺畅。

⑤在布置大宗材料运输计划时，尽量避开车流高峰时段，如7：00～9：30时段和17：00～19：30时段。

⑥场内标明各种材料堆场等场区的位置，建立良好的场内交通秩序。

（3）垂直运输设备的布置

目前现场已安装1#、2#、3#塔吊，均位于基坑内，基本可无死角覆盖现场。由于本阶段无大型构件，上述3台塔吊可满足现场材料垂直运输需求。

3）底板混凝土施工阶段总平面布置

（1）现场出入口设置

1、2区底板浇筑期间，主入口仍为北侧1#大门，混凝土罐车从……路转至……路，由1#大门进入现场，卸车完毕后2#大门出现场，转入……路离开现场。

3区底板浇筑期间，1、2#地泵及1、2#溜槽混凝土供应车辆均从1#大门进入现场，卸车完毕后仍由1#大门出现场；1#汽车泵混凝土供应车辆从3#大门进入现场，卸车完毕后仍由3#大门出现场；2#汽车泵混凝土供应车辆从2#大门进入现场，卸车完毕后仍由2#大门出现场。

届时会派专人对进入车辆进行指挥，路过人员应统一听从指挥。

（2）现场平面布置

混凝土浇筑前将首道内支撑栈板上平面布置进行重新规划，原有堆场材料全部清除，工具库房等部分必需设施。

每个出入口均设置冲洗设备，以便清洗现场驶出的车辆。本工程在浇筑底板大体积混凝土时，混凝土罐车卸料完后，应冲洗下料斗、罐车内等残余料，以免对场外市政道路造成污染。针对此特点，在出口处设置一集水池和沉淀池，以便收集冲洗下料斗、罐车内等遗留的残渣及废水。

（3）场内外交通组织

① 底板混凝土施工期间，场外交通路线：起点→……路→……路→……路→……路→……路→终点。

② 底板浇筑时，场内交通组织见"底板混凝土施工阶段现场出入口设置"中相关

叙述。

③ 施工及管理人员从1#大门进入施工现场后经主、副两个下人马道下至施工作业面。

④ 混凝土浇筑期间采用对讲机、红绿牌、泵位标志牌、专人指引等方法进行指挥，根据现场浇筑进度统一调度混凝土运输车到指定的位置浇筑。

⑤ 提前与相关单位沟通，办理夜间施工许可证，且采取措施降低混凝土浇筑噪音污染。及时主动与交通管理部门联系沟通，在其指导下制定相应的交通运输计划及具体管理措施。

⑥ 与政府部门及周边其他单位共同召开协商会，通报混凝土浇筑计划及占用周边道路情况，提前协调各家施工单位做好临时道路使用预案，避免相互影响或发生不必要的冲突。

⑦ 在周边主干道路衔接路口设置交通指示牌，设置2名交通员协助维持场内外交通秩序。

（4）底板混凝土施工阶段现场平面布置

① 本工程底板分3次进行浇筑，第1次浇筑2区即裙房南侧1.2m厚区域，底板混凝土方量约3200m³。浇筑阶段在首道内支撑栈板上布置3台地泵及1台汽车泵，由南向北一次性浇筑。

② 第2次浇筑1区即裙房北侧1.2m厚区域，底板混凝土方量约2900m³。浇筑阶段在首道内支撑栈板上布置1台地泵及2台汽车泵，由北向南一次性浇筑。

③ 第3次浇筑3区为塔楼区4m厚区域，底板混凝土方量约18000m³，采用一次性整体连续浇筑。浇筑阶段共设置2台地泵、2台汽车泵及2个溜槽，混凝土浇筑由东向西浇筑。

5 温控监测设备和测试布置图；

见本指南第6章相关内容。

温控监测设备和测试布置图工程实例

1）测温点位的布置

测温点的布置原则：选择有代表性的位置，能够全面真实反映块体内部温度分布状况。同时方便数据采集，不干扰其他项目的施工。

根据工程底板截面形状、厚度，在底板中心点、角点等代表性部位布设测温点位，底板设置测温点位共计16组，对各组数据进行观察和记录水化热过程中筏板混凝土余热。所有测温点位按顺序编号，测温点布置如图5-1-4、图5-1-5所示。

底板混凝土测温采用电子测温仪，配合测温导线、测温探头使用。预埋时可用钢筋做支承载体，先将测温线绑在钢筋上，测温线的温度传感器处于测温点位置并不得与底板及支撑钢筋直接接触，在浇筑混凝土时，将绑好测温线的钢筋植入混凝土中，插头留在外面并用塑料袋罩好，避免潮湿，保持清洁。留在外面的导线长度应小于1.5m。每组测试点包括3个测温感应点，分别位于距筏板底50mm处、筏板中心和距筏板表面50mm处。每个测温点在底板混凝土浇筑前插入φ14的HRB400级钢筋钢支架进行预埋，各传感器分别附着于φ14钢支架上。温度传感器安装完毕后，应做好成品保护工作，如增加铁丝网

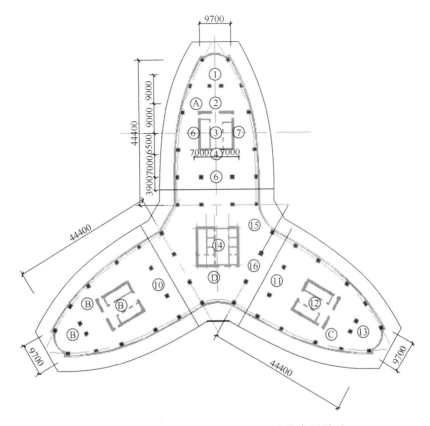

图 5-1-4　A 栋塔楼底板混凝土测温点位布置平面

注：1. ①～⑯为底板混凝土堰设点位编号，每个点位设置上中下 3 个温度传感器。

2. Ⓐ～Ⓓ为大气温度设置点位编号，每个点位设置 1 个温度传感器。

3. 每个区域在保温层内设置 1 个温度传感器。

4. Ⅳ区 3m 基坑浇筑布置 2 个点位，设置上中下 3 个温度传感器。

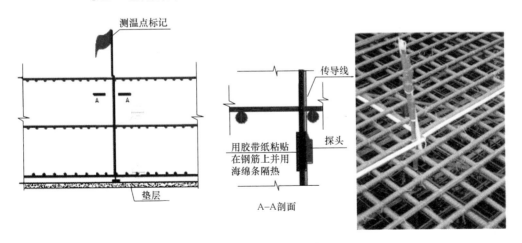

图 5-1-5　测温点布置详图

笼子进行保护。测温时，按下主机电源开关，将各测温点插头依次插入主机插座中，主机
屏幕上即可显示相应测温点的温度。

2）温度监测

测温延续时间自混凝土浇筑始至拆除保温层后为止。测温时间间隔在混凝土浇筑后6h开始，第一、二、三天间隔2h，第四天以后间隔4h。测温点应在平面图上编号，并在现场挂编号标志，测温作详细记录并整理绘制温度曲线图，温度变化情况应及时反馈，并根据温差做好保温措施。每天测温记录交项目总工程师阅签，并作为对混凝土施工和质量的控制依据。测温记录详见表5-1-2。

大体积混凝土测温记录

表 5-1-2

工程名称

测温时间	测点编号	测量温度（℃）			混凝土中心与表面温差（℃）	备　注
		上	中	下		

测温员：

3）针对测温成果采取的温控措施

根据温度采集仪表所提供的测温数据，在混凝土升、降温过程中，如混凝土里表温差值超过行动预警值20℃，应加盖保温层，以防止混凝土出现裂缝；同时控制中心温度降温速率不大于2.0℃/d。在混凝土降温过程中，当混凝土里表温差趋于稳定并逐步减少时，在底板混凝土表面逐层拆除保温材料，在不超过限制的前提下有意识地加快混凝土降温速率，使其逐渐趋于常温，顺利完成大体积混凝土的养护工作。

4）测温注意事项

预埋的钢筋头上面应悬挂红色飘带，并在混凝土浇筑期间注意保护，不得损坏测温点。附着于钢筋上的温度传感器与钢筋隔离，保护测温探头不受污染，不受水浸，测试导线插入温测仪前擦拭干净，保持干燥以防短路。

5）BIM（施工可视化）和分布式物联网（远程自动化）温控研究

在可靠的传统传感器（测温元件）布置点方案的基础上，本工程开展了信息系统（新技术）的应用研发，以物联网和多种无线分布式数据传输技术为手段，将施工数据实时送到项目管理数据中心，通过BIM二次开发SDK接口，完整、可视化地呈现在设计团队面前。

监测数据包括：变形量、应力、温度、湿度、气候、环境数据、施工影像等。当测量参数超过相关规范允许的限定数值，及时向工程管理人员发出信息，提醒管理人员采取相应的技术处理措施（图5-1-6）。

6　浇筑顺序和施工进度计划；

混凝土的浇筑顺序主要是根据采用分层间歇浇筑施工、推移式连续浇筑施工或跳仓法

基于BIM(施工可视化)和分布式物联网(远程自动化)温控技术方案

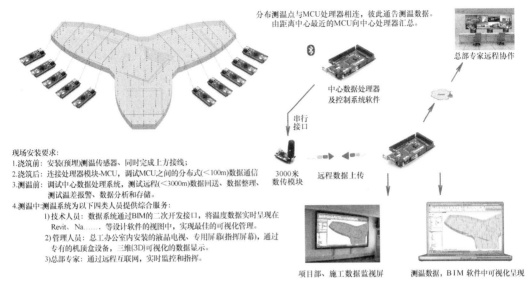

现场安装要求:
1.浇筑前:安装(预埋)测温传感器、同时完成上方接线;
2.浇筑后:连接处理器模块-MCU,调试MCU之间的分布式(<100m)数据通信
3.测温前:调试中心数据处理系统,测试远程(<3000m)数据回送、数据整理、测试温差报警、数据分析和存储。
4.测温中:测温系统为以下四类人员提供综合服务:
　　1)技术人员:数据系统通过BIM的二次开发接口,将温度数据实时呈现在Revit、Na……等设计软件的视图中,实现最佳的可视化管理。
　　2)管理人员:总工办公室内安装的液晶电视、专用屏幕(指挥屏幕),通过专有的机顶盒设备,三维(3D)可视化的数据显示。
　　3)总部专家:通过远程互联网,实时监控和指挥。

图 5-1-6　大体积混凝土温度监控方案系统

的不同而确定的。确定浇筑顺序和施工进度计划有利于劳动力的准备、现场施工设备的确定、原材料的选择和混凝土的制备、配套系统的协调等,以确保混凝土浇筑的连续性和施工质量。

浇筑顺序和施工进度计划工程实例

1)混凝土浇筑方式

依据设计图纸中的后浇带将整个大底板划分成厚薄、大小不同的三个区段,每个区段将独立一次浇筑完成,主楼底板计划在72h内浇筑完成,其他区段根据浇筑控制在36h(图5-1-7)。

对到场的每车混凝土均要求测定坍落度、温度,观察其和易性,不得存在离析、泌水、分层等现象,检查不合格的混凝土要坚决退场。由于整个底板浇筑从夏季一直持续到冬季,因此混凝土到场最高温度控制在25℃以内,到场最低控制在13℃以上,入模最高温度控制在30℃以内,入模最低温度控制在10℃以上。

主楼底板浇筑时设置"2台地泵+2道溜槽+2台汽车泵",采用"斜向分层、由东向西、水平推进、一次到顶"的方式,2条混凝土泵管采取由远泵端向输送泵推进(退泵)并结合接泵的形式进行浇筑,每层浇筑厚度控制在500mm。

2)混凝土机械设备布置

(1)Ⅰ段泵管布置

Ⅰ段浇筑底板时,配置1台混凝土地泵,2台56m以上混凝土汽车泵。Ⅰ段浇筑由北向南推进,地泵管在支撑栈板开孔后穿入栈板下,汽车泵根据浇筑进度动态调整站位。泵管布置、混凝土机械站位布置及编号详见图5-1-8。

(2)Ⅱ段泵管布置

施工段	基坑面积(m²)	底板方量(m³)	计划浇筑时间(h)	底板厚度(mm)
I段（裙房北侧）	2380	2900	36	1200
II段（裙房南侧）	2630	3200	36	1200
III段（主楼）	4940	18000	72	4000

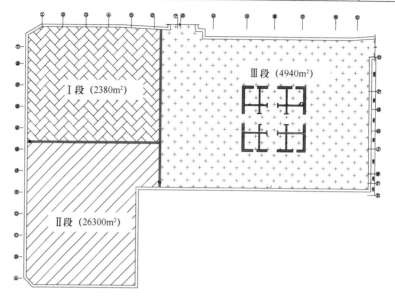

图 5-1-7　基础底板施工段划分

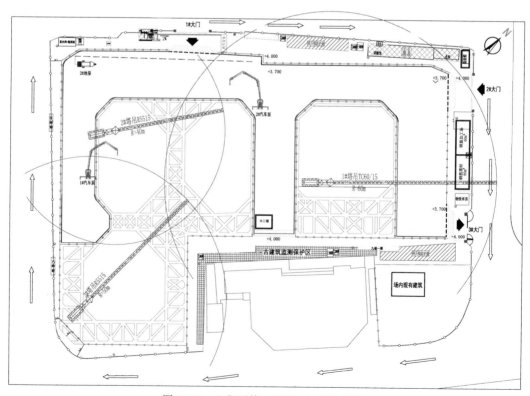

图 5-1-8　Ⅰ段泵管、混凝土泵车布置图

Ⅱ段浇筑底板时，配置3台混凝土地泵，1台56m以上混凝土汽车泵。Ⅱ段浇筑由南向北推进，地泵沿栈板区域均匀站位，泵管接长延伸至Ⅱ段南侧，后退浇筑、跟随拆管，汽车泵根据浇筑进度动态调整站位，具体泵管布置、机械站位布置及编号详见图5-1-9。

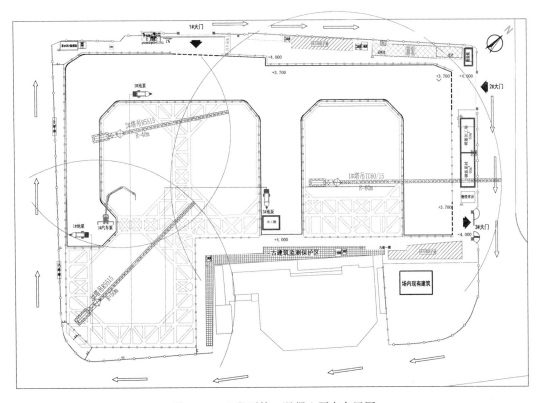

图 5-1-9　Ⅱ段泵管、混凝土泵车布置图

（3）Ⅲ段泵管布置

Ⅲ段为主楼厚板浇筑区域，混凝土浇筑量大，施工各项要求高。在浇筑时，配置2台地泵，2台56m以上汽车泵及2道基坑栈板至基坑的溜槽。2台车载泵在中心对撑栈板站位，由北向南编号依次为1#地泵、2#地泵，泵管由3号中心道基坑竖向延伸至3道内支撑，然后向主楼区域弯折，避免一次竖管泵送到底引起堵管。2道溜槽从中心对撑栈板处向东侧基坑内延伸，溜槽下搭设钢管脚手架，脚手架下设角钢支撑架，具体加固及支撑结构形式详见后续内容。2台汽车泵根据底板浇筑进度动态调整站位（图5-1-10、图5-1-11）。

3）底板浇筑施工其他措施布置

（1）串筒布置

在筏板初始浇筑时，由于板厚大于2m，所以混凝土自泵管出口处增加弯头将管连送至作业面，以减小自由落差，防止混凝土离析、分层。泵管接弯头管架设见图5-1-12、图5-1-13。

（2）泵管加固

根据泵管布置图，对泵管加固方式进行详细说明，具体形式如表5-1-3所示。

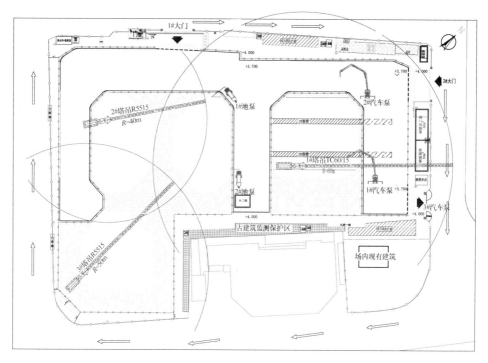

图 5-1-10 Ⅲ段泵管、溜槽平面布置图

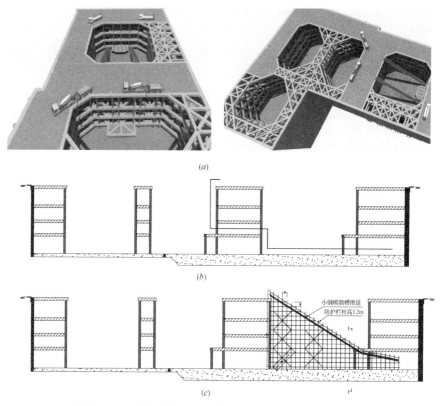

图 5-1-11 汽车泵布置和泵管、溜槽布置剖面图（东西）

（a）汽车泵布置；（b）泵管布置剖面图（东西）；（c）溜槽布置剖面图（东西）

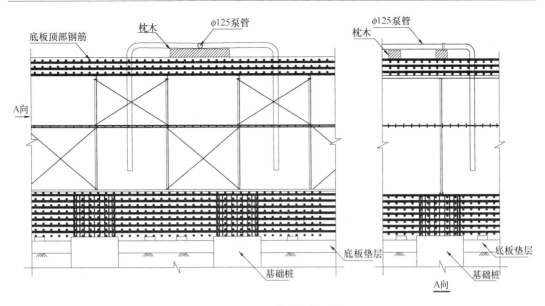

图 5-1-12 泵管弯头架设图

图 5-1-13 串筒架图

泵管加固方式   表 5-1-3

加固 部位	图示	说明
节 点 分 布 图		

加固部位	图示	说明
节点分布图	 节点3	
节点1	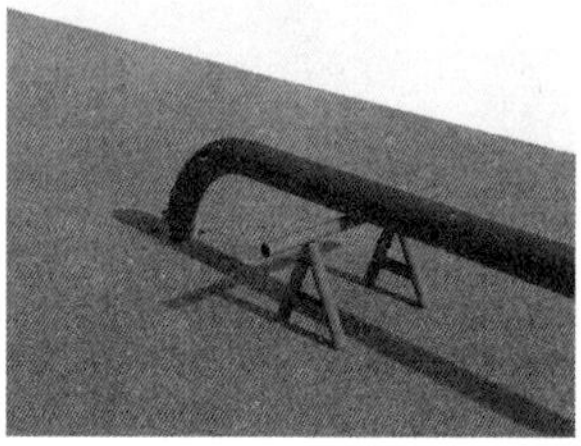	泵管穿支撑结构时,可利用预留泵管孔或者降水井洞口,加固时需用楔形木块加固顶紧;地面接泵管处用可靠钢管架架起
节点2		1)泵管转角处除用木楔顶紧外,还需用如图形式进行加固; 2)立杆间距不小于900mm,横杆步距不大于60mm,第一步横杆距地面不大于300mm; 3)泵管与钢管架间用橡胶皮垫塞紧
节点3		基坑竖向加固

(3)溜槽脚手架搭设

溜槽脚手架采用单立杆3排脚手架,脚手架支设在上焊500mm长钢管的角钢支架上,脚手架的立杆横距为 1.6m，立杆纵距为 1.6m，横杆步距为 1.5m，沿脚手架满打纵向剪刀撑，垂直于溜槽方向每隔 6.4m 满打横向剪刀撑。按照 1：3 的比例在脚手架的中间一排立杆一侧的小横杆上搭设溜槽，在中间一排立杆的另一侧的小横杆上铺设木跳板作为操作台和人行通道（图 5-1-14～图 5-1-19）。

图 5-1-14　溜槽搭设效果图

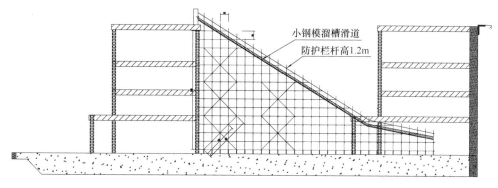

图 5-1-15　溜槽立面图

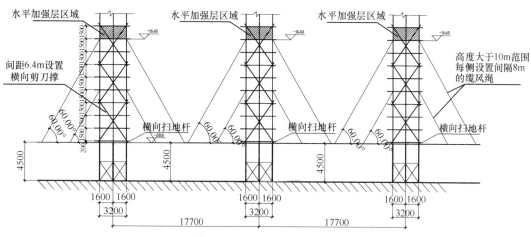

图 5-1-16　溜槽脚手架剖面图

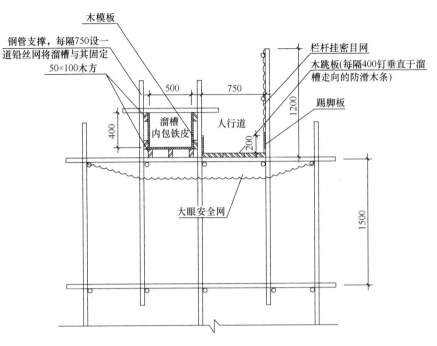

图 5-1-17 溜槽剖面图

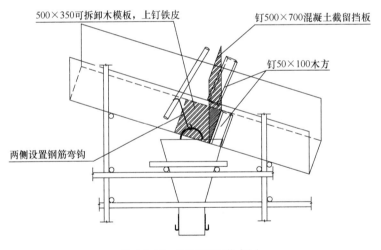

图 5-1-18 溜槽开口节点图

溜槽搭设流程：底板的下铁钢筋绑扎完成→溜槽脚手架支架放线→溜槽脚手架支架定位及焊接→非溜槽脚手架支架定位及焊接→焊接通长[8槽钢→焊接次溜槽支架部分的120mm×120mm×8mm钢板片及500mm长的 $\phi48$mm×3.5mm 短钢管→绑扎上铁钢筋→搭设距混凝土面高200mm位置的扫地杆→搭设溜槽脚手架→搭设木跳板人行道及防护网→搭设混凝土溜槽。

4）混凝土振捣方式

由于混凝土坍落度大，混凝土斜坡摊铺较长，混凝土振捣时由坡脚和坡顶同时向坡中振捣，振捣棒插入浇层内50～100mm，使层间不形成混凝土缝，结合紧密成为一体。振

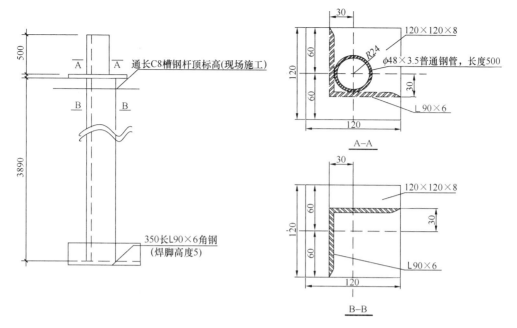

图 5-1-19 溜槽脚手架与角钢支架连接图

动器插点要均匀排列，按一定顺序有规律插棒，可采用"行列式"或"交错式"的次序移动，不应混用，以免造成混乱而发生漏振。每一插点要掌握好振捣时间，过短不易捣实，过长可能引起混凝土产生离析现象。一般每点振捣时间应视混凝土表面呈水平不再显著下沉，不再出现气泡，表面泛出灰浆为准。4m厚度区域振捣棒、振捣手布置示意如图 5-1-20所示。

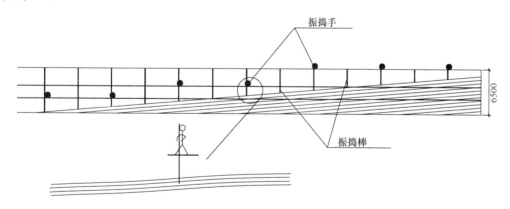

图 5-1-20 振捣手布置示意

在预埋件、止水钢板、钢筋较密时，需用圆头钢管棒辅以人工插捣。振捣应随下料进度，均匀有序地进行，不可漏振，亦不可过振。对于柱、墙"插筋"的部位，亦遵循上述原则，保证其位置正确，在混凝土浇筑完毕后，应及时复核轴线，若有异常，应在混凝土初凝之前及时校正。

本工程结构板面上的墙体、坑中坑交接部位以及筏板内和板面粗钢筋，都是容易在振捣后、初凝前容易出现早期塑性裂缝——沉缩裂缝的部位，通过控制下料和二次振捣予以消除，以免成为混凝土的缺陷，导致应力集中，影响温度收缩裂缝的防治效果。

　　5）混凝土泌水处理

　　大体积混凝土浇筑时泌水较多，在基坑顶部上设置排水沟、沉淀池与现场排水沟相连。采用4台小型吸水高压泵将混凝土泌水吸入排水沟或沉淀池，经沉淀后方可进入现场排水系统或市政管网，详见图5-1-21。

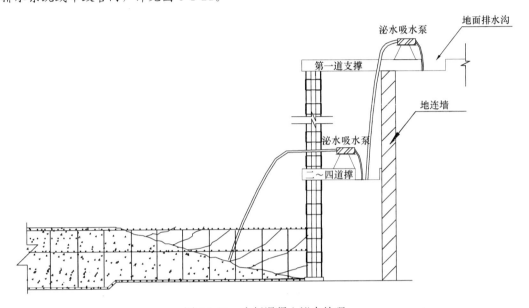

图 5-1-21　底板混凝土泌水处理

　　7　保温和保湿养护方法；

　　关于保温覆盖层厚度的确定，本指南在第9章中给出了计算方法。它是根据热交换原理，假定混凝土的中心温度向混凝土表面的散热量等于混凝土表面保温材料应补充的发热量，并把保温层厚度虚拟成混凝土的厚度进行计算。但现场还应根据实测温度及时调整保温覆盖层厚度。

　　保湿养护方法具体见本指南5.5混凝土养护。从工程实践来看，对混凝土养护，薄膜加草袋的保温保湿办法是一项简单、经济、有效的措施。

　　8　应急预案和应急保障措施；

　　应急预案和应急保障措施是针对施工过程中可能突然出现停水、停电、混凝土运输车辆交通受阻、现场施工设备出现故障时，如何保证大体积混凝土的制备、运输、浇筑和混凝土浇筑质量的预案和措施。

应急预案和应急保障措施工程实例

　　1）成立应急指挥小组

　　应急指挥小组可分两个层次建立：

　　第一级直接对接现场，由项目经理部领导成员组成，包括项目经理、生产经理、总工程师等。这也是事件发生第一反应小组，也是事件的控制中心。

　　第二级间接对接现场，由公司总部高层领导成员组成，它支持、服务于第一级应急小组工作，为其提供财政支持，社会关系求助，对第一应急小组工作提供建议和决策参考。

事故应急救援指挥领导小组负责工程事故应急救援工作的组织和指挥，日常工作由项目部安全环境管理部兼管。一旦发生重大事故或紧急情况时，以指挥领导小组为基础，立即成立事故应急救援指挥部。项目执行经理任组长全权负责应急救援工作。

施工现场应急救援小组负责事故的应急处置及报警工作，负责向上级主管部门的汇报工作；负责成立事故调查小组，对事故调查处理工作进行监督；负责所需救援物资的落实；负责与相邻可依托力量的联络求救。

此外，应急指挥小组还负责检查督促做好应急人员、物质材料进场、机械设备和临时用电的各项准备工作。

2）混凝土浇筑阶段应急预案

（1）机械准备措施

① 本次大体积混凝土浇筑工作共准备 2 台地泵，2 台汽车泵以及 2 个滑槽。

② 预备 40 台振动棒，预防因振动机机械故障的应急措施。

③ 提前 12h 对振动棒、振动机进行维护，保证机械运转正常。

④ 提前 1d 通知搅拌站浇筑混凝土时间，并于每日 8：00、14：00 检查搅拌站车辆情况，以便搅拌站可以做好泵车维护工作。

⑤ 机修工作人员要跟踪到位，施工时要及时检查。

（2）机械应急措施

① 当发生机械故障时，安全员、机械安全师、机电工程师协调处理工作。

② 当泵车发生机械故障时，应通知现场搅拌站技术人员，了解故障原因及抢修最慢时间为多少，及时通知搅拌站，随时准备修理或调离故障泵车。

③ 如故障复杂无法估计抢修时间，以免故障泵车抢修不及时，调动现场备用泵车立即转移到当前浇筑部位进行浇筑。

④ 泵车发生故障时，混凝土工长要随时掌握好混凝土初凝时间，发现混凝土浇筑时间快 2h 或用脚踩去脚印不深，就立即将另台泵混凝土运至该处再振捣密实，铺设宽度应超过 1m。如运输不及时，可把另台泵管接到此处或在钢筋面上铺设模板，再用翻斗车拉至该处施工。保证在初凝前完成混凝土交接工作，不产生冷缝。

⑤ 当利用翻斗车拉至该处施工时会增加施工人员，应组织预先准备的代工班施工人员，根据现场实际情况增加人员。

⑥ 搅拌站调动泵车到安装完成可以使用，应在混凝土初凝时间内完成。

⑦ 当振动棒发生机械故障时，可把预先准备好的振动棒拿来使用，再组织机修人员对振动机进行抢修。

3）搅拌站混凝土供应预防应急措施

（1）预防措施

① 浇筑前建设方与相关单位协商保证施工道路畅通。

② 其他施工班组车辆注意避让混凝土运输车，保证混凝土供应速度。

③ 浇筑前确定混凝土应急运输路线。

④ 浇筑前准备好备用泵车与混凝土运输车。

（2）应急措施

① 运输路线应不少于 2 条，一条为普通路线作正常运输；一条为特殊路线，一旦发生交通阻塞时，此路线不会受到交通阻塞，并应通知搅拌站，根据实际情况增加混凝土车辆。

② 当遇到上下班时，应尽可能地避开交通要道、交叉路口多的路线，以免发生车辆阻滞。

③ 及时掌握混凝土浇筑路线，浇筑宽度不易过宽，以 2m 为宜，以便压缩来回交接时间。

④ 搅拌站材料供应应急措施见表 5-1-4。

搅拌站材料供应应急措施　　　　　　　　　　　　　　　　　表 5-1-4

作业活动	可能存在的因素	应急措施	现有管理办法/预防措施
水泥及掺合料供应	供应量不足	1) 利用车辆储备； 2) 启用备用运输单位车辆	1) 提前通知供应方备料； 2) 在搅拌站提前囤积原材料； 3) 在市区及周边仓库备料
	交通管制		
	运力不足		
砂石料供应	车辆不足	1) 市内有储料的备用供方送料； 2) 调用备用运输单位车辆	1) 通知并检查供应方提前备料； 2) 供应方在市内设置储料仓库； 3) 与多家有实力的运输单位预订车辆
	交通管制		
	产区停电		
外加剂供应	质量不合格	采用备用罐中的外加剂	外加剂厂家派遣驻搅拌站技术小组，协助搅拌站进行外加剂调整

4) 混凝土浇筑机电保障措施

(1) 保障措施

① 配备 400kW 发电机 1 台，发电机、现场照明镝灯等机电设备要有专人保养，混凝土浇筑前必须检查、保养一次，防止应急时无法发电，浇筑过程中每日进行检查。

② 泵车尽可能地选用柴油机，防止工地停电时混凝土无法往浇筑部位输送混凝土，造成施工缝留设不当，产生结构隐患。

③ 建设单位要有专人值班，停电时可采取有效、高速应变效力。

④ 进场一批易损部件作为备用，如漏电保护器、镝灯管和振捣棒常用配件等。

(2) 应急措施

① 当工地发生停电情况，而混凝土还必须继续施工时，现场总工程师必须直接到现场协调处理此事。

② 安全员第一时间安排应急措施，督促机电工程师发电，质检员督促混凝土工长做好施工现场浇筑工作，以防混凝土不能继续施工造成结构隐患。

③ 立即组织电工对配电房直流电输送进行处理，其次合理分配因临时发电所产生的一系列工作。

④ 混凝土工长要预先做好混凝土浇筑施工预备工作，发电机发电正常时，可继续施工。

⑤ 混凝土工长要随时掌握好混凝土初凝时间，每一交接部位都应在初凝前完成。

⑥ 利用发电机发电施工时，混凝土工长要做好万一发电机产生故障时的应变措施，随时跟踪浇筑混凝土路线，在支撑上做好垂直挡板（用方木预挡，当混凝土浇筑此部位时

拔出），一旦发生类似情况应做好施工处理。

⑦ 若发电机产生故障时，机电应工程师应及时做好发电机的维修工作，并随时了解正常送电时间。机电工程师应配备好备用照明设备（如强光手电等照明设施），以保证施工现场在无电状态下能够正常工作。

5）混凝土浇筑天气预防措施

（1）预防措施

① 了解混凝土浇筑期天气预报，应安排在天气较好的时间段内浇筑混凝土。

② 为预防在浇筑混凝土时天气发生变化，应准备足够防雨工具。

③ 为预防高温天气对钢筋产生较大影响，预备 20 把水枪，并准备好充足水源。

（2）应对方案

① 配备专人负责彩条布覆盖、排水等工作。

② 在必要时搭设雨棚。

③ 及时通知商品混凝土搅拌站调整混凝土配合比。

④ 配备专人在浇筑前 5min 内对裸露钢筋进行洒水降温，降低钢筋变形量。

6）混凝土浇筑阶段人员伤亡应急措施

（1）预防措施

① 对工作工人进行安全教育并进行安全交底、技术交底工作。

② 后勤部门在现场附近找好商场，定时、定量向现场输送冰镇饮料、功能型饮料或其他能够补充体力的食品及防暑药品。

（2）应急措施

① 现场准备充足的功能型食品、饮品以及防暑药品，保证在现场工作的管理人员与工人在高温条件下能够保持正常的体力与精力正常工作。

② 若现场人员因高温出现中暑晕倒的情况，安全员应尽快协调场内应急指挥小组组员将其送回生活区休息调整，并找人代替其工作。

③ 若现场出现人员受伤情况，现场管理人员应立即与指挥小组副组长及组长联系，安全员协调车辆将伤员迅速送至附近医院。

（3）参考医院

明确附近的医院地点和联系方式。

9 特殊部位和特殊气候条件下的施工措施。

见本指南第 5.6 节相关内容。

5.1.2 大体积混凝土浇筑体温度应力和收缩应力，可按本标准附录 B 确定。

见本指南第 8 章相关内容。

5.1.3 保温覆盖层的厚度，可根据温控指标的要求按本标准附录 C 确定。

见本指南第 9 章相关内容。

5.1.4 大体积混凝土施工宜采用整体分层或推移式连续浇筑施工。

整体分层连续浇筑施工或推移式连续浇筑施工是目前大体积混凝土施工中普遍采用的方法，本条文规定了应优先采用。工程实践中也有其他类似叫法，如中国建筑总公司称其为"全面分层、分段分层、斜面分层"，北京城建集团称其为"斜向分层、阶梯状分层"，上海电力建筑工程公司称其为"分层连续，大斜坡薄层推移式浇筑"等，本条文强调整体连续浇筑施工，不留施工缝，确保结构整体性强（图 5-1-22、图 5-1-23）。

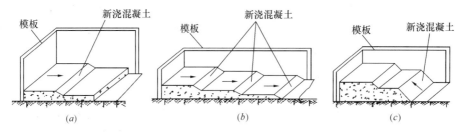

图 5-1-22 连续浇筑方法示意（一）

（*a*）全面分层；（*b*）分段分层；（*c*）斜面分层

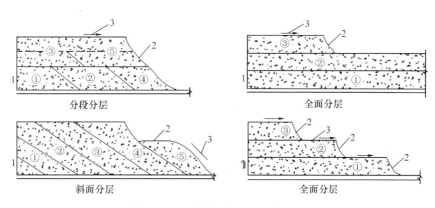

图 5-1-23 连续浇筑方法示意（二）

1—分层线；2—新浇筑混凝土；3—浇筑方向

分层连续浇筑施工的特点，一是混凝土一次需要量相对较少，便于振捣，易保证混凝土的浇筑质量；二是可利用混凝土层面散热，对降低大体积混凝土浇筑体的温升有利；三是可确保结构的整体性。

对于实体厚度一般不超过 2m、浇筑面积大、工程总量较大，且浇筑综合能力有限的混凝土工程，宜采用整体推移式连续浇筑法。

目前，已有较多一次性连续浇筑大体量混凝土（10000～20000m³）的成功实例，如北京新电视中心基础（15000m³）、上海金茂大厦基础（13500m³）、西北蒲电锅炉基础（20000m³）等；北京世纪财富中心基础（26445m³）采用后浇带施工，其中最大分段一次性连续浇筑也有 11000m³ 混凝土。

5.1.5 当大体积混凝土施工设置水平施工缝时，位置及间歇时间应根据设计规定、温度裂缝控制规定、混凝土供应能力、钢筋工程施工、预埋管件安装等因素确定。

大体积混凝土允许设置水平施工缝分层施工（一般厚度大于 2m），即可采取分层间歇施工，并规定了水平施工缝设置的一般要求。已有的试验资料和工程经验表明，设置水平施工缝施工能有效地降低混凝土内部温升值，防止混凝土内外温差过大。当在施工缝的表层和中间部位设置间距较密、直径较小的抗裂钢筋网片后，可有效地避免或控制混凝土裂缝的出现或开展。

关于高层建筑转换层的大体积混凝土施工，由于转换层结构的尺寸高而大，一般转换梁常用截面高度 1.6～4.0m，转换厚板的厚度 2.0～2.8m，自重大，竖向荷载大，若采用整体浇筑有困难或可能对下部结构产生潜在损害，可利用叠合梁原理，将高大转换层结构按叠合构件施工，不仅可以减少混凝土的水化热，还可利用先期分层施工形成的临时结构承受二次施工时的荷载。

但需要指出的是水平施工缝的位置，要充分考虑钢筋的绑扎、预埋管件埋设、裂缝控制要求、现场条件等重要因素，并应征得设计单位的确认。施工中必须按事前批准的位置停工，绝不允许随意停止；同时再浇筑时，必须按本标准第 5.4.2 条的规定做好施工缝的处理；分层间歇施工只要严格按照操作规程实施，同样可以保证结构的整体性。

5.1.6 超长大体积混凝土施工，结构有害裂缝控制应符合下列规定：

1 当采用跳仓法时，跳仓的最大分块单向尺寸不宜大于 40m，跳仓间隔施工的时间不宜小于 7d，跳仓接缝处应按施工缝的要求设置和处理；

2 当采用变形缝或后浇带时，变形缝或后浇带设置和施工应符合国家现行有关标准的规定。

对超长（大于现行国家标准《混凝土结构设计规范》GB 50010 中伸缩缝要求）大体积混凝土施工，可留置变形缝、后浇带或采用跳仓方法分段施工，并规定了设置的一般要求。这样可在一定程度上减轻外部约束程度，减少每次浇筑段的蓄热量，防止水化热的大量积聚，减少温度应力；但应指出的是跳仓接缝处的应力一般较大，应通过计算确定配筋量和加强构造处理。

现行国家相关标准对"变形缝、后浇带"已有明确规定，但"跳仓法施工"是本标准首先采用，其原理是我国著名学者王铁梦教授提出的"抗放兼施、先放后抗、以抗为主"的指导思想，按照"分块规划、隔块施工、分层浇筑、整体成型"的基本原则组织施工，即将建（构）筑物平面结构划分成若干个区域，将超长的混凝土块体分为若干小块体（一般不大于 3000m³）间隔施工，经过短期（约 7d）的应力释放，再将若干小块体连成整体，依靠混凝土抗拉强度抵抗下一段的温度收缩应力的施工方法。较早的"跳仓法"施工实例，如 1975 年武钢 686m 超长热轧设备箱基、1978 年宝钢 912m 超长轧机设备基础，都取得了较好的效果，至今满足正常使用要求。目前，"跳仓法"已广泛应用于大型工业与民用建筑大体积混凝土工程施工中。

5.1.7 混凝土入模温度宜控制在 5℃～30℃。

在大体积混凝土施工中，由于胶凝材料水化热引起混凝土浇筑体内部温度和温度应力的剧烈变化，而导致混凝土发生有害裂缝的现象并不罕见，混凝土浇筑体内最高温度，除水化热引起的温升外，混凝土入模温度也是主要因素之一。因此，在夏季施工时入模温度不宜超过 30℃。冬期施工时为防止混凝土受冻，入模温度不宜低于 5℃。

5.2 技 术 准 备

5.2.1 大体积混凝土施工前应进行图纸会审，并应提出施工阶段的综合抗裂措施，制定关键部位的施工作业指导书。

图纸会审工作是大体积混凝土施工前一项重要的技术准备工作，应结合实际工程和自身实力、管理水平，制定关键部位的质量控制措施，并与设计人员、监理人员、业主管理人员等充分沟通，落实施工期间的综合抗裂措施，如设计变更、材料替代、施工构造和温控监测方案等，既能满足结构和使用功能要求，又能最大限度地降低水化热，确保大体积混凝土不产生有害裂缝。

1) 施工技术人员熟悉图纸，了解设计意图，并对现场的施工工人进行相应的技术交底和安全交底，交底重点在混凝土浇筑流向、浇筑方法、浇筑重点部位等。

2) 做好原材料的取样检验和试验，混凝土强度试配及钢筋焊接、连接件的试验。

3) 混凝土开盘鉴定、浇筑等相关准备资料签认完毕（主要应有技术员、资料员、质检员、项目技术负责人、生产经理确认）。

4) 编制混凝土工程的物资需求计划，计算出施工中不同时段所需的混凝土量。

5) 浇筑混凝土之前，相应的控制标高要投射到牢固的钢筋上并做好标记，严格控制混凝土浇筑的标高，拉通线测量，必要时采用水平仪等辅助测量。

6) 浇筑前要搭设好浇筑混凝土走道及工作平台，确保走道及工作平台稳固、安全。

5.2.2 大体积混凝土施工应在混凝土的模板和支架、钢筋工程、预埋管件等工作完成并验收合格的基础上进行。

大体积混凝土施工前应对上道工序如混凝土的模板和支架、钢筋工程、预埋管件等隐蔽工程进行检查验收，合格后再进行混凝土的浇筑。

其中模板的支护应确保结构构件的几何尺寸和施工安全，同时考虑保温构造等因素，详见本指南第5.3节；而对于钢筋工程，应注意钢筋间距和定位措施，对于预埋管件的检查尤其应细心，杜绝漏埋或错埋、移位等质量通病，因为大体积混凝土浇筑后才发现失误，补救措施将十分困难。

混凝土浇筑人员应熟悉现场，掌握结构布置，钢筋疏密情况，以便掌握混凝土浇筑流向、浇筑方法、浇筑重点，准备混凝土浇筑用的振捣器、刮杠、抹子、铁锹等工具及养护材料（塑料薄膜、草帘、挤塑板、棉被等）。

浇筑前对模板及其支架，钢筋和预埋件、预留洞口进行检查，模板内的杂物和钢筋上的油污等要清理干净，模板缝隙和孔洞堵严，模板及其支架、墙体插筋、人防预埋件、约束边缘柱型钢柱脚的锚栓定位、设备和管线等必须经过检查，做好预检、隐检记录，符合设计及有关规范要求，待监理人员验收后，方可进行浇筑，并且在浇筑时，随时核查预埋件、插筋、地脚锚栓有无偏位情况，及时纠正。在浇筑过程中管理人员必须轮流值班看守监控。

5.2.3 施工现场设施应按施工总平面布置图的要求按时完成，场区内道路应坚实平坦。必要时，应制定场外交通临时疏导方案。

5.2.4 施工现场供水、供电应满足混凝土连续施工需要。当有断电可能时，应采取双回路供电或自备电源等措施。

施工现场总平面布置应满足大体积混凝土连续浇筑对道路、水、电、专用施工设备等的需要，并加强现场指挥和调度，尽量缩短混凝土的装运时间，控制合理的入模温度，提高设备的利用率。

特别提醒在城市密集区进行大体积混凝土施工应避开社会交通高峰期，宜选择在夜间执行，并注意施工扰民问题；对于远离城市的野外施工，应结合施工企业自身的实力部署；对现场施工设施要统一进行全面验收，并制定落实相关施工应急预案。

5.2.5 大体积混凝土供应能力应满足混凝土连续施工需要，不宜低于单位时间所需量的

1.2 倍。

大体积混凝土的供应应符合本指南第 4.4 节的规定，满足混凝土连续施工的需要，一般情况下连续供应能力不宜低于单位时间所需量的 1.2 倍，搅拌运输车的数量按本指南第 7 章的规定确定。采用多家供应商供应混凝土时，应制定统一的技术标准，如计量器具统一重新校验、操作人员集中针对培训、原材料统一集中采购配送、试验检验指定实验室等，确保质量稳定可靠。确需在施工现场添加料时，应派专人负责，并按批准的方案严格操作，做好相关记录，严禁不按规定加水或添加外加剂。

5.2.6 大体积混凝土施工设备，在浇筑混凝土前应进行检修和试运转，其性能和数量应满足大体积混凝土连续浇筑需要。

大体积混凝土浇筑工作应准备满足施工需要的地泵、汽车泵、滑（溜）槽，以及足够多的振捣棒，并有一定数量的备用。为预防机械故障，应提前对地泵、汽车泵、振捣棒、泵管、加压泵、吊车等进行维护，保证机械运转正常。

提前通知搅拌站浇筑混凝土时间，并检查搅拌站设施情况，以便搅拌站可以做好生产设备、运输泵车维护工作。

机修工作人员要跟踪到位，施工时要及时检查。当发生机械故障时，生产经理、安全员、机械安全师、机电工程师应协调处理工作。

当泵车发生机械故障时，应及时通知搅拌站主管人员，了解故障原因及抢修最慢时间，随时准备修理或更换故障泵车。

如故障复杂无法估计抢修时间，以免故障泵车抢修不及时，应适时调动现场备用泵车立即转移到当前浇筑部位进行浇筑。泵车安装完成到可以正常使用，应在混凝土初凝时间内就位。

泵车发生故障时，要实时动态掌握混凝土初凝时间规律，保证在混凝土初凝前完成混凝土的浇筑工作，防止产生施工冷缝。

当振捣棒发生机械故障时，应将预先准备好的振捣棒及时替换，再组织机修人员对振动机进行抢修。

5.2.7 混凝土测温监控设备的标定调试应正常，保温材料应齐备，并应派专人负责测温作业管理。

大体积混凝土施工应尽可能增加装备投入和信息化管理，提高工效，进入现场的设备包括测温监控设备，在浇筑混凝土前应进行全面检修和调试，确保设备性能可靠，以满足大体积混凝土连续浇筑的需要，施工中宜指定或委托专业单位专门负责监控测温管理。

5.2.8 大体积混凝土施工前，应进行专业培训，并应逐级进行技术交底，同时应建立岗位责任制和交接班制度。

大体积混凝土与普通混凝土施工在许多方面存在不同，更应加强组织协调管理和针对性的岗前培训等工作，"三分技术、七分管理"，明确岗位职责，挂牌落实责任到人，技术交底讲解到位，遵守交接班制度。

5.3 模 板 工 程

5.3.1 大体积混凝土模板和支架应进行承载力、刚度和整体稳固性验算，并应根据大体积混凝土采用的养护方法进行保温构造设计。

本条为强制性条文，应严格执行。

为防止大体积混凝土工程中模板和支架系统出现倒塌或倾覆现象，确保人员安全，避免重大经济损失，规定了大体积混凝土模板和支架系统在设计时必须进行承载力、刚度和稳定性验算，保证其整体稳固性。

模板和支架系统应有设计计算书、构造设计图、安装和拆除具体作业指导书等技术资料，应按规定完成企业内部技术审核批准，并组织召开专项方案论证会，按评审意见修改完善后方可组织具体实施。

目前在大体积混凝土施工中，模板主要采用钢模、木模、铝模或胶合板，支架主要采用钢支撑体系。采用钢（铝）模时由于散热快对保温不利，应根据保温养护的需要再增加保温措施，若由于周转的需要拆模后也应对混凝土按要求重新围护保温养护；采用木模或胶合板时，保温性能较好，宜将其直接作为保温材料带模养护。

已有的试验资料和工程经验表明，设置必要的滑动层或缓冲层，如"一毡二油"或聚苯板等可减少基层、模板和支架系统对大体积混凝土在硬化过程中的变形过度约束，有利于对裂缝的控制。

模板和支架稳定性计算算例

1）模板侧压力计算

$$F = 0.22\gamma_c t_0 \beta_1 \beta_2 V^{\frac{1}{2}} \tag{5-3-1}$$

或

$$F = \gamma_c H \tag{5-3-2}$$

式中　γ_c——新浇筑混凝土的重力密度（kN/m^3），取$25kN/m^3$；

t_0——新浇筑混凝土的初凝时间（h），取7h；

β_1——外加剂影响修正系数，不掺外加剂时取1.0，掺有缓凝作用的外加剂时取1.2；

β_2——混凝土坍落度影响修正系数，坍落度大于110mm，取1.15；

V——混凝土的浇筑速度（m/h），取2.0m/h；

H——混凝土侧压力计算位置处至新浇筑混凝土顶面的总高度（m），取6.5m。

由式（5-3-1）可得

$$F = 0.22 \times 25kN/m^3 \times 7h \times 1.2 \times 1.15 \times 2^{\frac{1}{2}} m/h$$
$$= 75.14kN/m^2$$

或式（5-3-2）可得

$$F = 25kN/m^3 \times 6.5m = 162.5kN/m^2$$

取二者较小值，即模板侧压力的标准值取$F = 75.14kN/m^2$。

考虑到倾倒混凝土时产生的水平荷载标准值$4kN/m^2$，分别取荷载分项系数1.2和1.4，折减系数取0.9，则作用于模板的总荷载设计值q：

$$q = 75.14kN/m^2 \times 1.2 \times 0.9 + 4kN/m^2 \times 1.4 \times 0.9 = 86.19kN/m^2$$

2）主背楞验算（1220mm×1400mm）

验算螺栓拉杆水平间距1220mm的槽钢主背楞的强度和刚度。按三跨连续梁计算。

（1）作用在主背楞三跨连续梁上的荷载

设计线均布荷载：

$$q_1 = 1.40 \times q = 120.67 \text{kN/m} \text{（用于计算承载力）}$$

标准线均布荷载：

$$F_1 = 1.40 \times F = 105.20 \text{kN/m} \text{（用于验算挠度）}$$

（2）主背楞强度验算

主背楞抵抗矩：

$$W_1 = 121.4 \times 10^3 \text{mm}^3 \text{（红沿河招标文件副本提供）}$$

主背楞弹性模量：

$$E_1 = 2.1 \times 10^5 \text{N/mm}^2$$

主背楞惯性矩：

$$I_1 = 7.28 \times 10^6 \text{mm}^4 \text{（红沿河招标文件副本提供）}$$

主背楞抗弯强度：

$$f_m = 215 \text{N/mm}^2$$

根据《建筑施工手册》，主背楞所受最大弯矩：

$$M_1 = 0.1 \times q_1 \times l_1^2 = 17.96 \text{kN} \cdot \text{m}$$

因此，主背楞强度：

$$\sigma_1 = \frac{M_1}{W_1} = 147.94 \text{N/mm}^2 < f_m = 215 \text{N/mm}^2 \text{（满足）}$$

（3）主背楞三跨连续梁上的最大挠度

主背楞最大挠度：

$$\omega_1 = 0.677 \times \frac{F_1 \times l_1^4}{100 E_1 \times I_1} = 1.03 \text{mm}$$

3）次背楞验算（间距 350mm）

模板次背楞计算时，跨度超过三跨，可按三跨连续梁计算。

（1）作用在次背楞三跨连续梁上的荷载

设计线荷载：

$$q_2 = 0.35 \times q = 30.17 \text{kN/m} \text{（用于计算承载力）}$$

标准线荷载：

$$F_2 = 0.35 \times F = 26.30 \text{kN/m} \text{（用于验算挠度）}$$

（2）次背楞强度验算

次背楞抵抗矩：

$$W_2 = \frac{1}{6H}\left[BH^3 - (B-b)h^3\right]$$

$$= \frac{1}{6 \times 200} \times \left[80 \times 200^3 - (80-40) \times (200 - 2 \times 40)^3\right]$$

$$= 4.8 \times 10^5 \text{mm}^3$$

次背楞弹性模量：

$$E_2 = 1 \times 10^4 \text{N/mm}^2$$

次背楞惯性矩：

$$I_2 = \frac{1}{12}[BH^3 - (B-b)h^3]$$

$$= \frac{1}{12} \times [80 \times 200^3 - (80-40) \times (200-2 \times 40)^3]$$

$$= 4.8 \times 10^7 \text{mm}^4$$

次背楞抗弯强度：

$$f_m = 50\text{N/mm}^2$$

次背楞所受最大弯矩：

$$M_2 = 0.1 \times q_2 \times l_2^2 = 5.91\text{kN} \cdot \text{m}$$

因此，次背楞强度：

$$\sigma_2 = \frac{M_2}{W_2} = 12.32\text{N/mm}^2 < f_m = 50\text{N/mm}^2 \quad （满足）$$

（3）次背楞三跨连续梁上的挠度分布

次背楞最大挠度：

$$\omega_1 = 0.677 \times \frac{F_2 \times l_2^4}{100E_0 \times I_2} = 1.43\text{mm}$$

4）面板计算

D2 型号模板面板为厚度 18mm 的胶合板，取 $L_t = 1$m 板带计算。计算时跨度超过三跨，可按三跨连续梁计算。

（1）作用在三跨连续梁上的荷载

设计线荷载：

$$q_3 = q \times L_t = 86.19\text{kN/m} \quad （用于计算承载力）$$

标准线荷载：

$$F_3 = F \times I_t = 75.14\text{kN/m} \quad （用于验算挠度）$$

（2）面板强度验算

面板抵抗矩：

$$W_3 = \frac{1000 \times 18^2}{6} = 5.4 \times 10^4 \text{mm}^3$$

面板弹性模量：

$$E_3 = \alpha \times 1.0048 \times 10^4 = 8.038 \times 10^3 \text{N/mm}^2$$

面板惯性矩：

$$I_3 = \frac{1000 \times 18^3}{12} = 4.86 \times 10^5 \text{mm}^4$$

WISA 板抗弯强度：

$$f_m = \alpha \times 40.2 = 32.16\text{N/mm}^2$$

计算面板的跨度 $l_3 = 0.35$m，并进行强度和刚度验算：

面板所受最大弯矩：

$$M_3 = 0.1 \times q_3 \times l_3^2 = 1.06\text{kN} \cdot \text{m}$$

因此面板的强度：

$$\sigma_3 = \frac{M_3}{W_3} = 19.55\text{N/mm}^2 < f_m = 32.16\text{N/mm}^2 \quad （满足）$$

（3）三跨连续梁上的挠度分布

面板最大挠度：

$$\omega_1 = 0.677 \times \frac{F_3 \times l_3^4}{100E_3 \times I_3} = 1.95\text{mm}$$

5）拉杆验算

每一个主、次背楞相交处的集中力：

$$P = 0.6 \times q_1 \times 1.22 \times 1.40 = 88.33\text{kN} < 160\text{kN}$$

按 1.22m×1.40m 间距布置拉杆满足受力要求。

6）挠度叠加

（1）主背楞和面板挠度叠加

$$1.03 + 1.95 = 2.98\text{mm} < 1220/400 = 3.05\text{mm（满足）}$$

（2）主背楞、次背楞和面板挠度叠加

$$1.03 + 1.43 + 1.95 = 4.41\text{mm} < (1220^2 + 1400^2)^{1/2}/400 = 4.64\text{mm（满足）}$$

7）按照主背楞最大允许强度计算

主背楞抵抗矩：

$$W_1 = 121.4 \times 10^3 \text{mm}^3$$

主背楞弹性模量：

$$E_1 = 2.1 \times 10^5 \text{mm}^2$$

主背楞惯性矩：

$$I_1 = 7.28 \times 10^6 \text{mm}^4$$

设计线荷载：

$$q_1 = 1.40 \times q = 120.67\text{kN/m}$$

标准线荷载：

$$F_1 = 1.40 \times F = 105.20\text{kN/m}$$

主背楞抗弯强度：

$$f_m = 215\text{N/mm}^2$$

主背楞弯矩：

$$M_4 = 215 \times 121.4 = 26.10\text{kN} \cdot \text{m}$$

主背楞强度：

$$l_4 = \left(\frac{10M_4}{q_1}\right)^{\frac{1}{2}} = 1.47\text{m}$$

主背楞刚度：

$$\omega_4 = 0.677 \times \frac{F_1 \times l_4^4}{100E \times I_1} = 2.18\text{mm}$$

即补模宽度超过 250mm 就要增加拉杆。

5.3.2 模板和支架系统安装、使用和拆除过程中，必须采取安全稳定措施。

模板和支架系统在安装、使用和拆卸时必须采取措施保障安全，这对避免重大工程事故非常重要。在安装时，模板和支架系统还未形成可靠的结构体系，应采取临时措施，保证在搭设过程中的安全；在混凝土浇筑时应加强现场检查，必要时应及时加固；在拆卸时应注意混凝土的强度和拆除的顺序，在混凝土结构有可能未形成设计要求的受力体系前，应加设稳定的临时支撑系统。所有施工应有交底、操作、检验等过程记录，有条件的，应挂牌明示责任人和使用期限，确保安全文明绿色施工。

模板的接缝不应漏浆。在浇筑混凝土前，木模板应浇水湿润，但模板内不应有积水。

模板和混凝土的接触面应清理干净并涂刷隔离剂，但不得采用影响结构性能或妨碍装饰工程施工的隔离剂。在涂刷隔离剂时，不得玷污钢筋和混凝土接槎处。

浇筑混凝土之前。模板内的杂物应清理干净。固定模板的预埋件、预留洞和预留孔均不得遗漏，且安装牢固。

模板安拆时轻起轻放，不准碰撞，防止模板变形；拆模时不得用大锤硬砸或撬棍硬撬，以免损伤混凝土表面和棱角；模板在使用过程中加强管理，分规格堆放，及时涂刷隔离剂；支完模板后，保持模内清洁；应保护钢筋不受扰动。做好模板的日常保养工作和维修工作。

5.3.3 对后浇带或跳仓法留置的竖向施工缝，宜采用钢板网、铁丝网或快易收口网等材料支挡；后浇带竖向支架系统宜与其他部位分开。

本条文规定了后浇带或跳仓方法施工时施工缝支挡的要求。竖向施工缝处用上述 4 种材料支挡的情况都存在，现在快易收口网已推广使用，效果较好，施工缝处的后期处理也应参照本指南第 5.4.2 条的要求执行。

后浇带的竖向支架系统需要等待相当长的一段时间才能浇筑混凝土，其他部位的模架一般都要周转使用，因此后浇带的支模应形成独立的稳定系统。

5.3.4 大体积混凝土拆模时间应满足混凝土的强度要求，当模板作为保温养护措施的一部分时，其拆模时间应根据温控要求确定。

5.3.5 大体积混凝土宜适当延迟拆模时间。拆模后，应采取预防寒流袭击、突然降温和剧烈干燥等措施。

本条文规定了拆模时间的要求和应采用的措施，国内外的工程实践证明，早期因水泥水化热使混凝土内部温度很高，过早拆模时混凝土的表面温度较低，会形成很陡的温度梯度，产生很大的拉应力，极易产生裂缝。因此有条件时应延迟拆模时间，延缓降温，充分发挥混凝土的应力松弛效应，增加对大体积混凝土的保湿保温养护时间。

5.4 混 凝 土 浇 筑

5.4.1 大体积混凝土浇筑应符合下列规定：

1 混凝土浇筑层厚度应根据所用振捣器作用深度及混凝土的和易性确定，整体连续浇筑时宜为 300mm～500mm，振捣时应避免过振和漏振。

关于浇筑层厚度，曾称作摊铺厚度、虚铺厚度。本条文以插入式振捣棒为主，对其做了 300～500mm 的规定。浇筑层厚度一般不大于振捣棒作用部分长度的 1.25 倍，常用的插入式振捣棒作用有效长度大于 450mm。振捣时间长短应根据混凝土的流动性大小而定，快插慢拔，保证振捣的位置，使混凝土表面基本水平不再显著下沉、不再出现气泡，并在边缘 2m 和顶部 0.5m 范围内要加强振捣，防止漏振、过振和欠振。

2 整体分层连续浇筑或推移式连续浇筑，应缩短间歇时间，并应在前层混凝土初凝之前将次层混凝土浇筑完毕。层间间歇时间不应大于混凝土初凝时间。混凝土初凝时间应通过试验确定。当层间间歇时间超过混凝土初凝时间时，层面应按施工缝处理。

本条文对连续分层浇筑的间歇时间做了规定，防止因间歇时间过长产生施工"冷缝"。层间的间歇时间是以混凝土的初凝时间为准。关于混凝土的初凝时间，在国际上是以贯入阻力法测定，以贯入阻力值为 3.5MPa 时为混凝土的初凝，所以应经试验确定，试验地点宜安排在施工现场，试验方法可见现行国家标准《普通混凝土拌合物性能试验方法标准》GB/T 50080、《滑动模板工程技术规范》GB 50113。当层面间歇时间超过混凝土初凝时间时，应按施工缝处理。

3 混凝土的浇灌应连续、有序，宜减少施工缝。

4 混凝土宜采用泵送方式和二次振捣工艺。

大体积混凝土宜采用二次振捣工艺，即在混凝土浇筑后即将凝固前，在适当的时候给予再次振捣，以排除混凝土因泌水在粗骨料、水平钢筋下部生成的水分和孔隙，增加混凝土的密实度，减少内部微裂缝和改善混凝土强度，提高抗裂性；当分层浇筑混凝土时，振捣器应插入下层混凝土约 50mm。

5.4.2 当采取分层间歇浇筑混凝土时，水平施工缝的处理应符合下列规定：

1 在已硬化的混凝土表面，应清除表面的浮浆、松动的石子及软弱混凝土层；

2 在上层混凝土浇筑前，应用清水冲洗混凝土表面的污物，并应充分润湿，但不得有积水；

3 新浇筑混凝土应振捣密实，并应与先期浇筑的混凝土紧密结合。

本条文对分层间歇或间断浇筑混凝土时留置的水平施工缝的处理作了一般规定，水平施工缝应按事先确定的位置留置，并基本在同一标高上，不得随意留缝。现在已有成功工程实例，即在界面表层配置分布钢筋网片或按梅花形布设插筋的做法，并将混凝土表面搓毛，以此更加有效地控制表面裂缝和增加界面结合力。但应指出的是后续再浇筑混凝土时，一般应在已浇筑硬化的混凝土温度峰值过后再施工，以充分利用混凝土层面散热，降低混凝土浇筑体的温升。

5.4.3 大体积混凝土底板与侧墙相连接的施工缝，当有防水要求时，宜采取钢板止水带等处理措施。

根据已往的大体积混凝土工程实践总结，由于大体积混凝土内应力变化复杂，而钢板具有很好的延性，并与混凝土有较好的粘结力，钢板止水带相对其他防水方式如膨胀止水带等具有较好的长期止水效果。

5.4.4 在大体积混凝土浇筑过程中，应采取措施防止受力钢筋、定位筋、预埋件等移位和变形，并应及时清除混凝土表面的泌水。

在大体积混凝土浇筑过程中，受力钢筋、定位筋、预埋件等易受到干扰，甚至移位和变形，应采取有效措施固定，如专用塑料夹、交叉焊接片、与外部连接固定等。

大体积混凝土因为泵送混凝土的水胶比一般比较大，表面浮浆和泌水现象普遍存在，不及时清除，将会降低结构混凝土表层的密实性和整体质量，为此，在施工方案中应事先规定具体做法，以便及时清除混凝土表面泌水。

通常做法是将上涌的泌水和浮浆顺浇筑体坡面下流到坡底，通过侧模底部预留的小孔排除，然后汇集到集水井中抽排；当浇筑体大坡面接近模板顶面时，改变浇筑方向，逐渐推进，与原斜坡相交形成集水坑或水潭，及时用泥浆泵将泌水排除（图5-4-1）。现在，随着材料工业的快速发展，减少泌水的方法很多，如掺加高效减水剂等。

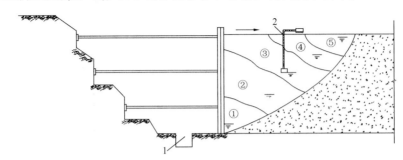

图 5-4-1 泌水排除和变换浇筑方向示意
①…⑤ 分层浇筑流程；1—排水沟；2—泥浆泵

5.4.5 应及时对大体积混凝土浇筑面进行多次抹压处理。

大体积混凝土由于混凝土坍落度较大，在混凝土初凝前或混凝土预沉后在表面采用多次抹压处理工艺，并及时用塑料薄膜覆盖保湿保温，可有效消除混凝土表面由于水分过快散失出现干缩、沉缩和塑性收缩产生的表面裂缝，增加混凝土内部的密实度，控制混凝土表面非结构性细小裂缝的出现和开展，但是，多次抹压时间必须掌握恰当，一般在混凝土初凝前约2h，过早抹压没有效果，过晚抹压混凝土已进入初凝状态，失去塑性，消除不了混凝土表面已出现的早期裂纹（缝）。

必要时，可在大体积混凝土的表层双向配置 $\phi6@100$ 的抗裂钢筋网片或钢丝网或掺入适量抗裂纤维（如钢纤维）以增强混凝土表面的抗裂性能，在混凝土凝固前进行多次抹压处理，确保外观质量。

5.5 混 凝 土 养 护

5.5.1 大体积混凝土应采取保温保湿养护。在每次混凝土浇筑完毕后，除应按普通混凝土进行常规养护外，保温养护应符合下列规定：

1 应专人负责保温养护工作，并应进行测试记录；

2 保湿养护持续时间不宜少于14d，应经常检查塑料薄膜或养护剂涂层的完整情况，并应保持混凝土表面湿润；

3 保温覆盖层拆除应分层逐步进行，当混凝土表面温度与环境最大温差小于20℃时，可全部拆除。

保温保湿养护是大体积混凝土施工的关键环节。保温养护的主要目的是通过减少混凝土表面的热扩散，从而降低大体积混凝土浇筑体的里外温差值，降低混凝土浇筑体的自约束应力；其次是降低大体积混凝土浇筑体的降温速率，延长散热时间，充分发挥混凝土强度的潜力和材料的松弛特性，利用混凝土的抗拉强度，以提高混凝土承受外约束应力时的抗裂能力，达到防止或控制温度裂缝的目的。

在大体积混凝土施工中，保温保湿养护方法已被广泛使用，且效果明显。根据工程实践，目前混凝土施工养护时的温度控制方法大致可归纳为三种：第1种是本标准推荐采用的"保温保湿养护方法"。第2种是在大体积混凝土养护过程中采用强制的"冷却降温法",利用制冷冷却水管降低混凝土内部温度,借以降低混凝土的内外温差。强制冷却降温法成本相对较高,管理不善易产生不均匀的冷却降温,使大体积混凝土产生贯穿性裂缝,这类方法在水利交通等体量巨大的工程中应用较多,在一般工业建筑和房屋建筑工程中较少采用。第3种是"蓄水法",即在硬化的混凝土表面蓄以一定高度的水,由于水的保温隔热作用,可推迟混凝土内部的水化热温度的迅速散失,由此控制其温差,该法也可归于保温法。但应用十分有限,一般大面积混凝土防水池不易实现,水放掉后,混凝土表面迅速风干,也易产生表面裂缝。

同时,在养护过程中保持良好温度和防风条件,使混凝土在适宜的温度和湿度环境下养护,故本条文对保温养护措施所应满足的条件作了规定。即施工人员应根据事先确定的温控指标的要求,来确定大体积混凝土浇筑后的养护措施,专人负责动态跟踪保温养护工作。

5.5.2　混凝土浇筑完毕后,在初凝前宜立即进行覆盖或喷雾养护工作。

养护过程中保持混凝土表面湿润必不可少,但不应形成明显的积水。通过覆盖塑料薄膜可利用混凝土自身的蒸发水分进行保湿养护。喷雾养护是将高压清水经雾化喷嘴雾化成细小雾滴,喷洒到混凝土浇筑面上形成雾层和雾滴水,确保混凝土表面持续均匀潮湿。实践证明,喷雾养护相对于过去水管直接浇水养护是一种行之有效的保湿措施,尤其在厚墙、高空转换层等大体积混凝土初凝前养护效果明显。

5.5.3　混凝土保温材料可采用塑料薄膜、土工布、麻袋、阻燃保温被等,必要时,可搭设挡风保温棚或遮阳降温棚。在保温养护中,应现场监测混凝土浇筑体的里表温差和降温速率,当实测结果不满足温控指标要求时,应及时调整保温养护措施。

在大体积混凝土施工时,应因地制宜地采用保温性能好而又便宜的材料用在保温养护中,本条文中列举了施工中常见而且又比较便宜的材料,其他如草帘、草袋、锯末、炉渣、帆布等均可使用。当经济条件许可时,可选用其他性能更加优越的材料保温保湿。对侧面、棱角等边缘部位和迎风部位的保温层厚度应适当增大。

现场监测混凝土内部温度和环境温度变化是大体积混凝土施工中的一个重要环节,根据事先确定的温控指标和实时监测数据指导养护工作,确保混凝土不出现过大的温度应力,从而控制有害裂缝的产生(图5-5-1、图5-5-2)。

图5-5-1　用保温材料包裹混凝土输送管

图5-5-2　塑料薄膜、保温被及时覆盖严密

5.5.4 高层建筑转换层的大体积混凝土施工，应加强养护，侧模和底模的保温构造应在支模设计时综合确定。

对于高层建筑转换层的大体积混凝土施工，由于在高空中组织施工，条件相对地面或地下较差，养护难度较大。转换层与筏板基础不同，不仅在表面，而且在侧面和底面也应采取保温措施，保温构造设计和养护工作应与模板支架系统综合考虑。必要时，采取封闭加热施工的措施，以满足温控指标的要求，确保工程质量。

木模板本身可以作为保温材料，但钢（铝）模板必须进行保温处理，可通过计算事先设计，施工中再根据实测温度调整保温材料。如可先根据市场现有材料按理论计算得出的保温层的种类和厚度进行覆盖，在梁板侧面和底面的钢模板面加铺1～2层塑料薄膜，再铺一层18mm厚胶合板；梁板混凝土表面采取先铺1～2层塑料薄膜，再铺1～2层麻袋或阻燃保温被。

5.5.5 大体积混凝土拆模后，地下结构应及时回填土；地上结构不宜长期暴露在自然环境中。

从以往的施工经验看，大体积混凝土结构若长时间暴露在自然环境中，易因收缩产生微裂缝，影响混凝土的外观质量，故对此作了相应的规定。

5.6　特殊气候条件下的施工

5.6.1 大体积混凝土施工遇高温、冬期、大风或雨雪天气时，必须采用混凝土浇筑质量保证措施。

5.6.2 当高温天气浇筑混凝土时，宜采用遮盖、洒水、拌冰屑等降低混凝土原材料温度的措施。混凝土浇筑后，应及时保湿保温养护；条件许可时，混凝土浇筑应避开高温时段。

5.6.3 当冬期浇筑混凝土时，宜采用热水拌合、加热骨料等提高混凝土原材料温度的措施。混凝土浇筑后，应及时进行保温保湿养护。

5.6.4 当大风天气浇筑混凝土时，在作业面应采取挡风措施，并应增加混凝土表面的抹压次数，应及时覆盖塑料薄膜和保温材料。

5.6.5 雨雪天不宜露天浇筑混凝土，需施工时，应采取混凝土质量保证措施。浇筑过程中突遇大雨或大雪天气时，应及时在结构合理部位留置施工缝，并应中止混凝土浇筑；对已浇筑还未硬化的混凝土应立即覆盖，严禁雨水直接冲刷新浇筑的混凝土。

5.6.1～5.6.5规定了在高温、冬期、大风、雨雪等4种特殊气候条件下进行大体积混凝土施工时，为了控制混凝土不出现有害裂缝，保证混凝土浇筑质量，应遵守的技术措施。

需要指出的是，在条件许可时，应尽量避开特殊气候条件下进行大体积混凝土施工，尤其是雨雪天不宜露天浇筑混凝土。

5.7　现　场　取　样

5.7.1 当一次连续浇筑不大于1000m³同配合比的大体积混凝土时，混凝土强度试件现场取样不应少于10组。

5.7.2 当一次连续浇筑 $1000m^3 \sim 5000m^3$ 同配合比的大体积混凝土时，超出 $1000m^3$ 的混凝土，每增加 $500m^3$ 取样不应少于一组，增加不足 $500m^3$ 时取样一组。

5.7.3 当一次连续浇筑大于 $5000m^3$ 同配合比的大体积混凝土时，超出 $5000m^3$ 的混凝土，每增加 $1000m^3$ 取样不应少于一组，增加不足 $1000m^3$ 时取样一组。

本节是本次标准修订新增加的内容。主要是考虑到在大体积混凝土工程施工中混凝土的用量巨大。如果按照《混凝土结构工程施工质量验收规范》GB 50204 取样要求，每 $1000m^3$ 混凝土强度试件取样 10 组，会造成样品数量庞大，现场难以储存和养护。

根据大量已有的工程经验和现场试样数据分析，对于质量管理体系完善的建筑企业，同一时段同一配合比连续浇筑的大体积混凝土工程，按照《混凝土结构工程施工质量验收规范》GB 50204 取样要求试验，其强度值离散性不大，符合相关规范规定。为避免浪费和节能环保，本次标准修订时针对大体积混凝土强度试样的取样数量进行了较大幅度的调整。

大体积混凝土留样实例

1）抗压混凝土试块留置

（1）每拌制 100 盘且不超过 $100m^3$ 的同配合比的混凝土，取样不得少于一次。

（2）每工作班拌制的同一配合比的混凝土不足 100 盘时，取样不得少于一次。

（3）当一次连续浇筑同配合比混凝土超过 $1000m^3$ 时，超出部分每 $500m^3$ 混凝土取样不得少于一次。

（4）当一次连续浇筑同配合比混凝土超过 $5000m^3$ 时，超出部分每 $1000m^3$ 混凝土取样不得少于一次。

（5）每次取样需留置标准养护试块不得少于 1 组（3 块），并根据需要制作相应组数的同条件试块。

（6）试块应在混凝土浇筑地点随机取样制作，每组试件所用的拌合物应从同一车运送的混凝土中取出，并在卸料过程中卸料量的 $1/4 \sim 3/4$ 之间取样。

2）抗渗混凝土试块留置

（1）同一混凝土强度等级、抗渗等级，同一配合比，生产工艺基本相同，连续浇筑量每 $500m^3$ 留置一组抗渗试件（一组为 6 个抗渗试件）。

（2）留置抗渗试件的同时需留置抗压强度试件并应取自同一混凝土拌合物。

（3）取样方法同混凝土抗压强度试件。

3）混凝土试块的养护

采用标准养护的试块成型后应覆盖表面，以防止水分蒸发，并在温度为 $(20\pm5)℃$ 的情况下静置一昼夜至两昼夜，然后编号、拆模。拆模后的试块应立即放在温度为 $(20\pm2)℃$、相对湿度 95% 以上的标准养护室中养护，试块彼此间隔 $10 \sim 20mm$。养护至 28d 龄期（60d、90d 龄期）时按标准试验方法测得的混凝土立方体抗压强度可作为评定结构构件的混凝土强度。

同条件养护试块成型后应立即覆盖表面，拆模时间与标养试块相同，需放置在靠近相应结构构件或结构部位的适当位置，并采取相同的养护方法。

试块成型后，及时登记混凝土施工及试块制作记录，依取样顺序在试块上编号、拆模、进行养护，到龄期及时送检。

6 温度监测与控制

6.0.1 大体积混凝土浇筑体里表温差、降温速率及环境温度的测试,在混凝土浇筑后,每昼夜不应少于4次;入模温度测量,每台班不应少于2次。

大体积混凝土施工,在混凝土浇筑阶段完成后,养护是防止混凝土开裂的重要手段。养护措施得当与否,措施调整是否及时有效,直接决定了大体积混凝土表面裂缝和贯穿性裂缝的产生与发展。

为了正确指导混凝土的养护过程,及时调整养护措施,控制养护周期,必须在混凝土温度和温度应力的实时监测数据指导下进行。在一般情况下,大体积混凝土温度和温度应力监测系统应具有实时在线连续自动记录功能,且具有超限报警功能。考虑到部分地区实现该系统功能有一定困难,亦可采取手动跑点的方式测量,但为保证监测数据的代表性,数据采集频度每昼夜不应少于4次;入模温度测量,每台班不应少于2次。

在混凝土养护过程中,突发天气状况和人为因素破坏(例如保温层被破坏)时有发生,如果监测数据的采集频次过低,难以及时发现这些突发事件造成的损失。基于在线实时监测数据反馈,能够在异常数据发生初期(此时数据还未超标),通过其曲线形态和速率的变化可以判断各种异常状况,并迅速勘察,果断采取措施。通常混凝土在遭受气温剧烈变化4h内便有可能出现裂缝的风险,所以一般情况下,工程监测频次不得大于每4h1次。

6.0.2 大体积混凝土浇筑体内监测点布置,应反映混凝土浇筑体内最高温升、里表温差、降温速率及环境温度,可采用下列布置方式:

1 测试区可选混凝土浇筑体平面对称轴线的半条轴线,测试区内监测点应按平面分层布置;

2 测试区内,监测点的位置与数量可根据混凝土浇筑体内温度场的分布情况及温控的规定确定;

3 在每条测试轴线上,监测点位不宜少于4处,应根据结构的平面尺寸布置;

4 沿混凝土浇筑体厚度方向,应至少布置表层、底层和中心温度测点,测点间距不宜大于500mm;

5 保温养护效果及环境温度监测点数量应根据具体需要确定;

6 混凝土浇筑体表层温度,宜为混凝土浇筑体表面以内50mm处的温度;

7 混凝土浇筑体底层温度,宜为混凝土浇筑体底面以上50mm处的温度。

理论上测点布置得越多,越能够反映整个大体积混凝土的温度场分布及各项参数,但实际上监控工作必须在一定的成本控制下进行,不可能无限制地增加测点,传感器设备、测试系统、人工成本都是要考虑的因素。

测点位置选取的原则是具有代表性,同时参照事先温度场的计算结果确定。测点位置必须能够反映其他未监测的类似部位的情况。所选测点位置应能监测到整个大体积混凝土温度场和应力场中的最大值。

基于对混凝土结构的认识，在具有对称轴的浇筑体平面，一般都选择在对称轴上布设测点。在不具有对称轴的浇筑体平面，要根据浇筑体平面和立面形状，仔细分析其受力规律，摸清其温度和应力场变化脉络，然后选择在最具有代表性的位置布设测点。一个好的测试方案给工程带来的益处有时是不可估量的。

考虑到工程性质和地域施工水平差异，本标准中给出了测点布设的最低要求。

6.0.3 应变测试宜根据工程需要进行。

虽然目前只有为数不多的机构能够成功利用应变传感器反映大体积混凝土块体中应力场的实际情况，但是随着大体积混凝土应力场测试技术的深入研究和广泛普及，在温度测试的基础上进行的重点部位应力-应变测试，能够超越单纯的温度场测试，对由于温度场变化进而产生的混凝土内部的应力变化，最终导致混凝土处于安全状态、开裂临界或开裂状态，能够更加准确的捕捉和预测。建议有条件的工程和单位，积极开展应力-应变测试，积累经验，使得混凝土养护过程更加明晰可控。

6.0.4 测试元件的选择应符合下列规定：

1 25℃环境下，测温误差不应大于0.3℃；

2 温度测试范围应为-30℃～120℃；

3 应变测试元件测试分辨率不应大于$5\mu\varepsilon$；

4 应变测试范围应满足$-1000\mu\varepsilon\sim1000\mu\varepsilon$要求；

5 测试元件绝缘电阻应大于500MΩ。

拉应变监测值如超过$200\mu\varepsilon$，此时混凝土很有可能开裂，一般设置报警值为$150\mu\varepsilon$。

大体积混凝土的温度应力极其复杂，测试传感器输出应变包括自由应变、温度应变、混凝土的收缩应变以及传感器本身的热应变等，传感器的输出是这些因素的综合结果，同时混凝土内产生的应力存在松弛效应，且应力-应变关系有非线性因素影响，为了尽量真实反映混凝土内部的温度应力，在进行大体积混凝土温度应力测试工作中必须同时埋设零应力装置。

零应力装置是一个筒装结构，预埋在大体积混凝土中，可以保证其内部混凝土不受约束的自由变形。该装置与整个大体积混凝土块体同时浇筑，由筒壁将其与周边混凝土隔离开，四周不受周围混凝土约束，但其温度、湿度、混凝土强度及混凝土收缩的发展变化与周围混凝土完全一致。通过安装在筒体混凝土内的应变传感器可以监测到除混凝土约束应变的其他应变值。

大体积混凝土进行应变测试时，应设置一定数量的零应力测点，利用零应力测试结果修正计算出各点的实际受力状况，零应力点的布置数量应根据应变测点的布置综合考虑，关键位置应设置零应力计。

6.0.5 温度测试元件的安装及保护，应符合下列规定：

1 测试元件安装前，应在水下1m处经过浸泡24h不损坏；

2 测试元件固定应牢固，并应与结构钢筋及固定架金属体隔离；

3 测试元件引出线宜集中布置，沿走线方向予以标识并加以保护；

4 测试元件周围应采取保护措施，下料和振捣时不得直接冲击和触及温度测试元件及其引出线。

6.0.6　测试过程中宜描绘各点温度变化曲线和断面温度分布曲线。

为使监控者能够迅速判断大体积混凝土的即时状态，测试数据必须用比较直观的方式来展现。进行应变测试的大体积混凝土应每天绘制出各点的应变变化曲线和断面应变分布规律。

6.0.7　发现监测结果异常时应及时报警，并应采取相应的措施。

在降温阶段，一般某处测点温度连续变化超过0.1℃/2h时，应启动警报，勘查现场，分析原因，并立即处理。

6.0.8　温控措施可根据下列原则或方法，结合监测数据实时调控：

1　控制混凝土出机温度，调控入模温度在合适区间；

2　升温阶段可适当散热，降低温升峰值，当升温速率减缓时，应及时增加保温措施，避免表面温度快速下降；

3　在降温阶段，根据温度监测结果调整保温层厚度，但应避免表面温度快速下降；

4　在采用保温棚措施的工程中，当降温速率过慢时，可通过局部掀开保温棚调整环境温度。

大体积混凝土施工监控方案范例

1）结构概况

某重要工程基础底板，厚1.83m（中心圆形坑厚度1.2m），平面形状为矩形和圆的组合多边形，基础长78.03m，矩形宽边为35.81m。平面形式如图6-0-1所示。

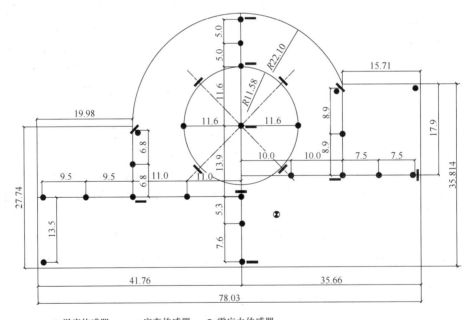

● 温度传感器　— 应变传感器　⊗ 零应力传感器

图 6-0-1　大体积混凝土平面尺寸及测点布置图

2）测点布置

沿厚度方向分三层布置，共计30个应变传感器；温度传感器分三层布置，共计87个温度测点。分层布置的应变与温度传感器，其上、下两层分别距离上、下表面 5cm，中间层位于厚度正中。另在混凝土外表面的养护膜内布置 3 个温度测点，在大气环境中布置气温测点 2 个，在混凝土内布置 3 套零应力装置，测点共计 128 个。根据结构特点，传感器按照图 6-0-1 所示进行布置。

3）技术措施

（1）温度应力测量传感器的选择和安装

大体积混凝土的温度应力监测为结构内应力监测，与常规受外力作用产生的应力监测机理和方法完全不同，我院结合多年的大体积混凝土施工监测经验，选择 GK-4200 型振弦传感器进行监测。其性能指标如下：

测试范围：$\pm 2000\mu\varepsilon$；

测试精度：$0.5\mu\varepsilon$；

温度环境：$0\mu℃\sim 200\mu℃$。

测点按最大应力方向布置传感器，传感器应绑轧在钢筋上，并适当保护。

温度测量传感器选用 Pt-100 型温度传感器，该传感器具有精度高、稳定性好等特点。其性能指标如下：

测试范围：$-30℃\sim 150℃$；

测试精度：$0.5℃$；

（2）零应力装置

大体积混凝土的温度应力极其复杂，测试传感器输出应变包括自由应变、温度应变、混凝土的收缩应变以及传感器本身的热应变等，传感器的输出是这些因素的综合结果，同时混凝土内产生的应力存在松弛效应，且应力-应变关系有非线性因素影响，为了尽量真实反映混凝土内部的温度应力，在进行大体积混凝土温度应力测试工作中必须同时埋设零应力装置。

零应力装置是一个预埋在大体积混凝土中能够不受约束，可以自由变形的设备。与整个大体积混凝土同时浇筑，由筒壁将其与环境隔离开来，四周不受周围混凝土约束，但其温度湿度变化及混凝土强度的发展与周围混凝土完全一致。所以，其内的传感器所测得应变值即为其他所有条件与工作应变传感器相同，而无约束状态下的应变值。

（3）测试系统

本方案中共设置了 33 个应变测点和 95 个温度测点，为了实现所有测点的同步采集，采用自动测量系统，其系统如图 6-0-2 所示。采集时间可以根据混凝土的浇筑情况任意设置，每秒钟最多可以采集十次数据。计算机接收到数据后对其进行计算，并实时在计算机屏幕上显示，显示的方式有两种：

① 显示数据，可同时显示 50 个测点数据，所显示的数据为换算过的最终值，如应变（$\mu\varepsilon$），温度（℃）等；

② 显示曲线，可同时显示 27 个测位在 24h 内的变化曲线。

采集器技术参数如下：

应变测试范围：$\pm 5000\mu\varepsilon$；

应变分辨率：$1\mu\varepsilon$；

温度测试范围：$-10℃\sim 1000℃$；

温度分辨率: 0.5℃。

数据采集从混凝土浇筑开始进行直至养护结束（一般为1个月左右），前期可以设置30min采集数据一次，7d后设置1h采集数据一次。测试人员分两组轮班及时关注测试数据及测试系统状态。

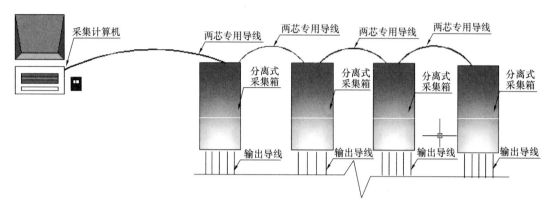

图 6-0-2　测试系统示意

（4）测试系统保护要求

① 在图 6-0-1 中所示的 27 个测试点位处设置明显标记，在以该点位为圆心，半径0.25m 的圆形范围内禁止振捣作业或在其上踩踏，避免测试传感器发生不可修复的损坏。

② 传感器引出线及传感器延长线尽量沿钢筋横平竖直布置，在混凝土浇筑及养护期内作业时，必须对其进行妥善保护防止损坏。

③ 测试主控室内计算机及测试设备需保证 24h 不间断稳定电源，计算机和测试设备在测试人员离开时应妥善保护。

4）本次温控防裂相关控制参数

（1）裂缝宽度小于 0.41mm（根据设计单位技术要求）。

（2）混凝土内约束应变小于 $200\mu\varepsilon$。

（3）浇筑体最高温升小于 50℃。

（4）浇筑体里表温差小于 25℃。

（5）浇筑体降温速率小于 1.5℃/d。

（6）拆除保温覆盖层时，浇筑体表面温度与大气温度温差小于 15℃。

5）开裂及超限情况处理

（1）开裂情况处理

在混凝土养护过程中，一旦发现开裂情况应立即上报。在确保温湿度养护的同时，组织专家对裂缝宽度、深度、长度和分布情况进行调查，并据此确定裂缝对结构性能影响程度，根据其影响决定下一步工作方式。如果裂缝宽度大于 0.41mm，应在养护工作结束后对裂缝进行灌缝修补处理。

（2）超限情况处理

在混凝土养护过程中，一旦发现应变和温度监控数据超过第 5 节中相关控制参数情况应立即上报。在确保温湿度养护的同时，对超限情况按照测试主机系统故障—测试通道异常—测试传感器损坏—现场测点所处环境异常—测试数据超限等原因顺序进行调查。如判断确实为数据超限，需分析超限原因并判断其对结构性能影响程度，根据其影响决定下一步工作方式。

6）典型温度及应变监测曲线（图 6-0-3～图 6-0-6）

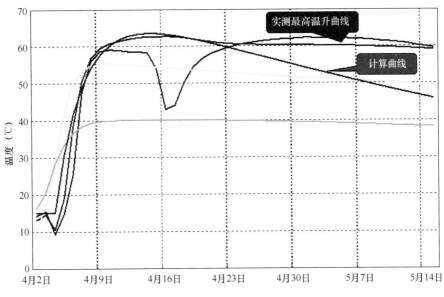

图 6-0-3 温度监测曲线与最高温升计算曲线（一）

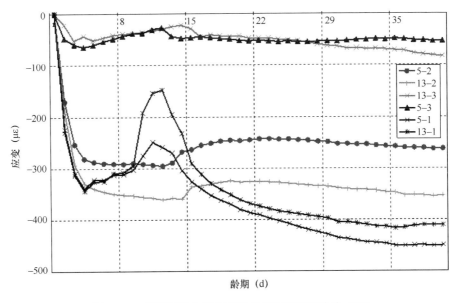

图 6-0-4 不同厚度位置正交双方向应变监测曲线（二）

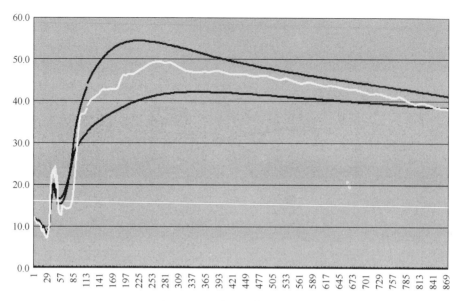

图 6-0-5　温度监测曲线（二）

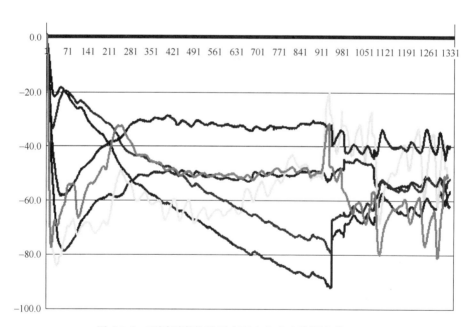

图 6-0-6　不同厚度位置正交双方向应变监测曲线（二）

7 混凝土泵输出量和搅拌运输车数量的计算

7.0.1 混凝土泵的实际平均输出量，可根据混凝土泵的最大输出量、配管情况和作业效率确定，应按下式计算：

$$Q_1 = Q_{max} \cdot \alpha_1 \cdot \eta \tag{7-0-1}$$

式中　Q_1——每台混凝土泵的实际平均输出量（m³/h）；

Q_{max}——每台混凝土泵的最大输出量（m³/h）；

α_1——配管条件系数，可取 0.8～0.9；

η——作业效率，根据混凝土搅拌运输车向混凝土泵供料的间断时间、拆装混凝土输出管和布料停歇等情况，可取 0.5～0.7。

每台混凝土泵的最大输出量 Q_{max} 的取值，一般可从泵车的技术性能表中查得，例如 DC-S115B 型泵车为 70m³/h。

作业效率 η 的取值，一般一台搅拌运输车供料取 0.5，两台搅拌运输车同时供料取 0.7。

例：某混凝土泵的最大输出量为 70m³/h，配管条件系数为 0.8，作业效率为 0.5，那么每台混凝土泵的实际平均输出量：

$$Q_1 = 70 \times 0.8 \times 0.5 = 28(m³/h)$$

7.0.2 当混凝土泵连续作业时，每台混凝土泵配备的混凝土搅拌运输车台数，可按下式计算：

$$N = \frac{Q_1}{V}\left(\frac{L}{S} + T_t\right) \tag{7-0-2}$$

式中　N——混凝土搅拌运输车台数（台）；

Q_1——每台混凝土泵的实际平均输出量（m³/h）；

V——每台混凝土搅拌运输车的容量（m³）；

S——混凝土搅拌运输车平均行车速度（km/h）；

L——混凝土搅拌运输车往返距离（km）；

T_t——每台混凝土搅拌运输车总计停歇时间（h）。

例：假设每台混凝土泵的实际平均输出量为 28m³/h，每台混凝土搅拌运输车的容量为 12m³，混凝土搅拌运输车平均行车速度为 25km/h，混凝土搅拌运输车往返距离为 50km，每台混凝土搅拌运输车总计停歇时间为 0.5h，那么每台泵所需的搅拌运输车台数：

$$N = \frac{28}{12} \times \left(\frac{50}{25} + 0.5\right) = 2.3 \times (2 + 0.5) = 5.75 \approx 6(台)$$

8 大体积混凝土浇筑体施工阶段温度应力与收缩应力的计算

8.1 混凝土绝热温升

8.1.1 水泥水化热可按下式计算：

$$Q_0 = \frac{4}{7/Q_7 - 3/Q_3} \qquad (8\text{-}1\text{-}1)$$

式中 Q_3——在龄期 3d 时的累积水化热（kJ/kg）；

$\quad\quad Q_7$——在龄期 7d 时的累积水化热（kJ/kg）；

$\quad\quad Q_0$——水泥水化热总量（kJ/kg）。

该公式根据水泥水化热放热双曲线公式 $Q_t = \dfrac{1}{n+t}Q_0 t$ 推导而出，式中 Q_t 为龄期 td 时的累积水化热。

在有充分试验数据的前提下，也可根据指数公式 $Q_t = Q_0(1 - e^{-mt})$ 或双指数公式 $Q_t = Q_0(1 - e^{-at^b})$ 开展推算水泥水化热总量 Q_0 的工作。

例：某批次水泥 3d 水化热试验值为 218 kJ/kg，7d 水化热试验值为 259kJ/kg，试估算该水泥水化热总量。

计算过程如下：

根据所给条件，参照公式说明可知 $Q_3 = 218$kJ/kg，$Q_7 = 259$kJ/kg

则该水泥水化热总量

$$Q_0 = \frac{4}{7/Q_7 - 3/Q_3} = \frac{4}{7/259 - 3/218} = 301.5(\text{kJ/kg})$$

8.1.2 胶凝材料水化热总量应在水泥、掺合料、外加剂用量确定后，根据实际配合比通过试验得出。当无试验数据时，可按下式计算：

$$Q = kQ_0 \qquad (8\text{-}1\text{-}2)$$

式中 Q——胶凝材料水化热总量（kJ/kg）；

$\quad\quad k$——不同掺量掺合料水化热调整系数。

根据标准编制过程中的试验结果，虽然添加掺合料后 3d 和 7d 水化热下降明显，但最终水化热下降程度并没有以往传统观念所认为的那样显著。大体积混凝土项目施工过程中，需要根据项目条件，对添加掺合料之后的胶凝材料水化热总量进行测定。在无法开展该项测定工作获取试验数据，或需提前进行大体积混凝土温度场计算的情况下，本标准给出了建议的计算方法。

8.1.3 当采用粉煤灰与矿渣粉双掺时，不同掺量掺合料水化热调整系数可按下式计算：

$$k = k_1 + k_2 - 1 \qquad (8\text{-}1\text{-}3)$$

式中 k_1——粉煤灰掺量对应的水化热调整系数，取值见表8-1-1；

k_2——矿渣粉掺量对应的水化热调整系数，取值见表8-1-1。

不同掺量掺合料水化热调整系数   表 8-1-1

掺量	0	10%	20%	30%	40%	50%
粉煤灰（k_1）	1	0.96	0.95	0.93	0.82	0.75
矿渣粉（k_2）	1	1	0.93	0.92	0.84	0.79

注：表中掺量为掺合料占总胶凝材料用量的百分比。

虽然本标准中给出了矿渣粉掺合量达到50%时的建议水化热调整系数，但根据试验结果，当矿渣粉掺合量较高时，将明显提高混凝土的收缩值，这对大体积混凝土温控防裂工作是非常不利的，所以不建议使用高比例的矿渣粉掺合量。

例：某配合比混凝土粉煤灰掺量为20%，矿渣粉掺量为30%，水泥水化热总量为358kJ/kg，试计算该配比混凝土胶凝材料水化热总量。

计算过程如下：

根据所给条件，查表可知 k_1 为0.95，k_2 为0.92，$Q_0 = 358kJ/kg$

则胶凝材料水化热总量：

$$Q = kQ_0 = (k_1 + k_2 - 1)Q_0 = (0.95 + 0.92 - 1) \times 358 = 311.5(kJ/kg)$$

8.1.4 混凝土绝热温升值可按现行行业标准《水工混凝土试验规程》DL/T 5150 中的相关规定通过试验得出。当无试验数据时，混凝土绝热温升值可按下式计算：

$$T(t) = \frac{WQ}{C_\rho}(1 - e^{-mt}) \tag{8-1-4}$$

式中 $T(t)$——混凝土龄期为 t 时的绝热温升（℃）；

W——每立方米混凝土的胶凝材料用量（kg/m^3）；

C——混凝土的比热容，可取 0.92～1.00〔kJ/（kg·℃）〕；

ρ——混凝土的质量密度，可取 2400～2500（kg/m^3）；

t——混凝土龄期（d）；

m——与水泥品种、用量和入模温度等有关的单方胶凝材料对应系数。

本标准要求在大体积混凝土项目施工过程中，需对实际使用配合比的混凝土通过试验得出其随时间发展的绝热温升值，并依据该值开展后续的计算和温控防裂工作。在得到试验的最终绝热温升曲线之前，如需提前进行大体积混凝土温度场计算，用以比对不同材料和配合比的选择对最终结果的影响，可采用本标准给出的计算方法。

8.1.5 单方胶凝材料对应的系数 m 值可按下列公式计算：

$$m = km_0 \tag{8-1-5}$$

$$m_0 = AW + B \tag{8-1-6}$$

$$W = \lambda W_C \tag{8-1-7}$$

式中 m_0——等效硅酸盐水泥对应的系数；

W——等效硅酸盐水泥用量（kg）；

A、B——与混凝土施工入模温度相关的系数，按表8-1-2取内插值；当入模温度低于10℃或高于30℃时，按照10℃或30℃选取；

W_{C}——单方其他硅酸盐水泥用量（kg）；

λ——修正系数。

不同入模温度对 m 的影响值　　　　　　　　　　表 8-1-2

入模温度（℃）	10	20	30
A	0.0023	0.0024	0.0026
B	0.045	0.5159	0.9871

当使用不同品种水泥时，按表 8-1-3 的系数换算成等效硅酸盐水泥的用量。

不同硅酸盐水泥的修正系数　　　　　　　　　　表 8-1-3

名称	硅酸盐水泥		普通硅酸盐水泥	矿渣硅酸盐水泥		火山灰质硅酸盐水泥	粉煤灰硅酸盐水泥	复合硅酸盐水泥
代号	P·Ⅰ	P·Ⅱ	P·O	P·S·A	P·S·B	P·P	P·F	P·C
λ	1	0.98	0.88	0.65	0.40	0.70	0.70	0.65

对于 m 值取值的研究，在上一版本标准制定和本次标准修编过程中，除开展了大量的试验测试和上百个大体积混凝土项目现场实际测试研究外，还考察了一些国外规范，现将其中比较具有代表性的日本规范相关内容摘取，便于试图进一步了解 m 值取值规律的读者理解。

1　日本规范 JSCE 2007

对于普通硅酸盐水泥，日本规范 JSCE 2007 中系数 m 取值与单方水泥用量 c 以及混凝土入模温度 T 的关系如表 8-1-4 所示。

日本规范 JSCE 2007 中系数 m 的取值　　　　　　　　　　表 8-1-4

普通硅酸盐水泥			
入模温度（℃） 水泥用量（kg/m³）	10	20	30
200	0.435	0.724	1.137
220	0.465	0.800	1.217
240	0.495	0.876	1.297
260	0.525	0.952	1.377
280	0.555	1.028	1.457
300	0.585	1.104	1.537
320	0.615	1.180	1.617
340	0.645	1.256	1.697
360	0.675	1.332	1.777
380	0.705	1.408	1.857
400	0.735	1.484	1.937
420	0.765	1.560	2.017
440	0.795	1.636	2.097
460	0.825	1.712	2.177
480	0.855	1.788	2.257
500	0.885	1.864	2.337

由表 8-1-4 可知，当混凝土入模温度 T 一定时，系数 m 与单方水泥用量 c 的关系可以用图 8-1-1 来表示。

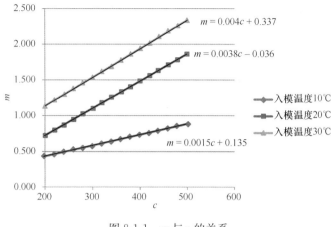

图 8-1-1 m 与 c 的关系

当单方水泥用量 c 一定时，系数 m 与混凝土入模温度 T 的关系可以用图 8-1-2 来表示。

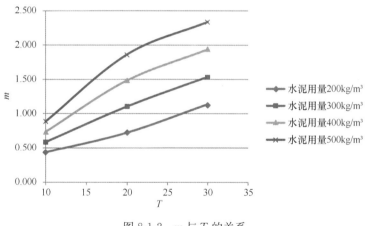

图 8-1-2 m 与 T 的关系

2 日本规范 JCI 2008

对于普通硅酸盐水泥，日本规范 JCI 2008 中系数 m 取值与单方水泥用量 c 以及混凝土入模温度 T 的关系如表 8-1-5 所示。

日本规范 JCI 2008 中系数 m 的取值   表 8-1-5

普通硅酸盐水泥			
入模温度（℃） 水泥用量（kg/m³）	10	20	30
250	0.6095	1.1275	1.6455
270	0.6547	1.1764	1.6982
300	0.7224	1.2498	1.7772

入模温度（℃） 水泥用量（kg/m³）	10	20	30
330	0.7901	1.3232	1.8562
360	0.8579	1.3966	1.9352
400	0.9482	1.4944	2.0406

由表 8-1-5 可知，当混凝土入模温度 T 一定时，系数 m 与单方水泥用量 c 的关系可以用图 8-1-3 来表示。

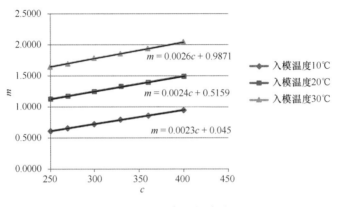

图 8-1-3　m 与 c 的关系

当单方水泥用量 c 一定时，系数 m 与混凝土入模温度 T 的关系可以用图 8-1-4 来表示。

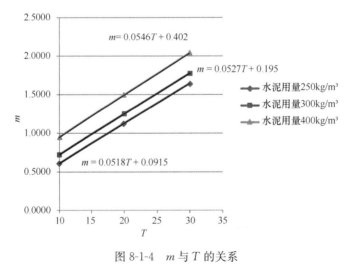

图 8-1-4　m 与 T 的关系

3　对比、分析两种规范

通过对比日本规范 JSCE 2007 和日本规范 JCI 2008 中普通硅酸盐水泥可知：

（1）两种不同规范中系数 m 在混凝土入模温度 T 一定时，都与单方水泥用量 c 成近似线性关系；而在水泥单方用量 c 一定时，规范 JSCE 2007 中系数 m 与混凝土入模温度 T

成非线性关系，规范 JCI 2008 中系数 m 与混凝土入模温度 T 成近似线性关系。

（2）混凝土入模温度 T 一定时，单方水泥用量 c 越大，系数 m 越大；水泥单方用量 c 一定时，混凝土入模温度 T 越高，系数 m 越大。

后续通过对中热硅酸盐水泥、高早强硅酸盐水泥、低热硅酸盐水泥、低热普通硅酸盐水泥、高炉矿渣水泥（B 类型）、粉煤灰水泥（B 类型）的分析，都有以上两点结论。

因此，对于任一品种的水泥，无论是日本规范 JSCE 2007 还是日本规范 JCI 2008 都近似有：

$$m = f(T)c + P$$

式中　$f(T)$、P——与混凝土入模温度和水泥品种有关的变量；

　　　c——单方水泥用量。

通过研究两种规范中 $f(T)$、P 与温度 T 的关系，发现可以近似将系数 m 的表达式与混凝土入模温度 T（$T=10$，20，30）和单方水泥用量 c 的数量关系用表 8-1-6～表 8-1-12 表示。

普通硅酸盐水泥　　　　　　　　　　　表 8-1-6

日本规范	系数 m 表达式
JSCE 2007	$m = (10^{-5}T^2 + 0.0005T - 0.0029) \times c + (0.0027T^2 - 0.0987T + 0.85)$
JCI 2008	$m = (5 \times 10^{-7}T^2 - 5 \times 10^{-6}T + 0.0023) \times c + (0.0471T - 0.4261)$

中热硅酸盐水泥　　　　　　　　　　　表 8-1-7

日本规范	系数 m 表达式
JSCE 2007	$m = (-3 \times 10^{-6}T^2 + 0.0002T - 0.0015) \times c + (0.0002T^2 - 0.009T + 0.371)$
JCI 2008	$m = (-5 \times 10^{-7}T^2 + 9 \times 10^{-5}T + 0.0006) \times c + (-5 \times 10^{-7}T^2 + 0.0068T - 0.1012)$

高早强硅酸盐水泥　　　　　　　　　　表 8-1-8

日本规范	系数 m 表达式
JSCE 2007	$m = (-1 \times 10^{-5}T^2 + 0.0004T - 0.0013) \times c + (0.0045T^2 - 0.1175T + 1.204)$
JCI 2008	$m = (-7 \times 10^{-5}T + 0.0031) \times c + (-1 \times 10^{-6}T^2 + 0.099T - 0.6014)$

低热硅酸盐水泥　　　　　　　　　　　表 8-1-9

日本规范	系数 m 表达式
JSCE 2007	$m = (5 \times 10^{-7}T^2 + 4 \times 10^{-5}T + 0.0001)c + (9 \times 10^{-5}T^2 - 0.0061T + 0.157)$

低热普通硅酸盐水泥　　　　　　　　　表 8-1-10

日本规范	系数 m 表达式
JCI 2008	$m = (6 \times 10^{-5}T + 0.0003)c + (2 \times 10^{-6}T^2 - 0.0018T + 0.2184)$

高炉矿渣水泥（B 类型）　　　　　　　表 8-1-11

日本规范	系数 m 表达式
JSCE 2007	$m = (5 \times 10^{-5}T + 0.0008)c + (0.0007T^2 - 0.0087T + 0.054)$
JCI 2008	$m = (5 \times 10^{-7}T^2 + 1 \times 10^{-5}T + 0.0018)c + (0.0216T - 0.325)$

粉煤灰水泥（B 类型）

表 8-1-12

日本规范	系数 m 表达式
JSCE 2007	$m = (2 \times 10^{-6} T^2 + 3 \times 10^{-5} T + 0.0006)c + (0.0008T^2 - 0.0146T + 0.169)$
JCI 2008	$m = (0.0001T + 0.0003)c + (0.0076T - 0.0212)$

4 系数 m 计算方法的提出

考虑到混凝土在硬化过程中的温升现象，主要是因为水泥中的熟料和石膏与水发生反应，放出热量。因此，可近似将不同品种水泥按一定比例折算成普通硅酸盐水泥。通过查阅《通用硅酸盐水泥》GB 175—2007 中水泥的组分与材料可知，熟料和石膏的质量分数如表 8-1-13 所示。

不同水泥熟料和石膏的质量分数

表 8-1-13

品种	代号	（熟料＋石膏）质量分数（%）
普通硅酸盐水泥	P·O	≥80 且＜95
硅酸盐水泥	P·Ⅰ	100
	P·Ⅱ	≥95
矿渣硅酸盐水泥	P·S·A	≥50 且＜80
	P·S·B	≥30 且＜50
火山灰质硅酸盐水泥	P·P	≥60 且＜80
粉煤灰硅酸盐水泥	P·F	≥60 且＜80
复合硅酸盐水泥	P·C	≥50 且＜80

熟料和石膏质量分数按中间取值，则不同品种水泥之间的折算比例如表 8-1-14 所示。

不同品种水泥之间的折算比例

表 8-1-14

名称	硅酸盐水泥		普通硅酸盐水泥	矿渣硅酸盐水泥		火山灰质硅酸盐水泥	粉煤灰硅酸盐水泥	复合硅酸盐水泥
代号	P·Ⅰ	P·Ⅱ	P·O	P·S·A	P·S·B	P·P	P·F	P·C
λ	1	0.98	0.88	0.65	0.40	0.70	0.70	0.65

例 1：已知某项目每方混凝土胶材组分：P·Ⅱ水泥 189kg，粉煤灰 105kg，矿粉 126kg；入模温度 $T=28℃$，试计算 m。

分析：根据表 8-1-14 的折算比例可知，

189kg P·Ⅱ水泥可折算为：$W=\lambda W_c=0.98 \times 189=185$kg P·Ⅰ硅酸盐水泥。

入模为 28℃，介于 20℃到 30℃之间，则：

$A=(0.0026-0.0024) \times (28-20)/(30-20)+0.0024=0.00256$

$B=(0.9871-0.5159) \times (28-20)/(30-20)+0.5159=0.89286$

$m_0=AW+B=0.00256 \times 185+0.89286=1.36646$

粉煤灰掺量：$105/(185+105+126)=25.2\%$；

矿粉掺量：$126/(185+105+126)=30.2\%$；

按粉煤灰 25%、矿粉 30% 计，由表 8-1-1 可知：

$$k = k_1 + k_2 - 1 = 0.94 + 0.92 - 1 = 0.86$$

$$m = km_0 = 0.86 \times 1.36646 = 1.175$$

例 2：已知某项目每立方米混凝土胶材组分：P.O 水泥 252kg，粉煤灰 97kg，矿粉 71kg；入模温度 $T = 22.6℃$，试计算 m。

252kg P.O 水泥可折算为：$W = \lambda W_c = 0.88 \times 252 = 222$kg P·Ⅰ 硅酸盐水泥。

入模温度为 22.6℃，介于 20℃ 到 30℃ 之间，则：

$$A = (0.0026 - 0.0024) \times (22.6 - 20)/(30 - 20) + 0.0024 = 0.00245$$

$$B = (0.9871 - 0.5159) \times (22.6 - 20)/(30 - 20) + 0.5159 = 0.63841$$

$$m_0 = AW + B = 0.00245 \times 222 + 0.63841 = 1.18231$$

粉煤灰掺量：$97/(222 + 97 + 71) = 24.9\%$；

矿粉掺量：$71/(222 + 97 + 71) = 18.2\%$；

由表 8-1-1 可知：

$$k = k_1 + k_2 - 1 = 0.94 + 0.93 - 1 = 0.87$$

$$m = km_0 = 0.87 \times 1.18231 = 1.028$$

8.2 混凝土收缩值的当量温度

8.2.1 混凝土收缩值宜按现行国家标准《普通混凝土长期性能和耐久性能试验方法标准》GB/T 50082 中的相关要求，通过试验得出。当无试验数据时，混凝土收缩的相对变形值可按下式计算：

$$\varepsilon_y(t) = \varepsilon_y^0 (1 - e^{-0.01t}) \cdot M_1 \cdot M_2 \cdot M_3 \cdots M_{11} \tag{8-2-1}$$

式中 $\varepsilon_y(t)$ ——龄期为 t 时，混凝土收缩引起的相对变形值；

       ε_y^0 ——在标准试验状态下混凝土最终收缩的相对变形值，取 4.0×10^{-4}；

M_1、M_2、$\cdots M_{11}$ ——混凝土收缩变形不同条件影响修正系数，可按表 8-2-1 采用。

相较于 2009 年版标准，通过进一步试验和国内外资料调查，表 8-2-1 调整了粉煤灰掺量和矿渣粉掺量修正系数，并补充了掺量为 50% 的修正系数。

1 研究的意义

粉煤灰和矿渣粉作为混凝土两种主要的矿物掺合料，研究其对混凝土收缩性能的影响意义重大。在《大体积混凝土施工规范》GB 50496—2009 中有关粉煤灰和矿渣粉对混凝土收缩的影响修正系数，只考虑掺量最多为 40%。

随着材料技术、施工工艺的不断进步，目前大量建筑工程大体积混凝凝土中的矿物掺合料已用到胶凝材料总量的 50%。为此，需要获得矿物掺合料掺量为 50% 时的收缩影响修正系数。另外现有研究得出的掺合料对收缩影响系数与标准给出的系数存在一定差距，因此提出合理的矿物掺合料对混凝土收缩影响系数对标准修订具有一定的意义。

混凝土收缩值不同条件影响修正系数 表8-2-1

水泥品种	M_1	水泥细度（m²/kg）	M_2	水胶比	M_3	胶浆量（%）	M_4	养护时间（d）	M_5	环境相对湿度（%）	M_6	$\bar{r}$	M_7	$\dfrac{E_sF_s}{E_cF_c}$	M_8	减水剂	M_9	粉煤灰掺量（%）	M_{10}	矿渣粉掺量（%）	M_{11}
矿渣水泥	1.25	300	1.00	0.3	0.85	20	1.00	1	1.11	25	1.25	0	0.54	0.00	1.00	无	1.00	0	1.00	0	1.00
低热水泥	1.10	400	1.13	0.4	1.00	25	1.20	2	1.11	30	1.18	0.1	0.76	0.05	0.85	有	1.30	20	0.90	20	1.03
普通水泥	1.00	500	1.35	0.5	1.21	30	1.45	3	1.09	40	1.10	0.2	1.00	0.10	0.76	—	—	30	0.86	30	1.07
火山灰水泥	1.00	600	1.68	0.6	1.42	35	1.75	4	1.07	50	1.00	0.3	1.03	0.15	0.68	—	—	40	0.82	40	1.12
抗硫酸盐水泥	0.78	—	—	—	—	40	2.10	5	1.04	60	0.88	0.4	1.20	0.20	0.61	—	—	50	0.80	50	1.18
—	—	—	—	—	—	45	2.55	7	1.00	70	0.77	0.5	1.31	0.25	0.55	—	—	—	—	—	—
—	—	—	—	—	—	50	3.03	10	0.96	80	0.70	0.6	1.40	—	—	—	—	—	—	—	—
—	—	—	—	—	—	—	—	14～180	0.93	90	0.54	0.7	1.43	—	—	—	—	—	—	—	—

注：1 $\bar{r}$ 为水力半径的倒数，构件截面周长（L）与截面积（F）之比，$\bar{r}=L/F$（cm⁻¹）；

2 E_sF_s/E_cF_c 为广义配筋率，E_s、E_c 为钢筋、混凝土的弹性模量（N/mm²），F_s、F_c 为钢筋、混凝土的截面积（mm²）；

3 粉煤灰（矿渣粉）掺量指粉煤灰（矿渣粉）掺量占胶凝材料总重量的百分数。

2 混凝土收缩机理

影响混凝土建筑结构耐久性最主要的因素就是混凝土开裂，混凝土收缩是引起混凝土裂缝最主要的原因。混凝土的化学减缩、干燥收缩、自收缩、温度收缩及塑性收缩是五种主要的收缩类型。无论是混凝土的自收缩还是干燥收缩，均是由于其内部失水引起的，只是失水方式不同。混凝土中的水分有化学结合水、物理—化学结合水和物理力学结合水三种。混凝土中含有大量的空隙、粗孔及毛细孔，这些孔隙中存在水分，水分的活动影响到混凝土的一系列性质，特别是产生"湿度变形"的性质对裂缝控制有重要作用。

当混凝土承受干燥作用时，首先是大空隙及粗毛细孔中的自由水分因物理力学结合遭到破坏而蒸发，这种失水不引起收缩，但细孔及微毛细孔由于环境的干燥作用会产生毛细压力，水泥石承受这种压力后产生压缩变形而收缩，即"毛细收缩"，是混凝土收缩变形的一部分。待毛细水蒸发以后，开始进一步蒸发物理—化学结合的吸附水，首先蒸发晶格间水分，其次蒸发分子层中的吸附水，这些水分的蒸发引起显著的混凝土压缩，产生"吸附收缩"，是收缩变形的主要部分。

1）混凝土干燥收缩机理

目前对干燥收缩的机理研究比较系统，归纳起来有以下四种学说：

（1）毛细管张力学说

平面状态水的饱和蒸汽压取决于温度。而硬化水泥内部的毛细孔水，由于液面成曲面，比平面状态水的饱和蒸汽压低。毛细管负压是平液面水的饱和蒸汽压与弯液面水的饱和蒸汽压之差。毛细管负压与毛细管半径有以下关系：

$$\Delta P = \frac{2\gamma\cos\theta}{r_0}$$

式中　　ΔP——弯液面负压值；

　　　　γ——表面张力；

　　　　θ——水与水泥石的接触角；

　　　　r_0——毛细管半径。

因此当混凝土所处的环境相对湿度降低时，毛细管水的蒸发，使临界半径减小，毛细管负压增大。负压作用在毛细管周围管壁上产生压应力，使水泥石产生收缩。当相对湿度降低时，毛细管负压引起的应力升高相当迅速，因此产生很大的干燥收缩。计算表明当相对湿度降到40%~50%时，相对应的毛细管临界半径在$25\mu m$左右，此时毛细管负压已超过水的表面张力，毛细管水已不能稳定存在。

（2）拆开压力学说

水泥石中的凝胶体在范德华力作用下，吸引周围的胶体颗粒，并使其相邻表面紧密接触。当凝胶体表面吸附水时产生拆开压力（由吸附膜中水分子的取向决定）。拆开压力随水膜厚度的增加（相对湿度的增加）而增大。当拆开压力超过范德华力时，迫使凝胶颗粒分开引起膨胀。与此相反，相对湿度降低时，拆开压力减小，凝胶颗粒继续在范德华力的作用下吸引在一起，产生收缩。资料表明，相对湿度在50%~80%内变化时，拆开压力才发生变化。

（3）凝胶体颗粒表面变化学说

表面能变化引起的收缩是指凝胶颗粒表面自由能随湿度的变化而引起的收缩。当固体微粒表面吸附一层水膜时，在水的表面张力作用下固体微粒受压力。该压力可用下式表示：

$$P_{sfe} = \frac{2\sigma S}{3}$$

式中　　P_{sfe} ——固体微粒表面所受的压力；

　　　　σ ——水的表面自由能；

　　　　S ——固体的比表面积。

C-S-H 凝胶体具有很大的比表面积 S，因此表面自由能 σ 的变化，可引起的较大变化，从而使凝胶体系发生体积变化。相对湿度在 20%～50% 范围内，σ 随相对湿度的变化而变化。而相对湿度较大时，由于凝胶体颗粒表面吸附多层吸附水，故产生的压力极小，可以忽略不计。

（4）层间水迁移学说

凝固后的水泥石是由水泥水化产物、未水化水泥颗粒、水和少量的空气组成的固-液-气三相多孔体系。随着水泥水化的进展，原来充水空间减少，而没有被水化产物填充的那一部分空间，形成毛细孔。水泥的水化产物 C-S-H 凝胶彼此交叉和连生，内部存在大量的凝胶孔，孔中充满了凝胶水。

层间水迁移引起的收缩，是指存在于 C-S-H 凝胶内层区的层间水随着相对湿度的降低，产生较大的能量梯度，从而使层间水向外迁移产生的收缩。有研究者认为，C-S-H 的层间水在低相对湿度条件下才失去，并对收缩有显著的影响，尤其是对不可逆收缩产生很大的影响，其程度比表面自由能或拆开压力等的影响大得多。层间水只有在凝胶水蒸发或受挤压时向外迁移。水泥石内部相对湿度大于 50% 时，毛细管水仍稳定存在，因此凝胶水也能稳定存在，故不会引起层间水的迁移。只有在相对湿度很低的条件下，才发生因层间水迁移引起的收缩。

2）混凝土自收缩机理

干燥收缩随着失水程度的不同，以上四种理论所说的收缩机理均有可能，即随着相对湿度的变化应以不同的理论解释干燥收缩的发生。但自收缩是在密封环境下发生的，这种环境下相对湿度的变化只是在一定范围内。试验表明，混凝土内部自干燥引起的"本征相对湿度"（水泥石或混凝土试件中留有的空洞内相对湿度或试件放入密封容器内的相对湿度）不低于 75%，而实际混凝土内部相对湿度应高于"本征相对湿度"。此外，从混凝土中水分组成看，凝胶水和水化水均不参加水化反应，故自干燥现象只发生在毛细孔中。可见自干燥引起的收缩机理符合毛细管张力学说。

水泥石内部的毛细孔，其孔径由大到小在一定范围内分布。随着胶凝材料的水化，水泥石内部的毛细孔水逐步减少，因此弯月面从大孔隙向小孔隙迁移，毛细管临界半径降低，孔隙内部产生的负压增加，混凝土产生收缩。

混凝土早期自收缩的影响因素比较复杂，既有其自生组成材料的作用，又有养护环境的作用。目前许多商品混凝土生产商、建筑和科研单位都在积极开展泵送混凝土的收缩试验研究，以期通过深入了解组成材料对混凝土收缩的影响，使商品混凝土在满足施工性能和强度等级要求的前提下，实现收缩最小的配比优化。但是，在相当多的收缩试验报道中，不同的研究者往往得出了不同甚至相反的结论，使混凝土的生产者无所适从。这一方面说明材料对混凝土收缩影响的复杂性；另一方面，收缩研究中采用的试验方法值得探讨。

3 矿物掺合料对混凝土收缩影响研究

目前，高性能混凝土生产技术有两个共同的特点：一是掺有较多的磨细活性掺合料；二是采用较低的水胶比。加入矿物掺合料代替部分水泥是配制高性能混凝土最常用方法，其中矿物掺合料种类主要有粉煤灰、矿渣粉等。矿物掺合料在混凝土中的应用，不仅满足可持续发展的要求，且可改善新拌混凝土的工作性、调整实际构件中混凝土强度的发展、提高抗化学侵蚀的能力、增强混凝土的耐久性。矿物掺合料的掺入必然改变水泥各组分的水化环境，进而影响水化历程和水化机理，改变水化产物的各项特征，最终表现为对材料宏观性能的影响。

关于矿物掺合料对高性能混凝土早期自收缩的影响研究已有较多报道，但是一些研究结果之间还存有分歧，这主要是由于各掺合料对混凝土早期自收缩的影响比较复杂，与掺合料种类、掺量、活性、细度及龄期等因素相关。不同掺合料对自收缩的影响不同。研究者们的试验结果表明：合理使用矿物掺合料能使混凝土更为致密，有利于减少自收缩，同时增加和易性、降低泌水性、提高泵送性能和减少水泥用量。但是，如果使用不当，反而会增大收缩。

1）粉煤灰对混凝土收缩影响

粉煤灰作为主要矿物掺合料应用于混凝土中，已有五六十年的历史，而且大掺量粉煤灰高性能混凝土在工程中的应用逐渐增加。混凝土中掺入粉煤灰，不仅可以降低用水量、改善拌和物的和易性，而且还可以提高混凝土的后期强度与耐久性。因此，研究粉煤灰对高性能混凝土早期自收缩的影响显得十分重要。

（1）粉煤灰的特性

粉煤灰属于火山灰质材料，其活性主要取决于 SiO_2 和 Al_2O_3 的含量，同时 CaO 的存在对于粉煤灰的活性极为有利。粉煤灰的颗粒形态、粒径及表面情况对其活性影响很大。一般情况下，粉煤灰细度越细，越有利于发挥潜在的活性。通过扫描电镜观察到，粉煤灰是多种粒径颗粒的聚集体，其中绝大部分呈实心球状玻璃体结构，还有少量的莫来石、石英等结晶物质。

我国的粉煤灰大部分是铝硅质粉煤灰，其主要分类标准如表8-2-2所示。《高强与高性能混凝土用粉煤灰应用技术要求》建议高强高性能混凝土采用Ⅰ、Ⅱ两个等级的粉煤灰。

我国粉煤灰分类标准   表 8-2-2

序号	类别	Ⅰ	Ⅱ	Ⅲ
1	细度（0.08mm 筛余%）不大于	5	8	25
2	烧失量（%）不大于	5	8	15
3	需水量（%）不大于	95	105	115
4	三氧化硫（%）不大于	3	3	3
5	含水率（%）不大于	1	1	不作规定

（2）粉煤灰对混凝土早期自收缩影响规律

混凝土早期自收缩随粉煤灰掺量的增加而减小。文献研究结果表明，与基准混凝土相比，随着粉煤灰掺量的增加，混凝土早期自收缩明显减小。粉煤灰掺量20%、40%使混凝土1d时自收缩分别减小了29.7%、45%；3d时自收缩减小率分别为20.5%、38.1%。

同时，由于粉煤灰对混凝土早期自收缩具有"滞后效应"，掺入粉煤灰的混凝土同基准混凝土相比，粉煤灰掺量在0～30%范围内，自收缩值随粉煤灰掺量的增加而降低。

图 8-2-1 及图 8-2-2 反映出混凝土早期自收缩随粉煤灰掺量增加而降低的规律，粉煤灰对自收缩的降低作用与其掺量成比例。

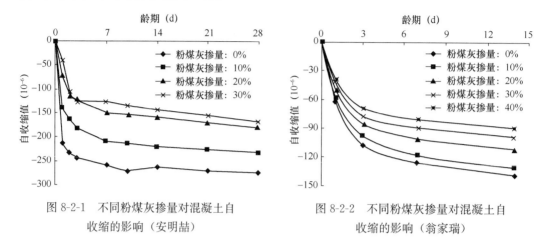

图 8-2-1 不同粉煤灰掺量对混凝土自收缩的影响（安明喆）

图 8-2-2 不同粉煤灰掺量对混凝土自收缩的影响（翁家瑞）

粉煤灰对自收缩的影响与其参与火山灰反应的能力与速度有关。掺加粉煤灰的混凝土，其内部结构的形成与粉煤灰—水泥体系的水化硬化过程密切相关。在粉煤灰混凝土中，粉煤灰在早期基本不参与水化反应，而只起到填充作用。

由于粉煤灰早期较少参与水化反应，因此混凝土中掺加大量的粉煤灰相当于早期用水量不变的情况下，降低水泥用量，从而早期单位体积混凝土中水化产物量少，水泥石硬化体结构相对疏松。粉煤灰混凝土早期的微结构特点，特别是 3.2nm～100nm 的孔径范围的孔含量的降低，可降低混凝土内部的早期自干燥速度，显著降低早期自收缩。后期粉煤灰的继续水化使水泥石内部自干燥程度提高，但是此时混凝土已有较高的弹性模量和很低的徐变系数，因此在相同自干燥程度下产生的自收缩同早期相比小得多。粉煤灰的这种作用可称为"能量滞后释放效应"。

另外，掺入粉煤灰，会与混凝土中的 $Ca(OH)_2$ 发生二次水化反应。随着粉煤灰掺量的增加，混凝土的柱状钙矾石（AFt）和针状钙矾石（AFt）开始出现，并且数量也逐渐增加，由于 AFt 会产生微膨胀，所以 AFt 数量的增加可以有效地减少混凝土的自收缩和干燥收缩，增加混凝土的强度；随着粉煤灰掺量的增加，六角薄板层状 $Ca(OH)_2$ 晶体的数量呈下降趋势，可以观测到大量的 $Ca(OH)_2$ 在骨料界面区富集的现象，由于 $Ca(OH)_2$ 晶体比较脆弱，所以 $Ca(OH)_2$ 的富集会给高性能混凝土的强度及干燥收缩、自收缩带来不利的影响；随着粉煤灰掺量的增加，水化物的结构变得越来越致密，整体性也更好；骨料界面区的水化物增加，水化物的尺寸变大，与骨料的结合也更牢固；粉煤灰颗粒表面的水化物在 3d 龄期时，都比较少，这是由于 3d 龄期时，粉煤灰表面的玻璃体结构比较致密，C-S-H 等水化物无法与粉煤灰发生二次水化反应，所以附着在粉煤灰颗粒表面的水化物就比较少。

同时随着龄期的增长，混凝土中的针状、柱状 AFt 的尺寸逐渐增大，且更清晰，六角薄板层状 $Ca(OH)_2$ 在 7d、28d 龄期时，已经观测不到了，说明 $Ca(OH)_2$ 被反应殆尽，且随着混凝土中碱度的降低，出现了形状不规则的片状单硫型水化硫铝酸钙（AFm）；随着龄期的增长，粉煤灰颗粒表面的致密玻璃体逐渐被水泥浆体腐蚀溶解，并发生二次水化反应，且反应速度有加快的趋势，这样粉煤灰颗粒表面的 C-S-H 凝胶逐渐增多，并形成一个包裹粉煤灰颗粒的 C-S-H 凝胶层，凝胶层会向粉煤灰颗粒内部发展，凝胶层的厚度将逐渐增加，直到粉煤灰颗粒被反应殆尽；随着龄期的增长，水化物的结构变得更加致密，各种水化物会连成一片，形成一个整体，使混凝土的强度得到持续的提高，并减少混凝土收缩的影响。

可见掺入粉煤灰对早期自收缩的降低作用显著，这将有利于防止或减轻混凝土早期开裂。

综上所述，目前大量研究表明：虽然粉煤灰对混凝土早期抗压强度的发展具有不利影响，但对后期强度的发展具有提升效果；粉煤灰的掺入，抑制了混凝土的早期收缩，从而使混凝土的早期开裂风险得到了降低，有助于提高其耐久性。

（3）粉煤灰对混凝土收缩影响研究方案

为研究粉煤灰对混凝土收缩的影响，采用对比试验的方法，分别制作四种（C30、C40、C50、C60）混凝土强度等级的纯水泥+聚羧酸减水剂的基准混凝土组和掺量 50% 粉煤灰的混凝土组，分别进行接触式和非接触式收缩试验以及相关的力学性能试验。记录龄期为 3d、7d、14d、28d、45d、60d、120d、140d 的收缩值以及龄期为 28d 的抗压强度值。最终分别求取 C30、C40、C50、C60 四组中粉煤灰掺量为 50% 的混凝土收缩影响系数（与纯水泥+聚羧酸减水剂的基准组收缩对比、以 28d 收缩数据计算），取其均值为本标准的 M_{10}（下文粉煤灰掺量为 50% 的收缩影响系数用 $M_{粉煤灰50\%}$ 表示）。

2）高炉矿渣粉对混凝土收缩的影响

近年来，随着高性能混凝土的迅速崛起，高炉矿渣粉在此领域得到了广泛的应用。在混凝土中掺入矿渣粉，不仅可以降低混凝土的水化热、抑制碱-骨料反应、提高抗硫酸盐与海水的腐蚀能力，而且还具有改善拌和物的工作性、减少泌水量、提高早期强度等作用。

（1）高炉矿渣粉的特性

矿渣粉作为混凝土矿物外加剂，可配制出高强、大流动度混凝土，具有显著的技术经济效益。

高炉矿渣主要由 SiO_2、Al_2O_3、CaO 等氧化物组成，这三种氧化物占 90% 以上。另外，还含有少量的 MgO、FeO 及一些硫化物。同硅酸盐水泥熟料相比，矿粉的 CaO 含量低、SiO_2 含量高。矿粉是粒化高炉矿渣经过粉磨后的粉体材料，由于其本身兼具有胶凝性和火山灰活性，既可以作为水泥掺合材，也可以经过加工后作为混合材直接掺入混凝土中。

根据熔融矿渣的冷却方法，可将高炉矿渣分为"硬矿渣"与"水淬渣"。前者由熔融状态慢慢冷却结晶而成，其活性很小。后者则从熔融状态急速冷却，形成以玻璃体为主的结构，具有很高的活性。

混凝土中掺入磨细水淬矿渣粉（以下简称为矿粉）时，水泥水化产物 $Ca(OH)_2$ 分解出的 OH^- 离子进入矿渣玻璃体网状结构的内部空穴，与活性阳离子相互作用使矿渣分散和溶解。从化学角度上 $Ca(OH)_2$ 与矿粉中的活性 SiO_2 和活性 Al_2O_3 反应，生成 C-S-H 和 C_3AH_6 等水化产物。由此可知，矿粉的水化与水泥水化产物 $Ca(OH)_2$ 的生成速度密切相关。

（2）矿粉对混凝土早期自收缩影响规律

矿粉对混凝土早期自收缩的影响规律，以及对混凝土性能的改善，许多学者对矿粉混凝土的相关性能进行了研究，且不同研究者的研究结论具有很大差异，本节对这些结论进行了总结与分析。

大部分研究者认为，它对混凝土的自收缩的影响与其细度有关。通常使用与水泥细度相当的矿粉时，混凝土自收缩可随矿粉掺量的增加而稍有减少。但当矿粉细度超过 $4000cm^2/g$ 时，混凝土的自收缩会随矿粉掺量的增加而增加，其原因是矿粉的活性更高，加速了混凝土内部相对湿度的降低。但当掺量超过一定量后，未反应的颗粒增多，对混凝土收缩又起抑制作用。

超细矿粉（比表面积为 $7300cm^2/g$）对混凝土自收缩的影响与普通矿粉不同。它们的主要差别在于普通矿粉对混凝土早期（3d）自收缩有抑制作用，掺得越多，作用越大，而超细矿粉则增加了混凝土的早期自收缩；其次，在同配比条件下，不论早期、后期，所有掺超细矿粉混凝土的自收缩值均比掺普通矿粉混凝土的大。3d 自收缩增加 $27\%\sim42\%$；90d 则增加 $6\%\sim9\%$。早期增幅大，后期增幅小；早期增幅有随掺量增加的趋势，后期增幅则有随掺量减小的趋势。

鉴于目前的研究状况，本文通过比较分析，采取绝大多数研究者的观点，以矿粉细度 $4000cm^2/g$ 作为分界点，当矿粉细度小于 $4000cm^2/g$ 时，混凝土自收缩随矿粉掺量的增大而减小。

当矿粉细度大于 $4000cm^2/g$ 时，矿粉对混凝土早期自收缩的影响不但与掺量有关，而且还与龄期有关。张树青与安明喆的研究结果均表明，矿粉对混凝土自收缩的发展有"滞后效应"，起着前抑后扬的影响。矿粉掺量在 $0\sim40\%$ 范围内，3d 前的自收缩随矿粉掺量的增加而降低，但是 3d 后自收缩增长速度随矿粉掺量的增加而增大，使后期（10d 以后）的自收缩值随矿粉掺量的增加而增大。张树青等人指出，当水胶比为 0.4，掺量由 20% 增大至 50% 时，基准混凝土的 3d 自收缩值下降幅度由 17% 左右增大至 24%；而 90d 自收缩值随掺量增加而增大，增大幅度由 5% 增大到 11%。

从上面的研究现状可以看出，目前试验以及工程中矿粉掺量已经达到 50%，但是原标准中矿粉收缩影响系数只有 40% 的掺量，因此需要开展矿粉掺量为 50% 的试验研究。

矿粉水化引起的内部结构的变化与它的水化过程密切相关。增加矿粉掺量时，相对降低了水泥用量，因此早期 $Ca(OH)_2$ 的生成速度减小，随之矿粉的水化速度减慢，这使得混凝土 3d 前的水化程度随矿粉掺量的增加而降低，从而导致粗毛细孔含量增加，细毛细孔含量减少，内部结构变得疏松。水化程度的降低使得 3d 前毛细孔细化速度与毛细孔水的消耗速度减慢，因此临界半径的减小速度减慢，这使同龄期的毛细管负压大幅度降低，从而使混凝土 3d 前的自收缩水矿粉掺量的增大而减小。

3d 后水泥的水化提供了较多的 $Ca(OH)_2$，这将促使矿粉快速水化，同时水泥的水化已经变得很慢，因此体系水化速度随矿粉掺量($0\sim40\%$)的增加而增大，使混凝土体系的自干燥速度随矿粉掺量的增加而增大。因此，3d 后自收缩的增长速度随矿粉掺量的增加而增大。

（3）矿粉对混凝土收缩影响研究方案

为研究高炉矿渣粉对混凝土收缩的影响，采用对比试验的方法，分别制作四种（C30、C40、C50、C60）混凝土强度等级的纯水泥＋聚羧酸减水剂的基准混凝土组和掺量 50% 矿渣粉的混凝土组，分别进行了接触式和非接触式收缩试验以及相关的力学性能试验。记录龄期为 3d、7d、14d、28d、45d、60d、120d、140d 的收缩值以及龄期为 28d

的力学性能。最终分别求取 C30、C40、C50、C60 四组中掺量为 50％矿粉的混凝土收缩影响系数（与纯水泥＋聚羧酸减水剂的基准组收缩对比、以 28d 收缩数据计算），取其均值为本标准的 M_{11}（下文矿粉掺量为 50％的收缩影响系数用 $M_{矿粉50\%}$ 表示）。

4　混凝土收缩试验

混凝土的自收缩是由于混凝土内部结构的微细孔内自由水量的不足且相对湿度自发减少而引起的自干燥，并导致了混凝土的收缩变形。其测试方法不仅要保证试件处于恒温绝湿的条件，同时要保证试件的收缩不受外部因素而限制。国内外许多学者根据各自的研究与实际情况提出了不同的测试方法。本指南收缩测试方法主要有接触式和非接触式以及自生体积变形测试方法，此外还做了混凝土立方体抗压强度试验。

1）接触式收缩试验方法

依据《普通混凝土长期性能和耐久性能试验方法标准》GB/T 50082—2009 规定，接触式混凝土收缩测试方法适用于测定在无约束和规定的温度条件下硬化混凝土试件的收缩变形性能。

本方法采用尺寸为 100mm×100mm×515mm 棱柱体试件，在试件两端预埋侧头或留有埋设测头的凹槽，试件成型 1d 后拆模，随即用一层塑料薄膜进行密封并测定基准长度，用磁性表座固定千分表进行收缩数据的采集，具体收缩试验的示意图如图 8-2-3 所示。将

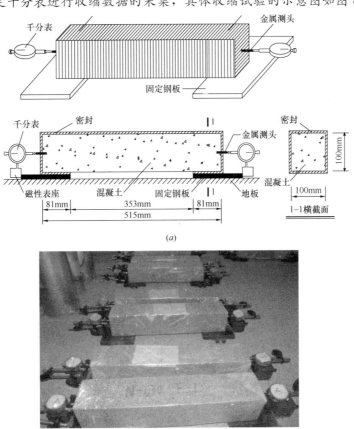

(a)

(b)

图 8-2-3　接触式混凝土收缩测试方法

(a) 接触式收缩试验装置；(b) 自由收缩试件实物俯视

试件放置在不吸水的搁架上，底面架空，每个试件之间的间隙大于30mm。棱柱体试件共浇筑16个。

2）非接触式收缩试验方法

本方法依据《普通混凝土长期性能和耐久性能试验方法标准》GB/T 50082—2009规定，主要适用于测定早龄期混凝土自由收缩变形，也可以用于无约束状态下混凝土自收缩变形的测定，除了测试试件的收缩变形，还同步记录了环境温湿度和混凝土内部温度。

收缩试件采用100mm×100mm×550mm的钢试模，每组工况做三个平行的试件，具体测试装置见图8-2-4。

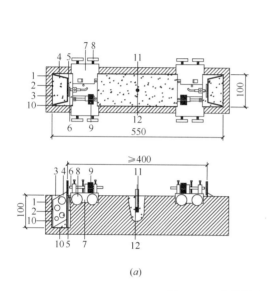

图8-2-4　非接触式收缩测试装置

（a）非接触式收缩测试装置；（b）非接触式收缩试件俯视图

1—钢模；2—薄膜；3—混凝土；4—形钢靶；5—标准靶；6—传感器；

7—传感器支架；8—紧固螺栓；9—装配螺钉；10—特氟纶板；

11—温度传感器；12—PVC管

采用这种非接触式方法测定混凝土收缩变形，可以将测试起点提前到浇筑成型即开始测量，然后根据混凝土初凝时间确定自收缩的起点。

3）混凝土力学性能试验

国家标准《普通混凝土力学性能试验方法标准》GB/T 50081—2002规定，混凝土抗压强度试验以150mm×150mm×150mm立方体试件为研究对象。每组试验设置三个边长为150mm的立方体试件。使用压力试验机（图8-2-5）以0.8MPa/s的速率连续均匀地加载，并将试件破坏时（图8-2-6）的荷载记录下来。

混凝土立方体抗压强度计算公式见下式：

$$f_c = F/A$$

式中　f_c——混凝土立方体抗压强度（MPa，精确到0.1MPa）；

　　　F——破坏荷载（N）；

　　　A——立方体试件的承压面积（mm²）。

图 8-2-5　立方体抗压强度试验　　　　　图 8-2-6　抗压强度试验-破坏后

5　掺量为 50% 粉煤灰的混凝土收缩试验结果分析

1）配合比设计

基准混凝土组和掺量为 50% 粉煤灰混凝土组的试验试件编号，分别为 C30-P、C40-P、C50-P、C60-P、C30-F、C40-F、C50-F 和 C60-F。前 4 组是没有掺粉煤灰的混凝土，水胶比分别为 0.45，0.39，0.34，0.30，具体配合比见表 8-2-3；后 4 组是粉煤灰掺量为 50% 的混凝土，水胶比分别为 0.45，0.39，0.34，0.30，具体配合比见表 8-2-4。

普通混凝土的配合比（kg/m³）　　　　　　　　　　　　　表 8-2-3

工况	水胶比	水	水泥	粉煤灰	砂子	石子	减水剂
C30-P	0.45	144	320	0	845	1080	6.4（2%）
C40-P	0.39	156	400	0	775	1070	8.0（2%）
C50-P	0.34	160	470	0	738	1062	9.4（2%）
C60-P	0.30	159	530	0	708	1062	10.6（2%）

粉煤灰混凝土的配合比（kg/m³）　　　　　　　　　　　　表 8-2-4

工况	水胶比	水	水泥	粉煤灰	砂子	石子	减水剂
C30-F	0.45	144	160	160	845	1080	6.4（2%）
C40-F	0.39	156	200	200	775	1070	8.0（2%）
C50-F	0.34	160	235	235	738	1062	9.4（2%）
C60-F	0.30	159	265	265	708	1062	10.6（2%）

试验选用冀东 P.O42.5 级普通硅酸盐水泥，北京冶建特种材料有限公司产聚羧酸减水剂，石景山热电厂Ⅱ级粉煤灰。

2）混凝土抗压强度

混凝土 28d 实测抗压强度如表 8-2-5 所示。

混凝土 28d 立方体抗压强度　　　　　　　　　　表 8-2-5

试件编号	基准混凝土（MPa）		50％粉煤灰混凝土（MPa）	
	实测强度	均值	实测强度	均值
C30	50.5、49.8、46.3	48.8	32.1、35.2、29.8	32.4
C40	57.6、52.0、50.6	53.4	41.1、52.6、40.0	44.6
C50	58.8、62.0、61.7	60.8	47.4、44.0、49.8	47.1
C60	62.4、66.6、64.6	64.5	51.4、51.4、51.1	51.3

3）收缩试验结果分析

（1）试件设计

试件工况主要分为接触式和非接触式两种工况，具体工况及其编号如表 8-2-6 所示。表 8-2-6 中字母 N 代表接触式收缩，U 代表非接触式收缩。

具体工况及其编号　　　　　　　　　　表 8-2-6

序号	编号	试件尺寸	水胶比
1	C30-F	150mm×150mm×150mm	
2	N-C30-F	100mm×100mm×515mm	0.45
3	U-C30-F	100mm×100mm×550mm	
4	C40-F	150mm×150mm×150mm	
5	N-C40-F	100mm×100mm×515mm	0.39
6	U-C40-F	100mm×100mm×550mm	
7	C50-F	150mm×150mm×150mm	
8	N-C50-F	100mm×100mm×515mm	0.34
9	U-C50-F	100mm×100mm×550mm	
10	C60-F	150mm×150mm×150mm	
11	N-C60-F	100mm×100mm×515mm	0.30
12	U-C60-F	100mm×100mm×550mm	

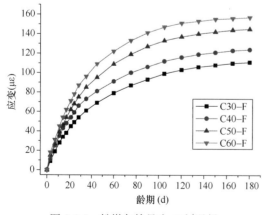

图 8-2-7　粉煤灰掺量为 50％混凝土自收缩随时间的变化

（2）试验结果

分别采用接触式和非接触式收缩试验方法进行混凝土的自收缩试验，记录了龄期为 3d、7d、14d、28d、45d、60d、90d、120d、140d、180d 的收缩变形，取每个工况三个试件的收缩测试值的均值作为最终结果。随龄期的混凝土收缩变形见图 8-2-7 所示。

依据龄期为 28d 的收缩测试值，试验数据处理时取每个工况三个试件的收缩测试值的均值，最后分别求四种强度等级的混凝土收缩值的粉煤灰影响修正系数，取

其均值为本标准的 $M_{粉煤灰50\%}$。试验数据处理结果见表 8-2-7 所示。

接触式及非接触式收缩试验下粉煤灰的收缩影响修正系数 表 8-2-7

强度等级		C30	C40	C50	C60	均值
接触式收缩试验	0%粉煤灰	70	82	93	102	—
	50%粉煤灰	54	66	75	87	—
	$M_{粉煤灰50\%}$	0.77	0.80	0.81	0.85	0.81
非接触式收缩试验	0%粉煤灰	144	168	190	211	—
	50%粉煤灰	115	131	153	166	—
	$M_{粉煤灰50\%}$	0.80	0.78	0.81	0.79	0.80

大部分学者的研究表明,随着粉煤灰掺量的增加,混凝土自收缩呈下降趋势。本指南的试验结果也表明,混凝土的自收缩随着粉煤灰掺量的增加而减小。

粉煤灰对混凝土收缩值影响修正系数 M_{10} 取值建议如图 8-2-8 所示。

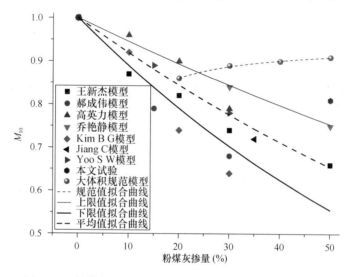

图 8-2-8 粉煤灰对混凝土收缩值影响修正系数 M_{10} 取值建议

M_{10} 建议值分析:对应粉煤灰掺量为 20%、30% 和 40% 的 M_{10} 取平均值作为建议值,对应粉煤灰掺量为 50% 的 M_{10} 建议值取值参考本指南接触式收缩试验结果取 0.80。

收缩影响系数 M_{10} 建议值如表 8-2-8 所示。

收缩影响系数 M_{10} 建议值 表 8-2-8

粉煤灰掺量	0	20%	30%	40%	50%
建议值	1.00	0.90	0.86	0.82	0.80

6 掺量为 50% 高炉矿渣粉的混凝土收缩试验结果分析

1) 配合比设计

基准混凝土组和掺量为 50% 矿渣粉混凝土组的试验试件编号,分别为 C30-P、C40-P、C50-P、C60-P、C30-S、C40-S、C50-S 和 C60-S。前 4 组是没有掺矿渣粉的混凝土,水胶比分别为 0.45，0.39，0.34，0.30，具体配合比见表 8-2-9；后 4 组是矿渣粉掺量为 50%的混凝土，水胶比分别为 0.45，0.39，0.34，0.30，具体配合比见表 8-2-10。与纯水泥＋聚羧酸减水剂的基准组收缩对比、以 28d 收缩数据计算，取其均值为本标准的 $M_{矿粉50\%}$。

普通混凝土的配合比（kg/m³）　　　　表 8-2-9

工况	水胶比	水	水泥	矿粉	砂子	石子	减水剂
C30-P	0.45	144	320	0	845	1080	6.4（2%）
C40-P	0.39	156	400	0	775	1070	8.0（2%）
C50-P	0.34	159.8	470	0	738	1062	9.4（2%）
C60-P	0.30	159	530	0	708	1062	10.6（2%）

矿粉混凝土的配合比（kg/m³）　　　　表 8-2-10

工况	水胶比	水	水泥	矿粉	砂子	石子	减水剂
C30-S	0.45	144	160	160	845	1080	6.4（2%）
C40-S	0.39	156	200	200	775	1070	8.0（2%）
C50-S	0.34	159.8	235	235	738	1062	9.4（2%）
C60-S	0.30	159	265	265	708	1062	10.6（2%）

试验选用冀东 P·O42.5 级普通硅酸盐水泥，北京冶建特种材料有限公司产聚羧酸减水剂，北京上联首丰建材有限公司 S95 级磨细矿粉。

2）混凝土抗压强度

混凝土 28d 实测强度如表 8-2-11 所示。

混凝土 28d 立方体抗压强度　　　　表 8-2-11

试件编号	普通混凝土（MPa）		50%矿粉（MPa）	
	实测强度	均值	实测强度	均值
C30	50.5、49.8、46.3	48.8	44.1、44.5、44.4	44.3
C40	57.6、52.0、50.6	53.4	44.6、50.9、40.0	45.2
C50	58.8、62.0、61.7	60.8	56.9、57.3、57.5	57.2
C60	62.4、66.6、64.6	64.5	63.8、62.7、64.5	63.7

3）收缩试验结果分析

（1）试件设计

试件工况主要分为接触式和非接触式两种工况，具体工况及其编号如表 8-2-12 所示。表 8-2-12 中字母 N 代表接触式收缩，U 代表非接触式收缩。

具体工况及其编号　　　　表 8-2-12

序号	编号	试件尺寸	水胶比
1	C30-S	150mm×150mm×150mm	
2	N-C30-S	100mm×100mm×515mm	0.45
3	U-C30-S	100mm×100mm×550mm	

续表

序号	编号	试件尺寸	水胶比
4	C40-S	150mm×150mm×150mm	
5	N-C40-S	100mm×100mm×515mm	0.39
6	U-C40-S	100mm×100mm×550mm	
7	C50-S	150mm×150mm×150mm	
8	N-C50-S	100mm×100mm×515mm	0.34
9	U-C50-S	100mm×100mm×550mm	
10	C60-S	150mm×150mm×150mm	
11	N-C60-S	100mm×100mm×515mm	0.30
12	U-C60-S	100mm×100mm×550mm	

（2）试验结果分析

表 8-2-9 和表 8-2-10 的 8 个工况的混凝土分别采用接触式收缩和非接触式收缩试验方法进行混凝土的自收缩试验，记录龄期为 3d、7d、14d、28d、45d、60d、90d、120d、140d、180d 的收缩变形，试验数据处理时取每个工况三个试件的收缩测试值的均值作为最终结果。随龄期的混凝土收缩变形如图 8-2-9 所示。

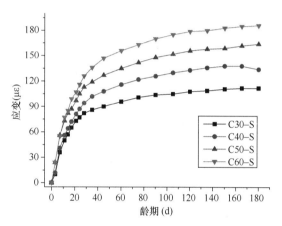

图 8-2-9　矿粉掺量为 50％时混凝土自收缩随时间的变化

依据龄期为 28d 的收缩测试值，试验数据处理时取每个工况三个试件的收缩测试值的均值，最后分别求四种强度等级的混凝土收缩值的矿渣粉影响修正系数，取其均值为本标准的 $M_{矿粉50\%}$。试验数据处理结果如表 8-2-13 所示。

接触式及非接触式收缩试验下矿粉的收缩影响修正系数　　表 8-2-13

强度等级		C30	C40	C50	C60	均值
接触式收缩试验	0％矿粉	70	82	93	102	—
	50％矿粉	82	94	113	126	—
	$M_{矿粉50\%}$	1.17	1.15	1.21	1.23	1.19
非接触式收缩试验	0％矿粉	144	168	190	211	—
	50％矿粉	170	203	230	255	—
	$M_{矿粉50\%}$	1.18	1.21	1.21	1.20	1.20

已有学者开展了矿粉对混凝土自收缩影响系数研究，并基于试验数据建立了各种矿粉混凝土自收缩预测模型，现有研究成果和本文试验研究结果对比分析如图 8-2-10 所示。

由图 8-2-10 可以得出：

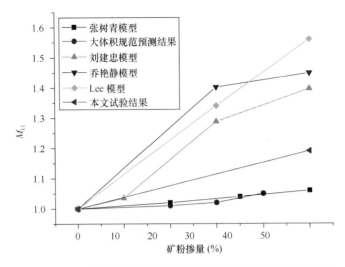

图 8-2-10 不同矿粉掺量的混凝土自收缩影响系数的变化曲线

① 随着矿粉掺量的增加，混凝土自收缩呈增大趋势。

② 基于本指南开展的试验以及已有学者所预测的模型可以看出，原标准中矿粉的混凝土收缩影响系数 M_{11} 偏小。

矿粉的混凝土收缩值影响系数 M_{11} 取值建议如图 8-2-11 所示。

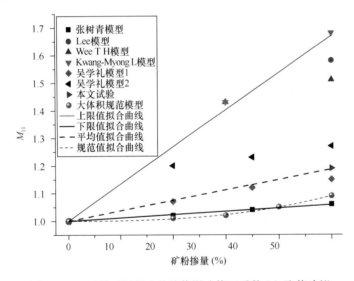

图 8-2-11 矿粉对混凝土收缩值影响修正系数 M_{11} 取值建议

M_{11} 建议值分析：对应矿粉掺量为 20%、30%、40% 和 50% 的 M_{11} 取平均值作为建议值，并与本标准值保持一致的变化规律。

收缩影响系数 M_{11} 建议值如表 8-2-14 所示。

收缩影响系数 M_{11} 建议值 表 8-2-14

矿粉掺量	0%	20%	30%	40%	50%
建议值	1.00	1.03	1.07	1.12	1.18

8.2.2 混凝土收缩相对变形值的当量温度可按下式计算：

$$T_y(t) = \varepsilon_y(t)/\alpha \tag{8-2-2}$$

式中　$T_y(t)$——龄期为 t 时，混凝土收缩值当量温度；

　　　α——混凝土的线膨胀系数，取 1.0×10^{-5}。

　　例：某配合比混凝土使用普通水泥，细度 $400\text{m}^2/\text{kg}$，水胶比 0.5，胶浆量 30%，养护时间 28d，环境相对湿度 30%，水力半径的倒数为 0.1，广义配筋率为 0.10，掺减水剂，粉煤灰掺量 30%，不掺矿粉。试估算该配比混凝土 28d 时的收缩值，并折算其当量温度。

　　计算过程如下：

$$\varepsilon_y(t) = \varepsilon_y^0(1 - e^{-0.01t}) \cdot M_1 \cdot M_2 \cdot M_3 \cdots M_{11}$$

$$= 4.0 \times 10^{-4} \times (1 - e^{-0.01 \times 28}) \times 1.0 \times 1.13 \times 1.21 \times 1.45 \times 0.93$$

$$\times 1.18 \times 0.76 \times 0.76 \times 1.3 \times 0.86$$

$$= 4.0 \times 10^{-4} \times 0.244 \times 1.405 = 137 \times 10^{-6}$$

$$T_y(t) = \varepsilon_y(t)/\alpha = 137 \times 10^{-6}/(1.0 \times 10^{-5}) = 13.7℃$$

8.3　混凝土的弹性模量

8.3.1 混凝土的弹性模量可按下式计算：

$$E(t) = \beta E_0(1 - e^{-\varphi t}) \tag{8-3-1}$$

式中　$E(t)$——混凝土龄期为 t 时，混凝土的弹性模量（N/mm²）；

　　　E_0——混凝土的弹性模量，可取标准养护条件下 28d 的弹性模量，按表 8-3-1 取用；

　　　φ——系数，取 0.09；

　　　β——掺合料修正系数。

混凝土在标准养护条件下龄期为 28d 时的弹性模量　　　　　　表 8-3-1

混凝土强度等级	混凝土弹性模量（N/mm²）
C25	2.80×10^4
C30	3.00×10^4
C35	3.15×10^4
C40	3.25×10^4
C50	3.45×10^4

8.3.2 掺合料修正系数可按下式计算：

$$\beta = \beta_1 \cdot \beta_2 \tag{8-3-2}$$

式中　β_1——粉煤灰掺量对应系数，可按表 8-3-2 取值；

　　　β_2——矿渣粉掺量对应系数，可按表 8-3-2 取值。

不同掺量掺合料修正系数				表 8-3-2
掺量	0	20%	30%	40%	50%
粉煤灰（β_1）	1	0.99	0.98	0.96	0.95
矿渣粉（β_2）	1	1.02	1.03	1.04	1.05

8.4 温 升 估 算

8.4.1 浇筑体内部温度场和应力场计算可采用有限单元法或一维差分法。

8.4.2 采用一维差分法，可将混凝土沿厚度分许多有限段 Δx(m)，时间分许多有限段 Δt (h)。相邻三层的编号为 $n-1$、n、$n+1$，在第 k 时间里，三层的温度 $T_{n-1,k}$、$T_{n,k}$ 及 $T_{n+1,k}$，经过 Δt 时间后，中间层的温度 $T_{n,k+1}$，可按差分式求得下式：

$$T_{n,k+1} = \frac{T_{n-1,k} + T_{n+1,k}}{2} \cdot 2a\frac{\Delta t}{\Delta x^2} - T_{n,k}\left(2a\frac{\Delta t}{\Delta x^2} - 1\right) + \Delta T_{n,k} \tag{8-4-1}$$

式中 a ——混凝土热扩散率，取 $0.0035 \text{m}^2/\text{h}$；

$\Delta T_{n,k}$ ——第 n 层内部热源在 k 时段释放热量所产生的温升。

$a\dfrac{\Delta t}{\Delta x^2}$ 的取值不宜大于 0.5。

8.4.3 混凝土内部热源在 t_1 和 t_2 时刻之间释放热量所产生的温升，可按下式计算。在混凝土与相应位置接触面上释放热量所产生的温升可取 $\Delta T/2$。

$$\Delta T = T_{\max}(e^{-mt_1} - e^{-mt_2}) \tag{8-4-2}$$

8.5 温 差 计 算

8.5.1 混凝土浇筑体的里表温差可按下式计算：

$$\Delta T_1(t) = T_{\mathrm{m}}(t) - T_{\mathrm{b}}(t) \tag{8-5-1}$$

式中 $\Delta T_1(t)$ ——龄期为 t 时，混凝土浇筑体的里表温差（℃）；

$T_{\mathrm{m}}(t)$ ——龄期为 t 时，混凝土浇筑体内的最高温度，可通过温度场计算或实测求得（℃）；

$T_{\mathrm{b}}(t)$ ——龄期为 t 时，混凝土浇筑体内的表层温度，可通过温度场计算或实测求得（℃）。

8.5.2 混凝土浇筑体的综合降温差可按下式计算：

$$\Delta T_2(t) = \frac{1}{6}\left[4T_{\mathrm{m}}(t) + T_{\mathrm{bm}}(t) + T_{\mathrm{dm}}(t)\right] + T_{\mathrm{y}}(t) - T_{\mathrm{w}}(t) \tag{8-5-2}$$

式中 $\Delta T_2(t)$ ——龄期为 t 时，混凝土浇筑体在降温过程中的综合降温（℃）；

$T_{\mathrm{m}}(t)$ ——龄期为 t 时，混凝土浇筑体内的最高温度，可通过温度场计算或实测求得（℃）；

$T_{\mathrm{bm}}(t)$、$T_{\mathrm{dm}}(t)$ ——龄期为 t 时，其块体上、下表层的温度（℃）；

$T_{\mathrm{y}}(t)$ ——龄期为 t 时，混凝土收缩当量温度（℃）；

$T_{\mathrm{w}}(t)$ ——混凝土浇筑体预计的稳定温度或最终稳定温度，可取计算龄期 t 时的日平均温度或当地年平均温度（℃）。

例：以某工程 2m 厚基础底板为例，用差分法计算底板 28d 水化热温升曲线。

计算中各参数的取值如下所示：

W ——每立方米胶凝材料用量，$440 \mathrm{kg/m^3}$；

Q ——胶凝材料水化热总量（$\mathrm{kJ/kg}$）；本例采用实测值 $260 \mathrm{kJ/kg}$；

c ——混凝土的比热，取 $1.0 \mathrm{kJ/(kg \cdot ℃)}$；

ρ ——混凝土的质量密度，取 $2400 \mathrm{kg/m^3}$；

α ——导温系数，取 $0.0035 \mathrm{m^2/h}$；m，取 0.5。

混凝土的入模温度取 10℃，地基温度为 18℃，大气温度为 18℃。

温度场计算差分公式如下：

$$T_{n,k+1} = \frac{T_{n-1,k} + T_{n+1,k}}{2} \cdot 2a\frac{\Delta t}{\Delta x^2} - T_{n,k}\left(2a\frac{\Delta t}{\Delta x^2} - 1\right) + \Delta T_{n,k}$$

（1）试算 Δt、Δx，确定 $a\dfrac{\Delta t}{\Delta x^2}$。

取 $\Delta t = 0.5 \mathrm{d} = 12 \mathrm{h}$

$\Delta x = 0.36 \mathrm{m}$，即分 5 层

则 $a\dfrac{\Delta t}{\Delta x^2} = 0.0035 \times \dfrac{12}{0.36^2} = 0.324$

代入该值得出相应的差分法公式：

$$T_{n,k+1} = 0.648 \cdot \frac{T_{n-1,k} + T_{n+1,k}}{2} + 0.352 \cdot T_{n,k} + \Delta T_{n,k}$$

（2）画出相应的计算示意图，并进行计算。

底板厚 2m，分 5 层，每层 0.4m，相应的计算示意如图 8-5-1 所示。

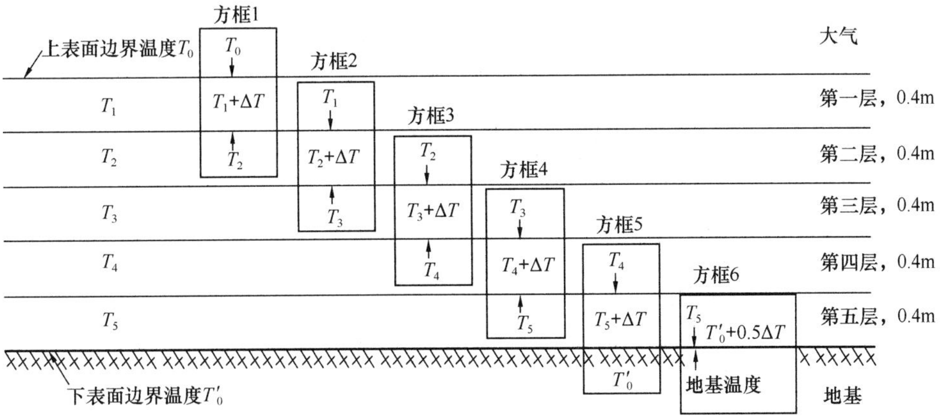

图 8-5-1 计算简图

从上至下各层混凝土的温度分别用 T_1、T_2、T_3、T_4 和 T_5 表示，相应 k 时刻各层的温度即为 $T_{1,k}$、$T_{2,k}$、$T_{3,k}$、$T_{4,k}$ 和 $T_{5,k}$。混凝土与大气接触的上表面边界温度用 T_0 表示，与地基接触的下表面边界温度用 T_0' 表示。

$k = 0$，即 $k \cdot \Delta t = 0 \times 0.5 = 0 \mathrm{d}$，

上表面边界 T_0，取大气温度，$T_0 = 18℃$

各层混凝土温度取入模温度，即 $T_{1,0} = T_{2,0} = T_{3,0} = T_{4,0} = T_{5,0} = 10℃$ 下表面边界 T_0'，取地基温度，$T_0' = 18℃$；

$k=1$，即 $k \cdot \Delta t = 1 \times 0.5 = 0.5d$，

温升 $\Delta T_1 = T_{max}(e^{-m \cdot (k-1) \cdot \Delta t} - e^{-m \cdot k \cdot \Delta t}) = \dfrac{440 \times 260}{1.0 \times 2400} \times (e^{-0.5 \times (1-1) \times 0.5} - e^{-0.5 \times 1 \times 0.5}) = 10.544℃$

上表面边界温度 T_0，散热温升为 0，始终保持不变，$T_0 = 18℃$

第一层混凝土温度 $T_{1,1}$，见图 8-5-1 中方框 1，$T_{1,1}$ 的边界为 T_0 和 $T_{2,0}$，在 $T_{1,0}$ 的基础上考虑温升 ΔT_1，即

$$T_{1,1} = 0.525 \cdot \dfrac{T_0 + T_{2,0}}{2} + 0.475 \cdot T_{1,0} + \Delta T_1 = 22.644℃$$

第二层混凝土温度 $T_{2,1}$，见图 8-5-1 方框 2，$T_{2,1}$ 的边界为 $T_{1,0}$ 和 $T_{3,0}$，在 $T_{2,0}$ 的基础上考虑温升 ΔT_1，即

$$T_{2,1} = 0.525 \cdot \dfrac{T_{1,0} + T_{3,0}}{2} + 0.475 \cdot T_{2,0} + \Delta T_1 = 20.544℃$$

第三层混凝土温度 $T_{3,1}$，见图 8-5-1 中方框 3，$T_{3,1}$ 的边界为 $T_{2,0}$ 和 $T_{4,0}$，在 $T_{3,0}$ 的基础上考虑温升 ΔT_1，即

$$T_{3,1} = 0.525 \cdot \dfrac{T_{2,0} + T_{4,0}}{2} + 0.475 \cdot T_{3,0} + \Delta T_1 = 20.544℃$$

第四层混凝土温度 $T_{4,1}$，见图 8-5-1 中方框 4，$T_{4,1}$ 的边界为 $T_{3,0}$ 和 $T_{5,0}$，在 $T_{4,0}$ 的基础上考虑温升 ΔT_1，即

$$T_{4,1} = 0.525 \cdot \dfrac{T_{3,0} + T_{5,0}}{2} + 0.475 \cdot T_{4,0} + \Delta T_1 = 20.544℃$$

第五层混凝土温度 $T_{5,1}$，见图中 8-5-1 中方框 5，$T_{5,1}$ 的边界为 $T_{4,0}$ 和 T_0'，在 $T_{5,0}$ 的基础上考虑温升 ΔT_1，即

$$T_{5,1} = 0.525 \cdot \dfrac{T_{4,0} + T_0'}{2} + 0.475 \cdot T_{5,0} + \Delta T_1 = 22.644℃$$

下表面边界温度 T_0'，需要考虑散热温升 $\Delta T_1/2$，所以每一步都需进行修正。见图 8-5-1 中方框 6，T_0' 的边界为 $T_{5,0}$ 和地基温度 18℃，在 T_0' 的基础上考虑温升 $\Delta T_1/2$，即

$$T_0' = 0.525 \cdot \dfrac{T_{5,0} + 18}{2} + 0.475 \cdot T_0' + \dfrac{\Delta T_1}{2} = 21.172℃$$

以上即完成了一遍 $k=1$ 时，各温度计算。

同理

$k=2$，即 $k \cdot \Delta t = 2 \cdot 0.5 = 1d$，温升 $\Delta T_2 = 8.212℃$，上表面 $T_0 = 18℃$，

$$T_{1,2} = 0.525 \cdot \dfrac{T_0 + T_{2,1}}{2} + 0.475 \cdot T_{1,1} + \Delta T_2 = 29.085℃$$

$$T_{2,2} = 0.525 \cdot \dfrac{T_{1,1} + T_{3,1}}{2} + 0.475 \cdot T_{2,1} + \Delta T_2 = 29.307℃$$

$$T_{3,2} = 0.525 \cdot \dfrac{T_{2,1} + T_{4,1}}{2} + 0.475 \cdot T_{3,1} + \Delta T_2 = 28.755℃$$

$$T_{4,2} = 0.525 \cdot \frac{T_{3,1} + T_{5,1}}{2} + 0.475 \cdot T_{4,1} + \Delta T_2 = 29.307℃$$

$$T_{5,2} = 0.525 \cdot \frac{T_{4,1} + T'_0}{2} + 0.475 \cdot T_{5,1} + \Delta T_2 = 29.918℃$$

$$T'_0 = 0.525 \cdot \frac{T_{5,1} + 18}{2} + 0.475 \cdot T'_0 + \frac{\Delta T_2}{2} = 24.831℃$$

同理可计算 $k = 3 \sim 56$，即 $1.5 \sim 28$d 的各层温度值，本例中不再进行详细计算，最终计算结果如表 8-5-1。

28d 混凝土温度场计算结果（℃） 表 8-5-1

混凝土龄期 (d)	第一层	第二层	第三层	第四层	第五层	底层边界
0	10	10	10	10	10	18
0.5	22.6	20.5	20.5	20.5	22.6	21.2
1	29.1	29.3	28.8	29.3	29.9	24.8
1.5	32.6	35.5	35.4	35.7	34.8	27.6
2	34.5	39.7	40.5	40.4	38.1	29.5
2.5	35.4	42.4	44.1	43.7	40.3	30.7
3	35.7	44.1	46.6	46.0	41.7	31.4
3.5	35.6	44.9	48.1	47.4	42.5	31.8
4	35.3	45.1	48.9	48.1	42.8	31.9
4.5	34.7	45.0	49.1	48.3	42.7	31.8
5	34.1	44.5	48.9	48.2	42.4	31.6
5.5	33.5	43.8	48.4	47.7	42.0	31.3
6	32.8	43.0	47.7	47.1	41.4	31.0
6.5	32.1	42.1	46.8	46.3	40.7	30.5
7	31.4	41.1	45.8	45.4	39.9	30.1
7.5	30.8	40.1	44.8	44.4	39.1	29.7
8	30.1	39.1	43.7	43.3	38.2	29.2
8.5	29.5	38.2	42.6	42.3	37.4	28.7
9	28.9	37.2	41.5	41.2	36.6	28.3
9.5	28.3	36.3	40.4	40.2	35.7	27.8
10	27.8	35.4	39.4	39.2	34.9	27.4
10.5	27.3	34.5	38.3	38.2	34.1	26.9
11	26.8	33.7	37.3	37.2	33.3	26.5
11.5	26.3	32.9	36.4	36.3	32.6	26.1
12	25.9	32.1	35.5	35.4	31.9	25.7
12.5	25.5	31.4	34.6	34.5	31.2	25.3
13	25.1	30.7	33.8	33.7	30.5	25.0
13.5	24.7	30.0	32.9	32.9	29.9	24.6

混凝土龄期 （d）	第一层	第二层	第三层	第四层	第五层	底层边界
14	24.4	29.4	32.2	32.1	29.3	24.3
14.5	24.0	28.8	31.5	31.4	28.7	24.0
15	23.7	28.3	30.8	30.7	28.2	23.7
15.5	23.4	27.7	30.1	30.1	27.7	23.4
16	23.1	27.2	29.5	29.5	27.2	23.1
16.5	22.9	26.7	28.9	28.9	26.7	22.8
17	22.6	26.3	28.3	28.3	26.3	22.6
17.5	22.4	25.9	27.8	27.8	25.8	22.3
18	22.1	25.5	27.3	27.3	25.4	22.1
18.5	21.9	25.1	26.8	26.8	25.0	21.9
19	21.7	24.7	26.3	26.3	24.7	21.7
19.5	21.5	24.3	25.9	25.9	24.3	21.5
20	21.3	24.0	25.5	25.5	24.0	21.3
20.5	21.2	23.7	25.1	25.1	23.7	21.2
21	21.0	23.4	24.7	24.7	23.4	21.0
21.5	20.8	23.1	24.4	24.4	23.1	20.8
22	20.7	22.9	24.1	24.1	22.9	20.7
22.5	20.6	22.6	23.7	23.7	22.6	20.6
23	20.4	22.4	23.4	23.4	22.4	20.4
23.5	20.3	22.1	23.2	23.2	22.1	20.3
24	20.2	21.9	22.9	22.9	21.9	20.2
24.5	20.1	21.7	22.6	22.6	21.7	20.1
25	20.0	21.5	22.4	22.4	21.5	20.0
25.5	19.9	21.3	22.2	22.2	21.3	19.9
26	19.8	21.2	22.0	22.0	21.2	19.8
26.5	19.7	21.0	21.7	21.7	21.0	19.7
27	19.6	20.8	21.6	21.6	20.8	19.6
27.5	19.5	20.7	21.4	21.4	20.7	19.5
28	19.4	20.6	21.2	21.2	20.6	19.4

8.6 温度应力计算

8.6.1 自约束拉应力的计算可按下式计算：

$$\sigma_z(t) = \frac{\alpha}{2} \cdot \sum_{i=1}^{n} \Delta T_{1i}(t) \cdot E_i(t) \cdot H_i(t, \tau) \tag{8-6-1}$$

式中　$\sigma_z(t)$——龄期为 t 时，因混凝土浇筑体里表温差产生自约束拉应力的累计值（MPa）；

$\Delta T_{1i}(t)$——龄期为 t 时，在第 i 计算区段混凝土浇筑体里表温差的增量（℃）；

$E_i(t)$——第 i 计算区段，龄期为 t 时，混凝土的弹性模量（MPa）；

α——混凝土的线膨胀系数；

$H_i(t, \tau)$——在龄期为 τ 时，在第 i 计算区段产生的约束应力延续至 t 时的松弛系数，可按表 8-6-1 取值。

混凝土的松弛系数　　　　　　　表 8-6-1

$\tau=2d$		$\tau=5d$		$\tau=10d$		$\tau=20d$	
t	$H(t, \tau)$	t	$H(t, \tau)$	t	$H(t, \tau)$	t	$H(t, \tau)$
2	1	5	1	10	1	20	1
2.25	0.426	5.25	0.510	10.25	0.551	20.25	0.592
2.5	0.342	5.5	0.443	10.5	0.499	20.5	0.549
2.75	0.304	5.75	0.410	10.75	0.476	20.75	0.534
3	0.278	6	0.383	11	0.457	21	0.521
4	0.225	7	0.296	12	0.392	22	0.473
5	0.199	8	0.262	14	0.306	25	0.367
10	0.187	10	0.228	18	0.251	30	0.301
20	0.186	20	0.215	20	0.238	40	0.253
30	0.186	30	0.208	30	0.214	50	0.252
∞	0.186	∞	0.200	∞	0.210	∞	0.251

注：τ 为龄期，$H(t, \tau)$ 为在龄期为 τ 时产生的约束应力延续至 t 时的松弛系数。

8.6.2　混凝土浇筑体里表温差的增量可按下式计算：

$$\Delta T_{1i}(t) = \Delta T_1(t) - \Delta T_1(t-j) \tag{8-6-2}$$

式中　j——第 i 计算区段步长（d）。

8.6.3　在施工准备阶段，最大自约束应力可按下式计算：

$$\sigma_{zmax} = \frac{\alpha}{2} \cdot E(t) \cdot \Delta T_{1max} \cdot H(t, \tau) \tag{8-6-3}$$

式中　σ_{zmax}——最大自约束应力（MPa）；

ΔT_{1max}——混凝土浇筑后可能出现的最大里表温差（℃）；

$E(t)$——与最大里表温差 ΔT_{1max} 相对应龄期 t 时，混凝土的弹性模量（MPa）；

$H(t, \tau)$——在龄期为 τ 时产生的约束应力延续至 t 时（d）的松弛系数。

8.6.4　外约束拉应力可按下式计算：

$$\sigma_x(t) = \frac{\alpha}{1-\mu} \sum_{i=1}^{n} \Delta T_{2i}(t) \cdot E_i(t) \cdot H_i(t, \tau) \cdot R_i(t) \tag{8-6-4}$$

$$\Delta T_{2i}(t) = \Delta T_2(t-j) - \Delta T_2(t) \tag{8-6-5}$$

$$R_i(t) = 1 - \frac{1}{\cosh\left(\sqrt{\dfrac{C_x}{HE(t)}} \cdot \dfrac{L}{2}\right)} \tag{8-6-6}$$

式中　$\sigma_x(t)$——龄期为 t 时，因综合降温差，在外约束条件下产生的拉应力（MPa）；

$\Delta T_{2i}(t)$——龄期为 t 时，在第 i 计算区段内，混凝土浇筑体综合降温差的增量（℃）；

μ——混凝土的泊松比，取 0.15；

$R_i(t)$——龄期为 t 时，在第 i 计算区段，外约束的约束系数；

L——混凝土浇筑体的长度（mm）；

H——混凝土浇筑体的厚度，该厚度为块体实际厚度与保温层换算混凝土虚拟厚度之和（mm）；

C_x——外约束介质的水平变形刚度（N/mm³），可按表 8-6-2 取值。

不同外约束介质的水平变形刚度取值（10^{-2}N/mm³）　　表 8-6-2

外约束介质	软黏土	砂质黏土	硬黏土	风化岩、低强度等级素混凝土	C10 级以上配筋混凝土
C_x	1～3	3～6	6～10	60～100	100～150

8.7　控制温度裂缝的条件

8.7.1 混凝土抗拉强度可按下式计算：

$$f_{tk}(t) = f_{tk}(1 - e^{-\gamma t}) \tag{8-7-1}$$

式中　$f_{tk}(t)$——混凝土龄期为 t 时的抗拉强度标准值（MPa）；

f_{tk}——混凝土抗拉强度标准值（MPa），可按表 8-7-1 取值；

γ——系数，应根据所用混凝土试验确定，当无试验数据时，可取 0.3。

混凝土抗拉强度标准值（MPa）　　表 8-7-1

符号	混凝土强度等级				
	C25	C30	C35	C40	C50
f_{tk}	1.78	2.01	2.20	2.39	2.64

8.7.2 混凝土防裂性能可按下式进行判断：

$$\sigma_z \leqslant f_{tk}(t)/K \tag{8-7-2}$$
$$\sigma_z \leqslant f_{tk}(t)/K \tag{8-7-3}$$

式中　K——防裂安全系数，取 1.15。

例：利用第 8.5 节例温度场计算结果，按照步长为 3d 计算其应力场（实际工程计算时步长以 1d 为宜。）

1）里表温差 ΔT_1 计算

公式如下：

$$\Delta T_1(t) = T_m(t) - T_b(t)$$

计算结果见表 8-7-2。

2）各龄期混凝土收缩当量温差计算

根据公式：

$$\varepsilon_y(t) = \varepsilon_y^0(1 - e^{-0.01t}) \cdot M_1 \cdot M_2 \cdot M_3 \cdots M_{11}$$

$$T_y(t) = \varepsilon_y(t)/\alpha$$

计算结果见表 8-7-3。

3）综合降温差 ΔT_2 计算

公式如下：

$$\Delta T_2(t) = \frac{1}{6}\left[4T_m(t) + T_{bm}(t) + T_{dm}(t)\right] + T_y(t) - T_w(t)$$

计算结果见表 8-7-2。

ΔT_1 和 ΔT_2 计算结果（℃）　　　　　　　　　表 8-7-2

混凝土龄期（d）	第一层（T_b）	第三层（T_m）	第三层（T_d）	ΔT_1（$T_m - T_b$）	ΔT_2
0	10	10	10	0	0
3	35.7	46.6	41.7	10.9 (10.9)	26.6 (−26.6)
6	32.8	47.7	41.4	14.9 (4.0)	27.4 (−0.8)
9	28.9	41.5	36.6	12.6 (−2.3)	22.5 (4.9)
12	25.9	35.5	31.9	9.6 (−3.0)	17.8 (4.7)
15	23.7	30.8	28.2	7.1 (−2.5)	14.2 (3.6)
18	22.1	27.3	25.4	5.2 (−1.9)	11.7 (2.5)
21	21.0	24.7	23.4	3.7 (−1.5)	10.0 (1.7)
24	20.2	22.9	21.9	2.7 (−1.0)	9.0 (1.0)
27	19.6	21.6	20.8	2.0 (−0.7)	8.3 (0.7)

注：表中 ΔT_1 和 ΔT_2 列中括号内数值为按照以下公式计算结果，其值在计算自约束应力和外约束应力时使用：

$$\Delta T_{1i}(t) = \Delta T_1(t) - \Delta T_1(t-j)$$

$$\Delta T_{2i}(t) = \Delta T_2(t-j) - \Delta T_2(t)$$

各龄期混凝土收缩当量温差计算结果（℃）　　　　　　表 8-7-3

混凝土龄期（d）	$\varepsilon_y(t)$（10^{-4}）	$T_y(t)$	$\Delta T_y(t)$
3	0.065	0.65	0.65
6	0.127	1.27	0.62

混凝土龄期（d）	$\varepsilon_y(t)$ (10^{-4})	$T_y(t)$	$\Delta T_y(t)$
9	0.189	1.89	0.62
12	0.248	2.48	0.59
15	0.305	3.05	0.57
18	0.361	3.61	0.56
21	0.415	4.15	0.54
24	0.467	4.67	0.52
27	0.518	5.18	0.51
30	0.567	5.67	0.49

4）各龄期的混凝土弹性模量

基础混凝土浇筑初期，处于升温阶段，呈塑性状态，混凝土的弹性模量很小，由变形变化引起的应力也很小，温度应力一般可忽略不计。经过数日，弹性模量随时间迅速上升，此时由变形变化引起的应力状态（即混凝土降温引起拉应力）随着弹性模量的上升显著增加，因此必须考虑弹性模量的变化规律，一般按下列公式计算：

$$E_{(t)} = E_0(1 - e^{-0.09t})$$

式中 $E_{(t)}$——任意龄期的弹性模量；

E_0——最终的弹性模量，一般取成龄的弹性模量，本例中取 $3.15 \times 10^4 \text{N/mm}^2$；

t——混凝土浇筑后到计算时的天数。

各阶段弹性模量：

$E_{(1)} = 0.271 \times 10^4 \text{N/mm}^2$

$E_{(2)} = 0.519 \times 10^4 \text{N/mm}^2$

$E_{(3)} = 0.745 \times 10^4 \text{N/mm}^2$

$E_{(6)} = 1.314 \times 10^4 \text{N/mm}^2$

$E_{(9)} = 1.749 \times 10^4 \text{N/mm}^2$

$E_{(12)} = 2.080 \times 10^4 \text{N/mm}^2$

$E_{(15)} = 2.333 \times 10^4 \text{N/mm}^2$

$E_{(18)} = 2.527 \times 10^4 \text{N/mm}^2$

$E_{(21)} = 2.674 \times 10^4 \text{N/mm}^2$

$E_{(24)} = 2.787 \times 10^4 \text{N/mm}^2$

$E_{(27)} = 2.873 \times 10^4 \text{N/mm}^2$

$E_{(30)} = 2.938 \times 10^4 \text{N/mm}^2$

5）自约束应力计算

根据公式：

$$\sigma_z(t) = \frac{\alpha}{2} \cdot \sum_{i=1}^{n} \Delta T_{1i}(t) \cdot E_i(t) \cdot H_i(t, \tau)$$

$$\sigma_z(3) = \frac{1.0 \times 10^{-4}}{2} \times 10.9 \times 7454 \times 1 = 4.06 \text{MPa}$$

$$\sigma_z(6) = \frac{1.0 \times 10^{-4}}{2} \times (10.9 \times 7454 \times 0.51 + 4.0 \times 13143 \times 1) = 4.70 \text{MPa}$$

根据表 8-7-2 中计算结果，6d 后 $\Delta T_{1i}(t)$ 变为负值，同时由于徐变效应，自约束应力计算值将减小，本例中不再计算。

由于计算步长为 3d，未考虑 3d 内徐变效应，故计算结果偏大，以上计算仅为过程示意。

6）外约束应力的计算

公式如下：

$$\sigma_x(t) = \frac{\alpha}{1-\mu} \sum_{i=1}^{n} \Delta T_{2i}(t) \cdot E_i(t) \cdot H_i(t,\tau) \cdot R_i(t)$$

$$\beta = \sqrt{\frac{C_x}{HE}}$$

$$C_x = C_{x1} + C_{x2}$$

式中　　L——基础的长度，本例为 90800mm；

　　　　H——基础底板厚度，本例为 2000mm；

　　　　C_x——总阻力系数（地基水平剪切刚度，N/mm³）；

　　　　C_{x1}——该地区软土地基侧向刚度系数，取 1×10^{-2} N/mm³；

　　　　C_{x2}——地基单位面积侧向刚度受钢管桩影响系数，$C_{x2} = \dfrac{Q}{F}$（Q 为钢管桩产生单位位移时的水平力，N/mm；F 为每根桩分担的地基面积 3m×3m = 9m² = 9×10^4 cm² = 9×10^6 mm²）。

当钢管桩与基础铰接时

$$Q = 2EJ \left(\sqrt[4]{\frac{K_h \cdot D}{4EJ}} \right)^3$$

式中　　K_h——侧向压缩刚度系数 1×10^{-2} N/mm³；

　　　　E——钢管桩的弹性模量 2.0×10^5 MPa；

　　　　J——钢管桩（ϕ914.4mm×11mm）的惯性矩，$J = 319 \times 10^7$ mm⁴；

　　　　D——钢管桩的直径，914.4mm。

本例中：

$$Q = 2 \times 20 \times 10^5 \times 319 \times 10^7 \times \left(\sqrt[4]{\frac{9144 \times 10^{-2}}{4 \times 20 \times 10^5 \times 319 \times 10^7}} \right)^3$$

$$= 1869 \times 10^4 \text{N/mm}$$

$$C_{x2} = \frac{Q}{F} = \frac{1.863 \times 10^4}{9 \times 10^6} = 0.207 \times 10^{-2} \text{N/mm}^3$$

$$C_x = C_{x1} + C_{x2} = (1 + 0.207) \times 10^{-2} \text{N/mm}^3$$

前期升温外约束应力为压应力，由于早期弹性模量较小且徐变时间较长，其值不大，实际应用中可将这部分压应力作为安全储备。外约束应力计算时从降温阶段开始。

（1）9d

（第 1 台阶降温）自 9d 至 30d 的徐变应力：

$$\beta = \sqrt{\frac{1.207 \times 10^{-2}}{2000 \times 1.749 \times 10^4}} = 0.0000186 = 1.86 \times 10^{-5}$$

$$\beta \frac{L}{2} = 0.8434$$

查表得 $\cosh\beta \frac{L}{2} = 1.377$

$$\sigma(9) = \frac{1.749 \times 10^4 \times 1.0 \times 10^{-5} \times 4.9}{1 - 0.15} \times \left(1 - \frac{1}{1.377}\right) \times 0.214$$
$$= 0.0591 \text{MPa}$$

(2) 12d

（第 2 台阶降温）自 12d 至 30d 的徐变应力：

$$\beta = \sqrt{\frac{1.207 \times 10^{-2}}{2000 \times 2.080 \times 10^4}} = 0.0000168 = 1.70 \times 10^{-5}$$

$$\beta \frac{L}{2} = 0.7733$$

查表得 $\cosh\beta \frac{L}{2} = 1.314$

$$\sigma(12) = \frac{2.080 \times 10^4 \times 1.0 \times 10^{-5} \times 4.7}{1 - 0.15} \times \left(1 - \frac{1}{1.314}\right) \times 0.215$$
$$= 0.0591 \text{MPa}$$

(3) 15d

（第 3 台阶降温）自 15d 至 30d 的徐变应力：

$$\beta = \sqrt{\frac{1.207 \times 10^{-2}}{2500 \times 1.926 \times 10^4}} = 0.0000158 = 1.58 \times 10^{-5}$$

$$\beta \frac{L}{2} = 0.717$$

查表得 $\cosh\beta \frac{L}{2} = 1.27$

$$\sigma(15) = \frac{1.926 \times 10^4 \times 1.0 \times 10^{-5} \times 3.6}{1 - 0.15} \times \left(1 - \frac{1}{1.27}\right) \times 0.233$$
$$= 0.0404 \text{MPa}$$

(4) 18d

（第 4 台阶降温）自 18d 至 30d 的徐变应力：

$$\beta = \sqrt{\frac{1.207 \times 10^{-2}}{2500 \times 2.085 \times 10^4}} = 0.0000152 = 1.52 \times 10^{-5}$$

$$\beta \frac{L}{2} = 0.69$$

查表得 $\cosh\beta \frac{L}{2} = 1.25$

$$\sigma_{(18)} = \frac{2.085 \times 10^4 \times 1.0 \times 10^{-5} \times 2.50}{1 - 0.15} \times \left(1 - \frac{1}{1.25}\right) \times 0.252$$
$$= 0.0309 \text{MPa}$$

(5) 21d

（第 5 台阶降温）自 21d 至 30d 的徐变应力：

$$\beta = \sqrt{\frac{1.207 \times 10^{-2}}{2500 \times 2.21 \times 10^4}} = 0.0000148 = 1.48 \times 10^{-5}$$

$$\beta \frac{L}{2} = 0.672$$

查表得 $\cosh\beta\frac{L}{2} = 1.23$

$$\sigma(21) = \frac{2.221 \times 10^4 \times 1.0 \times 10^{-5} \times 1.7}{1 - 0.15} \times \left(1 - \frac{1}{1.23}\right) \times 0.301$$

$$= 0.0250\text{MPa}$$

(6) 24d

（第 6 台阶降温）自 24d 至 30d 的徐变应力：

$$\beta = \sqrt{\frac{1.207 \times 10^{-2}}{2500 \times 2.30 \times 10^4}} = 0.0000148 = 1.48 \times 10^{-5}$$

$$\beta \frac{L}{2} = 0.658$$

查表得 $\cosh\beta\frac{L}{2} = 1.22$

$$\sigma(24) = \frac{2.30 \times 10^4 \times 1.0 \times 10^{-5} \times 1.0}{1 - 0.15} \times \left(1 - \frac{1}{1.22}\right) \times 0.524$$

$$= 0.0256\text{MPa}$$

(7) 27d

（第 7 台阶降温）自 27d 至 30d 的徐变应力：

$$\beta = \sqrt{\frac{1.207 \times 10^{-2}}{2500 \times 2.37 \times 10^4}} = 0.0000143 = 1.43 \times 10^{-5}$$

$$\beta \frac{L}{2} = 0.649$$

查表得 $\cosh\beta\frac{L}{2} = 1.21$

$$\sigma(27) = \frac{2.37 \times 10^4 \times 1.0 \times 10^{-5} \times 0.7}{1 - 0.15} \times \left(1 - \frac{1}{1.21}\right) \times 0.57$$

$$= 0.019\text{MPa}$$

(8) 30d

（第 8 台阶降温）即 30d 的徐变应力：

$$\beta = \sqrt{\frac{1.207 \times 10^{-2}}{2500 \times 2.43 \times 10^4}} = 0.0000141 = 1.41 \times 10^{-5}$$

$$\beta \frac{L}{2} = 0.64$$

查表得 $\cosh\beta\frac{L}{2} = 1.21$

$$\sigma(30) = \frac{2.43 \times 10^4 \times 1.0 \times 10^{-5} \times 0.5}{1 - 0.15} \times \left(1 - \frac{1}{1.21}\right) \times 1$$
$$= 0.0248 \text{MPa}$$

（9）总降温产生的最大拉应力

$$\sigma_{\max}^* = 0.0462 + 0.0471 + 0.0404 + 0.0309 + 0.0250 + 0.0256 + 0.019 + 0.0248$$
$$= 0.26 \text{MPa}$$

混凝土 C20，取 $R_f = 1.3 \text{MPa}$

$$K = \frac{R_f}{\sigma_{\max}^*} = \frac{1.3}{0.26} = 5.0 > 1.15$$

满足抗裂条件。

9 大体积混凝土浇筑体表面保温层厚度的计算

9.0.1 混凝土浇筑体表面保温层厚度可按下式计算：

$$\delta = \frac{0.5h\lambda_i(T_s - T_q)}{\lambda_0(T_{max} - T_b)} \cdot K_b \qquad (9-0-1)$$

式中 δ——混凝土表面的保温层厚度（m）；

λ_0——混凝土的导热系数〔W/（m·K）〕，可按表 9-0-1 取值；

λ_i——保温材料的导热系数〔W/（m·K）〕，可按表 9-0-1 取值；

T_s——混凝土浇筑体表面温度（℃）；

T_q——混凝土达到最高温度时（浇筑后 3d～5d）的大气平均温度（℃）；

T_{max}——混凝土浇筑体内的最高温度（℃）；

h——混凝土结构的实际厚度（m）；

$T_s - T_q$——可取 15℃～20℃；

$T_{max} - T_b$——可取 20℃～25℃；

K_b——传热系数修正值，取 1.3～2.3，见表 9-0-2。

保温材料的导热系数 λ_i〔W/（m·K）〕 表 9-0-1

材料名称	导热系数	材料名称	导热系数
木模板	0.23	水	0.58
钢模板	58	油毡	0.05
黏土砖	0.43	土工布	0.04～0.06
黏土	1.38～1.47	普通混凝土	1.51～2.33
炉渣	0.47	石棉被	0.16～0.37
干砂	0.33	塑料布	0.20
湿砂	1.31	麻袋片	0.05～0.12
空气	0.03	泡沫塑料制品	0.035～0.047
矿棉被	0.05～0.14	沥青矿棉毡	0.033～0.052
胶合板	0.12～5.0	挤塑聚苯板（XPS）	0.028～0.034

传热系数修正值 表 9-0-2

保温层种类	K_{b1}	K_{b2}
由易透风材料组成，但在混凝土面层上再铺一层不透风材料	2.0	2.3
在易透风保温材料上铺一层不易透风材料	1.6	1.9
在易透风保温材料上下各铺一层不易透风材料	1.3	1.5
由不易透风的材料组成（如：油布、帆布、棉麻毡、胶合板）	1.3	1.5

注：1. K_{b1} 值为风速不大于 4m/s 时；

2. K_{b2} 值为风速大于 4m/s 时。

例：假设混凝土结构的实际厚度为2m，保温材料为岩棉被上下各铺一层塑料薄膜，混凝土表面温度与混凝土达到最高温度时的大气平均温度的差值 $T_b - T_q$ 为20℃，混凝土浇筑体内的最高温度与混凝土浇筑体的表面温度差值 $T_{max} - T_b$ 为25℃，混凝土的导热系数 λ_0 取2.0W/（m·K），保温层岩棉被的导热系数 λ_i 取0.05W/（m·K）。

现场实际风速小于4m/s，对照表9-0-2，K_b 取值为1.3，那么混凝土表面所需的保温层厚度：

$$\delta = \frac{0.5 \times 2 \times 0.05 \times 20}{2.0 \times 25} \times 1.3 = 0.026\text{m}$$

9.0.2 多种保温材料组成的保温层总热阻，可按下式计算：

$$R_s = \sum_{i=1}^{n} \frac{\delta_i}{\lambda_i} + \frac{1}{\beta_\mu} \tag{9-0-2}$$

式中 R_s——保温层总热阻（m²·K/W）；

δ_i——第 i 层保温材料厚度（m）；

λ_i——第 i 层保温材料的导热系数［W/（m·K）］；

β_μ——固体在空气中的传热系数［W/（m²·K）］，可按表9-0-3取值。

固体在空气中的传热系数 表 9-0-3

风速	β_μ		风速	β_μ	
（m/s）	光滑表面	粗糙表面	（m/s）	光滑表面	粗糙表面
0	18.4422	21.0350	5.0	90.0360	96.6019
0.5	28.6460	31.3224	6.0	103.1257	110.8622
1.0	35.7134	38.5989	7.0	115.9223	124.7461
2.0	49.3464	52.9429	8.0	128.4261	138.2954
3.0	63.0212	67.4959	9.0	140.5955	151.5521
4.0	76.6124	82.1325	10.0	152.5139	164.9341

例：假设混凝土表面的保温层由三种材料组成，分别是0.01m厚的岩棉被、0.02m厚的草袋和0.005m厚的膨胀聚苯板（EPS），并且岩棉被覆盖在最外层。岩棉被的导热系数为0.05W/（m·K），草袋的导热系数为0.14 W/（m·K），膨胀聚苯板（EPS）的导热系数为0.04 W/（m·K），现场风速为5.0m/s，按照表9-0-3 β_μ 取90.0360 W/（m²·K），保温层总热阻：

$$R_s = \sum_{i=1}^{n} \frac{\delta_i}{\lambda_i} + \frac{1}{\beta_\mu} = \frac{0.01}{0.05} + \frac{0.02}{0.14} + \frac{0.005}{0.04} + \frac{1}{90.036} = 0.479\text{m}^2 \cdot \text{K/W}$$

9.0.3 混凝土表面向保温介质传热的总传热系数（不考虑保温层的热容量），可按下式计算：

$$\beta_s = \frac{1}{R_s} \tag{9-0-3}$$

式中 β_s——总传热系数［W/（m²·K）］；

R_s——保温层总热阻（m²·K/W）。

例：按照9.0.2计算的保温层总热阻 R_s 的值，可以计算保温层的总传热系数：

$$\beta_s = \frac{1}{R_s} = 1/0.479 = 2.09 \, \text{W}/ \, (\text{m}^2 \cdot \text{K})$$

9.0.4 保温层相当于混凝土的虚拟厚度，可按下式计算：

$$h' = \frac{\lambda_0}{\beta_s} \tag{9-0-4}$$

式中 h'——混凝土的虚拟厚度（m）；

β_s——总传热系数 $[\text{W}/ \, (\text{m}^2 \cdot \text{K})]$。

例：由 9.0.3 计算出的保温层的总传热系数 $\beta_s = 2.09 \, \text{W}/ \, (\text{m}^2 \cdot \text{K})$，混凝土的导热系数 λ_0 取 $2.0 \, \text{W}/ \, (\text{m} \cdot \text{K})$，可进一步计算保温层相当于混凝土的虚拟厚度：

$$h' = 2.0/2.09 = 0.96\text{m}$$

第二篇　工程实例

10 现代大体积混凝土工程应用实例

10.1 大型高炉基础大体积混凝土质量控制

1. 工程概况

首钢京唐钢铁联合有限责任公司位于唐山市南部渤海海湾的曹妃甸岛。1♯、2♯高炉基础是目前国内外最大的混凝土高炉基础。高炉基础平面尺寸为 60m×35.7m，厚 5.5m。基础下布设 170 根 φ1200 长 42m 钻孔灌注桩，剖面如图 10-1-1。施工采用 C30 混凝土。

高炉基础混凝土浇筑分两次施工的方案，即第一次浇筑 60m×35.7m×5.5m 的基础本体，第二次浇筑高炉底座圆墩，第一、二次浇筑混凝土之间形成水平施工缝。高炉基础混凝土一次性（−5.5m～±0.0m）连续浇筑混凝土总量达 10353m³。

1♯、2♯高炉基础混凝土施工方量均在 10000m³ 以上，质量要求高（不能出现有害裂缝，防止海水侵蚀钢筋对高炉基础的耐久性产生不利影响），养护困难（施工区域紧邻海边，全年 3/4 的天数刮风），该工程具有环境条件恶劣、昼夜温差大和一次性不间断连续浇筑完成等特点。

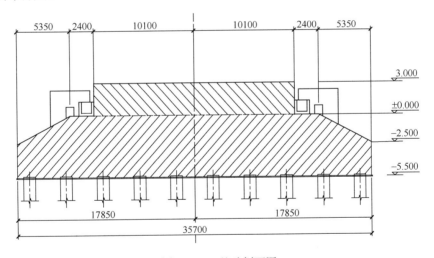

图 10-1-1 基础剖面图

2. 技术措施

1）配合比设计

经过多种方案严格筛选，在保证各项指标［混凝土含气量平均值约为 4%～6%，氯离子扩散系数 $DNEL < 6×10^{-12}\,m^2/s$（28d 龄期）；混凝土抗冻性的耐久性指数 DF 不小于 60%～70%，总的混凝土含碱量不超过 3.0 kg/m³］要求的前提下，达到降低大体积混凝土浇筑体水化热，推迟、降低温升峰值的目的，最终决定采用表 10-1-1 的混凝土配合

比方案。

混凝土配合比

表 10-1-1

强度等级	每立方米材料用量（kg）							混凝土性能	
	水	水泥	矿粉	粉煤灰	砂	石	外加剂	坍落度（mm）	和易性
C30	145	208	84	82	824	1049	14.9	180～190	良好

新拌混凝土水胶比 0.4，和易性良好，混凝土坍落度为 180mm、扩展度为 520mm，无泌水现象，混凝土初凝时间为 9h 40min，终凝时间为 12h 20min，含气量 5.2%，容重为 2398 kg/m³。

2）施工控制方案

（1）要保证混凝土拌合物的供应能力不低于单位时间所需量的 1.2 倍，确保混凝土持续不间断浇筑，并制定相应的应急预案。

（2）施工时采用 4 台 40m³ 泵车，四角站位，使混凝土泵车臂杆完全覆盖基础平面，浇筑过程由四周向中心推进。

（3）按照混凝土初凝时间、搅拌站到现场距离、4 台混凝土泵计算出最少需要的混凝土运输车量台数。

（4）在混凝土浇筑前根据混凝土配合比和水化热试验结果，结合现场气候条件，对大体积混凝土浇筑体内部温度场、收缩应力和温度应力进行预测计算。并根据计算结果和相关规范要求确定施工监控参数。

（5）浇筑混凝土时，为防止前后浇筑的混凝土出现冷缝，施工采用"连续分层"方案，每层厚度不超过 40cm，每一层混凝土浇筑量 857m³，且前后层施工混凝土浇筑时间间隔不得超过混凝土初凝时间；在振捣上层混凝土时，必须插入下层混凝土内 50mm 左右，保证上下层混凝土的结合质量。

（6）每小时的混凝土供应量不应小于 123m³，安排 16 台混凝土运输车；设置 4 台泵车，每台泵车每小时泵送混凝土量为 40m³，计划 90h 浇筑完成。

（7）为了减少混凝土表面收缩裂缝，做好混凝土表面处理，采用木刮尺刮平后再用木抹子搓平，终凝前补压三遍，待 10～12h 后混凝土终凝并达到可上人强度后进行保温层覆盖。

（8）根据计算的保温层厚度，设计延时保温、保湿养护方案。现场保温保湿层设置：侧面钢模板外采用岩棉被，斜面及顶面安设 4 层草垫，上、下各设一层塑料布。混凝土浇筑完毕，混凝土初凝压面后立即在混凝土外表面覆盖一层塑料薄膜，待混凝土终凝后立即覆盖草垫。草垫要错缝铺设，接缝要严密，对有插筋部位的混凝土重点监护。由于河北曹妃甸地区 3、4 月份风较多、较大，会加快水分蒸发，增加混凝土收缩速度，施工过程中要同时做好养护层防风措施。

（9）养护力度大小及时间长短根据实时监控数据进行调整，高炉基础拆模后及时回填，以保证高炉基础大体积混凝土的质量，避免高炉基础混凝土长时间暴露而增加里外温差（图 10-1-2～图 10-1-5）。

图 10-1-2 现场二次压光处理

图 10-1-3 侧面钢模板外采用岩棉被养护

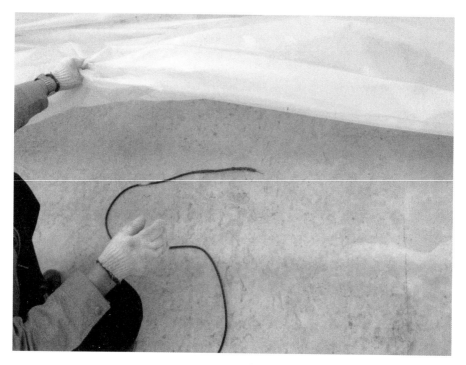

图 10-1-4 表面塑料薄膜保湿养护

图 10-1-5 现场保温层铺设情况

3. 温度场和应力场监控

该工程具有混凝土施工方量大，质量要求高，养护困难，一次性不间断连续浇筑完成等特点。为确保施工质量，在精心组织施工的前提下，通过对该大体积混凝土浇筑块体内部的温度场和应力场的实时监控，达到及时发现养护过程中可能出现的异常情况，及时调整养护方案，以实时监测数据指导本次施工和养护，实现不出现有害裂缝的目的。

1）测点布置

现场温度和应力监测的数据采集采用分散式高精度多通道测量站，测试元件采用了高精度铜电阻温度传感器和振弦式应变计进行混凝土温度和应变测量。

高炉基础为对称结构，传感器沿对称轴线布置。在矩形基础底板（60m×35.7m）内应变传感器沿长度和宽度方向分别选取 5 个和 4 个测位，沿厚度方向分三层（边缘两层）共计 26 个应变测点；温度传感器沿轴线方向分四层（局部三层）布置，共计 66 个温度测点；另在混凝土外表面养护层内布置 3 个养护温度测点，大气环境中布置气温测点 1 个，在混凝土内布置 3 套零应力装置（每套装置包括一个应变测点和一个温度测点），测点共计 102 个。测点布置如图 10-1-6 所示。

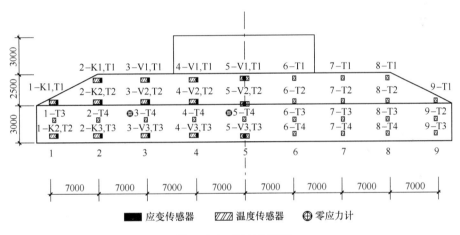

图 10-1-6　测点布置图

2）零应力计设置

由于大体积混凝土的约束情况和温度应力极其复杂，为了真实反映混凝土内部的温度应力，修正应变计因混凝土自身体积变形而造成的测试误差，需在混凝土施工监控系统中增加布设零应力装置。

零应力计主要用于测量混凝土在零应力状态下的自身体积变形，埋设时将仪器悬空安装于配套的零应力桶中，人工振捣密实后整体放入有代表性部位。

现场施工过程、传感器安装工作和测试系统情况如图 10-1-7～图 10-1-9 所示。

3）数据采集制度

为保证能够对现场情况进行实时监控，从 4 月 2 日到 4 月 15 日采集频率为 10min 一次；4 月 15 日至最终结束，采集频率为 30min 一次。本次测试总采集次数超过 3300 次，总有效数据量超过 33 万个，该测试规模在国内大体积混凝土施工中尚属首次（图 10-1-10、图 10-1-11）。

图 10-1-7 温度和应变传感器安装

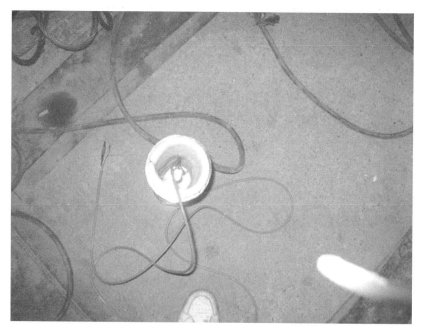

图 10-1-8 零应力计安装

4）温度监测结果

混凝土基础于 4 月 2 日 9：00 开始浇筑，4 月 5 日 22：00 混凝土浇筑完毕。4 月 6 日开始覆盖保温层；设 2 层塑料布，4 层草帘，1 层彩条布。混凝土入模温度 10℃～17℃。

图 10-1-9 零应力计埋设

图 10-1-10 数据采集仪

监测系统于 4 月 1 日调试完毕，监测过程随混凝土施工作业同步进行。4 月 15 日前数据采集频率 1 次/10min，之后 1 次/30min。在持续监测过程中，混凝土中心（13－T2）最高温度为 62.35℃，时间为 4 月 15 日 18：00 时左右（表 10-1-2）。

图 10-1-11   大体积混凝土温度及应力测试现场

主要测试位置混凝土入模及最高温度 表 10-1-2

测点	入模温度（℃）	最高温度（℃）	到达时间	最大温升值（℃）
1-T1	13.40	60.02	4-12 /8：46	46.62
1-T3	13.52	57.31	4-11 /12：56	43.79
1-T2	15.60	40.88	4-21 /15：45	25.28
2-T1	16.87	57.23	4-14 /20：12	40.36
2-T2	13.41	62.68	4-14 /14：20	49.27
2-T3	15.29	43.37	5-6 /14：36	28.08
5-T1	13.69	57.97	4-9 /19：10	44.28
5-T2	11.96	62.21	4-15 /18：20	50.25
5-T4	14.04	60.46	4-14 /18：20	46.42
5-T3	15.15	41.12	4-8 /15：30	25.97
8-T1	15.47	60.87	4-14 /16：20	45.40
8-T2	15.62	62.80	4-17 /17：43	47.18
8-T3	15.87	57.23	4-11 /7：56	41.36
8-T4	14.94	43.80	4-14 /3：56	28.86
9-T3	14.25	40.27	4-14 /10：50	26.02
9-T2	12.68	55.34	4-10 /21：09	42.66
10-T1	14.11	55.45	4-9 /19：45	41.34
10-T2	14.58	59.10	4-12 /6：16	44.52
10-T4	13.57	59.44	4-11 /21：12	45.87

测点	入模温度（℃）	最高温度（℃）	到达时间	最大温升值（℃）
10-T3	15.28	39.93	4-10 /22：19	24.65
13-T1	13.55	58.43	4-9 /19：10	44.88
13-T2	11.70	62.35	4-15 /18：00	50.65
13-T3	15.69	41.80	5-7 /12：30	26.11
17-T1	14.50	55.04	4-11 /16：16	40.54
17-T2	15.24	60.89	4-13 /16：07	45.65
17-T3	12.38	60.01	4-11 /11：46	47.63
17-T4	15.76	44.84	4-10 /11：42	29.08

实测混凝土平均入模温度为 14.05℃，开始浇筑混凝土时大气温度 12℃左右，一至四层混凝土截面中心温度峰值分别为 58.43℃、62.35℃、60.46℃、41.80℃，分别为混凝土浇筑后第 4 天、第 10 天、第 11 天、第 8 天。各测点温度到达峰值后开始下降，其降温规律：上部和侧面降温快，中心降温慢，底部几乎不降温（图 10-1-12～图 10-1-18）。

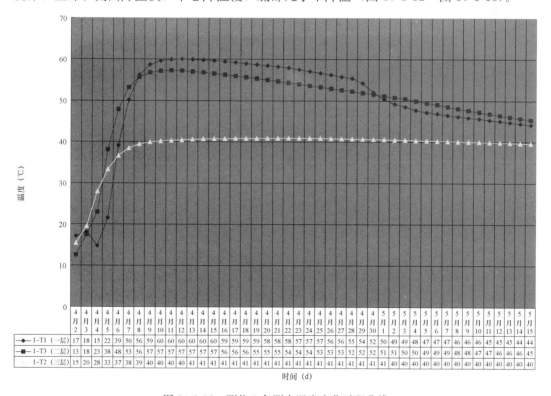

图 10-1-12　测位 1 各测点温度变化时程曲线

为避免在混凝土体内出现较高拉应力，同时充分利用混凝土在慢速荷载作用下的应力松弛效应，本次后期通过实时监测和信息及时反馈指导养护工作的方式来控制降温速率，避免产生有害裂缝。温度监测结果显示，最高温升值为 50.65℃，最大内表温差为 26.62℃，中间截面最高降温速度 0.45℃/d，混凝土浇筑体表面与环境温差为 48.68℃。

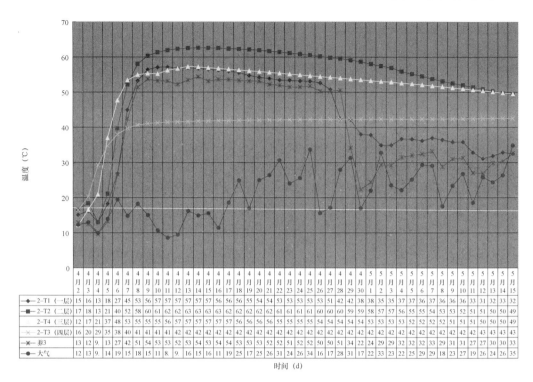

图 10-1-13　测位 2 各测点、养护及大气温度变化时程曲线

时间	4月2	4月3	4月4	4月5	4月6	4月7	4月8	4月9	4月10	4月11	4月12	4月13	4月14	4月15	4月16	4月17	4月18	4月19	4月20	4月21	4月22	4月23	4月24	4月25	4月26	4月27	4月28	4月29	4月30	5月1	5月2	5月3	5月4	5月5	5月6	5月7	5月8	5月9	5月10	5月11	5月12	5月13	5月14	5月15
2-T1（一层）	15	16	13	18	27	45	53	56	57	57	57	57	57	56	56	56	55	54	53	53	53	53	51	42	42	38	38	35	35	37	37	36	37	36	36	35	33	31	32	33	32			
2-T2（二层）	17	18	13	21	40	52	58	60	61	62	62	63	63	63	62	62	62	62	61	61	61	61	60	60	59	59	58	57	57	56	55	55	54	53	53	52	51	51	50	50	50	49		
2-T4（三层）	12	17	21	37	48	53	55	55	55	56	57	57	57	57	57	56	56	56	55	55	55	54	54	54	54	54	53	53	53	52	52	52	51	51	51	50	50	50	49					
2-T3（四层）	16	20	29	35	38	40	41	41	41	41	42	42	42	42	41	41	42	42	42	42	42	42	42	42	42	42	42	42	42	43	43	43	43	43										
养3	13	12	9	13	27	42	51	54	53	53	52	53	53	54	54	53	53	53	52	52	51	52	52	50	50	51	34	22	24	29	29	32	32	33	29	31	31	27	30	30	33			
大气	12	13	9	14	19	15	18	15	11	8	9	16	15	16	11	19	25	17	25	17	26	31	24	26	34	16	17	28	31	17	22	33	23	22	25	29	29	18	23	27	19	26	24	35

时间（d）

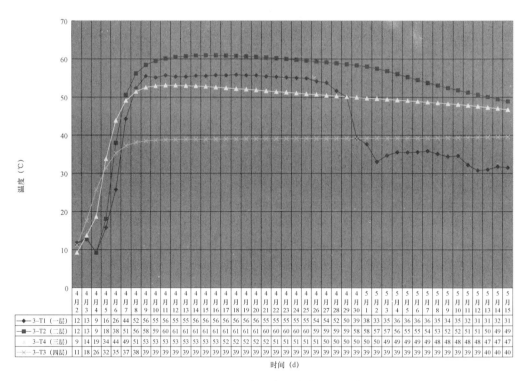

图 10-1-14　测位 3 各测点温度变化时程曲线

时间	4月2	4月3	4月4	4月5	4月6	4月7	4月8	4月9	4月10	4月11	4月12	4月13	4月14	4月15	4月16	4月17	4月18	4月19	4月20	4月21	4月22	4月23	4月24	4月25	4月26	4月27	4月28	4月29	4月30	5月1	5月2	5月3	5月4	5月5	5月6	5月7	5月8	5月9	5月10	5月11	5月12	5月13	5月14	5月15
3-T1（一层）	12	13	9	16	26	44	52	56	55	55	55	56	56	56	56	56	56	55	55	55	55	54	52	50	39	38	33	35	36	36	36	36	35	34	35	32	31	32	31					
3-T2（二层）	12	13	9	18	38	51	56	58	59	60	61	61	61	61	61	61	61	60	60	60	60	59	59	59	58	58	57	57	56	55	55	54	53	52	52	51	51	50	49	49				
3-T4（三层）	9	14	19	34	44	49	51	53	53	53	53	53	53	52	52	52	52	51	51	51	51	50	50	50	50	49	49	49	49	49	48	48	48	48	48	47	47	47						
3-T3（四层）	11	18	26	32	35	37	38	39	39	39	39	39	39	39	39	39	39	39	39	39	39	39	39	39	39	39	39	39	39	39	39	39	39	40	40	40								

时间（d）

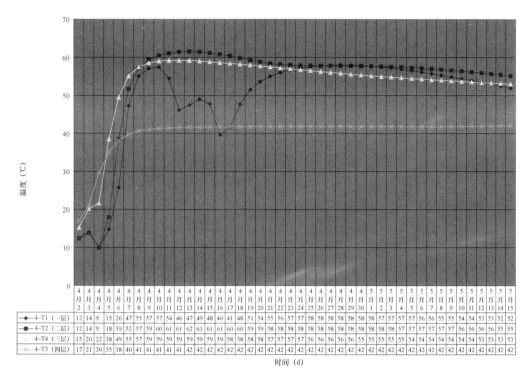

图 10-1-15 测位 4 各测点温度变化时程曲线

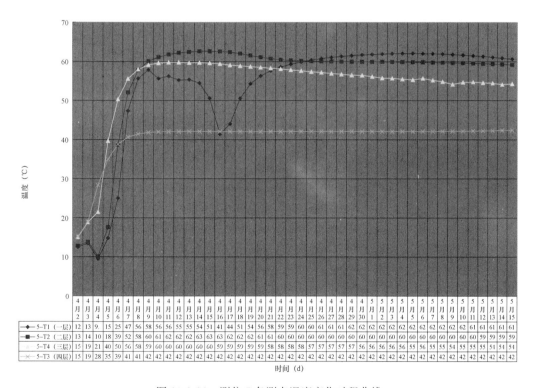

图 10-1-16 测位 5 各测点温度变化时程曲线

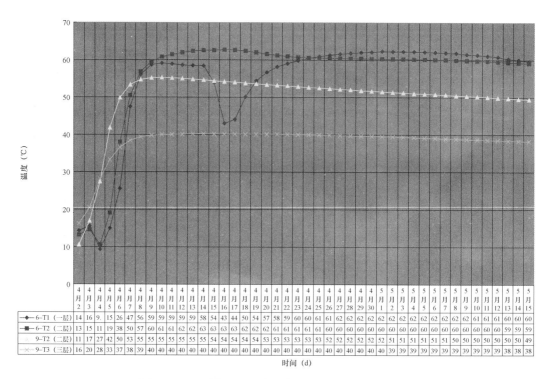

图 10-1-17　测位 6 和测位 9 各测点温度变化时程曲线

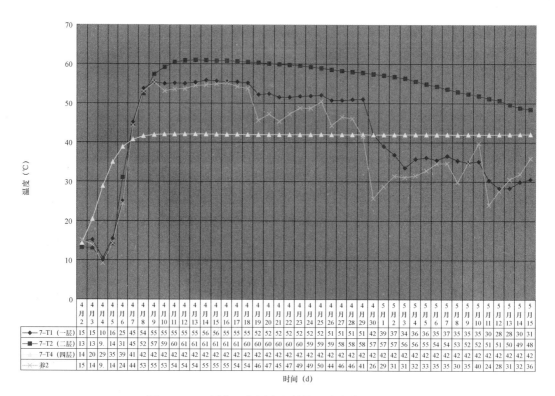

图 10-1-18　测位 7 各测点和养护温度变化时程曲线

5）应变监测结果

由于采取了较好的养护措施，从应变监测数据来看（图 10-1-19、图 10-1-20），混凝土基本上处于受压状态，最大压应变为 $-450\mu\epsilon$，不会产生有害裂缝。在升温阶段压应变增长较快，降温开始后，由于降温速率控制得较小，压应变变化速率逐渐减小。从图 10-1-19 可看出，在第 9 天到第 12 天时曲线上升，是由于进行第二阶段基础上部圆墩部位混凝土浇筑作业，养护层取消，降温速率增加所致，应变变化与温度曲线变化非常吻合，证明应变测试数据非常可靠。

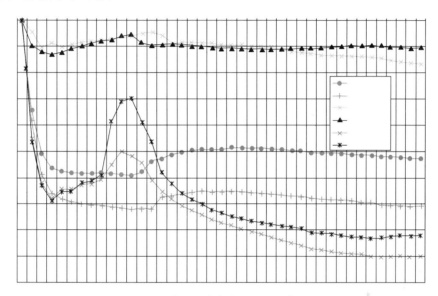

图 10-1-19　典型测位应变变化时程曲线（一）

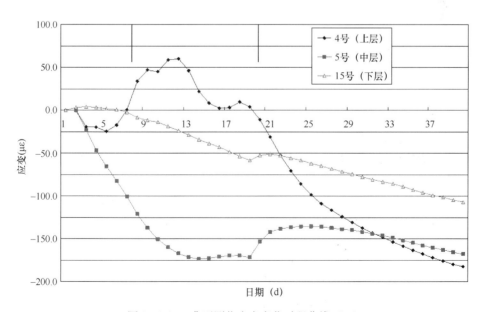

图 10-1-20　典型测位应变变化时程曲线（二）

由于基础混凝土在降温阶段保温措施到位，温度变化非常平缓，从现场实地详查情况看未发现有害裂缝，说明本次通过温控数据指导养护过程非常成功。

4. 理论计算与实测结果的比较分析

1）混凝土绝热温升计算

计算条件

C30 最终的混凝土弹性模量：$E_C = 3.0 \times 10^4 \text{N/mm}^2$；

混凝土的比热：$C = 0.96 \text{kJ/kg} \cdot \text{℃}$；

混凝土入模平均温度：14℃；

混凝土的质量密度：$\gamma = 2400 \text{kg/mm}^3$；

预计当地平均气温：12℃。

最高绝热温升：

$$T_{max} = WQ/C$$

式中　T_{max}——混凝土最大绝热温升值（℃）；

W——每立方米水泥用量与考虑磨细矿渣粉和粉煤灰掺量的 20% 参与前期水化放热反应形成温升峰值的用量的总和（kg）；[即 206＋（84＋82）×20%＝239.2kg]

C——混凝土的比热，一般为 0.92～1.00，取 0.96[kJ/(kg・℃)]；

γ——混凝土密度，取 2400kg/m³。

代入各值得：

$T_{max} = 239.2 \times 445/(0.96 \times 2400) = 46.2℃$（与实测基本相符）

2）自约束（内约束）应力计算

自约束应力（上表面最大拉应力）按下式计算：

$$\sigma_{xmax} = \frac{0.375 E\alpha T_0}{1-\mu} H(t,\tau)$$

由于本工程保温保湿条件很好，松弛系数 $H(t, \tau)$ 取 0.3，弹性模量取 $3.0 \times 10^4 \text{MPa}$：

$$\sigma_{xmax} = \frac{0.1125 E\alpha T_0}{1-\mu} = 0.476 \text{MPa} < 2.01 \text{MPa}$$

现场无表面裂缝。

3）外约束应力的计算

在温度应力的计算中，主要考虑基础总降温差引起的外约束应力。外约束应力常引起贯穿性裂缝。

混凝土在降温过程中，由于内外温差和收缩的缘故，将会产生温度收缩应力。将总降温差分成台阶（步距 3d）各时期的最大拉应力的计算公式：

$$\sigma(\tau) = -\frac{\alpha}{1-\mu} \sum \left[\left(1 - \frac{1}{\cosh(\beta \cdot L/2)}\right) \cdot E_i(\tau) \cdot \Delta T_i \cdot H_i(t,\tau) \right]$$

式中　$E_i(\tau)$——各龄期混凝土弹性模量；

α——混凝土线膨胀系数，取 $10 \times 10^{-6}/℃$；

ΔT_i——各龄期的综合降温差，包含降温差和由收缩变形折算的收缩当量温差；

μ——混凝土材料的泊松比，取 0.15；

H_i (t, τ)——各龄期混凝土的松弛系数，t 表示持荷时间（d）τ 表示受荷龄期（d）；

L——基础底板长度，为 60m；

β——与基础厚度 H，弹性模量 E (τ) 及水平阻力系数 G_x 有关的参数，$\beta = \{G_x / [H \cdot E (\tau)]\}^{1/2}$；

H——基础底板厚度，为 5.5m。

$$C_x = C_{x1} + C_{x2}$$

式中　C_x——总阻力系数（地基水平剪切刚度，N/mm^3）；

C_{x1}——地基侧向刚度系数，取 $3 \times 10^{-2} N/mm^3$；

C_{x2}——地基单位面积刚度受灌注桩影响系数，$C_{x2} = Q/F$，当灌注桩铰接时：

$$Q = 2EJ \left[\sqrt[4]{\frac{K_h \cdot D}{4EJ}} \right]^3$$

式中　K_h——侧向压缩刚度系数，$3 \times 10^{-2} N/mm^3$；

E——灌注桩的弹性模量，$3.15 \times 10^4 N/mm^2$；

J——灌注桩惯性矩（当为 $\varphi1200mm$ 时，$J = 1017 \times 10^8 mm^4$）；

D——灌注桩直径（本例为 $\varphi1200mm$）。

本例中，C_x 计算值为 $3.11 \times 10^{-2} N/mm^3$。

则理论总降温产生的最大拉应力计算（表 10-1-3）：

$$\sigma_{max} = 0.035MPa$$

C30 混凝土，取 $R_f = 2.01MPa$：

$$K = R_f / \sigma_{max} = 57 > 1.15$$

满足抗裂要求，不会产生贯通性裂缝。

4）实测混凝土应力

在本次监控过程中，所有测点直接监测应力均为压应力，最大压应力约为 13.5mPa，混凝土在此条件下不会开裂，与现场情况完全一致。

5. 总结

由北京首钢建设集团有限公司施工的 5500m³ 高炉基础，设计要求总方量 11031m³ 无施工缝一次浇筑。如此超大规模的高炉基础，一次性不间断浇筑的施工方法在我国尚属首次。前期针对大体积混凝土温度场和应力场的理论计算分析、材料的选择、配合比优化设计、良好的施工组织、严谨的施工养护，同时，根据混凝土温度场和应力场的实时监控数据，对施工和养护过程进行指导，实现大体积混凝土数字化施工；通过以上综合性技术的实施，确保基础大体积混凝土未出现有害裂缝，达到质量控制目标。

从本次施工效果和大量的工程实例来看，传统观念所认为的设置伸缩缝就可以避免裂缝，不留伸缩缝就一定会产生裂缝的观点有其片面性。通过本工程实践，合理控制混凝土内部的温度变化，充分利用混凝土的自身特性，可以有效控制混凝土在温度变化下的变形，混凝土的有害裂缝是可以避免的。

本工程实现了一次性整体浇筑，由于在施工工艺、材料选择、后期养护和现场监测等方面采取了一系列温控防裂技术措施，基础未出现有害裂缝。整体浇筑缩短了工期、增加了整体刚度、提高了防水性能。监测结果表明：只要在施工过程中对原料的质量、混凝土级配管理、泵送工艺、养护过程中保温保湿等各个环节采取一系列切实有效的技术组织措施，一次浇筑大体积混凝土不留任何施工缝是完全可以保证施工质量的。

外约束应力计算

表 10-1-3

龄期 t	1	2	3	6	9	12	15	18	21	24	27	30	33	36	39	42	合计
$T_{(t)}$			64.8	66.9	67.2	66	63.3	60.7	58.5	57	56.4	56.3	56.6	56.6	47	46	
$\Delta T_{(t)}$				-8	-1	0	2.7	2.6	2.2	1.5	0.6	0.1	-0.3	0	9.6	1	
$e^{-0.01t}$	0.91	0.84	0.97	0.94	0.91	0.89	0.86	0.84	0.81	0.79	0.76	0.74	0.72	0.70	0.68	0.66	
$\varepsilon(t)$	0.26	0.49	0.10	0.21	0.31	0.40	0.49	0.58	0.67	0.76	0.84	0.92	1.00	1.07	1.15	1.22	
$\alpha_y(t)$			0.10	0.10	0.10	0.10	0.10	0.10	0.10	0.10	0.10	0.10	0.10	0.10	0.10	0.10	
$T_y(t)$			1.05	2.07	3.05	4.01	4.94	5.84	6.72	7.57	8.40	9.20	9.97	10.73	11.46	12.17	
$\Delta T_y(t)$				1.02	0.98	0.96	0.93	0.9	0.88	0.85	0.83	0.8	0.77	0.76	0.73	0.71	
$\Delta T_y(\Delta T_i)$				-6.98	-0.02	0.96	3.63	3.5	3.08	2.35	1.43	0.9	0.47	0.76	10.33	1.71	
$e^{-0.09\tau}$			0.20	0.20	0.20	0.34	0.26	0.20	0.15	0.12	0.09	0.07	0.05	0.04	0.03	0.02	
$E(t)$	0.26	0.49	0.71	1.25	1.67	1.98	2.22	2.41	2.55	2.65	2.74	2.80	2.85	2.88	2.91	2.93	
松弛系数			0.20	0.20	0.20	0.20	0.20	0.21	0.21	0.22	0.23	0.25	0.30	0.52	0.57	1.00	
β	0.00	0.00	0.00	0.00	0.00	0.00	0.00	0.00	0.00	0.00	0.00	0.00	0.00	0.00	0.00	0.00	
$\beta(L/2)$	1.40	1.01	0.85	0.64	0.55	0.51	0.48	0.46	0.45	0.44	0.43	0.43	0.42	0.42	0.42	0.42	
$\cosh\beta(L/2)$	2.16	1.56	1.38	1.21	1.16	1.13	1.12	1.11	1.10	1.10	1.09	1.09	1.09	1.09	1.09	1.09	
最大拉应力	0.00	0.00	0.00	-0.0053	0.0000	0.0008	0.0030	0.0030	0.0027	0.0021	0.0014	0.0009	0.0006	0.0017	0.0246	0.0071	0.0478

温度应力不同于普通荷载作用下的应力，它是变形引起的应力状态。其主要特点是如果结构的边界允许自由变形，则不存在约束应力，而通常结构都处于弹性约束状态，必然会对结构有一定程度的约束，所以温度应力的产生也是必然的，当应力超过一定值就会开裂。在实际大体积混凝土施工过程中，必须尽量做到降低其拉应力值。不过由于混凝土同时具有徐变特性，能够将早期产生的高应力在一定程度上释放，所以在计算温度应力时，不直接将全过程中产生的应力简单叠加，而应考虑徐变影响，从一定程度也降低了开裂风险。

在本次监控过程中，有部分实测参数超过了规范限值，但由于养护措施到位，没有出现有害裂缝，建议相关规范可考虑工程情况调整相应参数限值。

本标准所给出的温度场和温度应力计算方法，是理论推导和无数工程实例的总结，实践验证具有较高的精度，既可以预测大体积混凝土温度场的分布，又可以分析结构的温度应力场问题，解释一些"异常"现象，值得好好学习和研究。

本次大体积混凝土施工理论计算及实际情况比较分析表明，理论计算和实测结果非常一致，施工过程控制良好，没有产生任何有害裂缝，圆满完成施工任务，本次工作中采取的技术措施和积累的经验值得认真总结和推广，为我国的大体积施工工艺改良做出贡献。

10.2　核岛底板大体积混凝土施工质量控制（一）

1. 工程概况

AP1000 技术是目前世界上最先进、最安全的第三代核电技术，对混凝土质量要求极为严格。核电站核岛筏基是核反应堆厂房的基础部分，其大体积混凝土采用一次性整体浇筑，可以实现核电站核岛基础一次整体成形，具有刚度大、无接缝、防渗好等技术优点，十分适合安全性能要求高的核电施工。

三门核电一期工程为世界首座 AP1000 示范堆，核岛基础形状复杂，平面尺寸为半圆和多边形的组合体，且半圆和多边形区域混凝土厚度不同。在圆弧和多边形交接处存在 2 个变截面（图 10-2-1）。底板反应堆厂房基础三面嵌入核辅助厂房基础上与辅助厂房底板连成一体，基础长为 256′（78.03m），最宽处为 115.5′（35.81m），最窄处（⑦轴）仅为 16.5′（4.03m）。基础底标高为 EL60′6″，基础顶标高为 EL66′6″，基础厚 1.83m。混凝土采用 56d 抗压强度为 4000psi（C35），配合比编号为 N-011D 的混凝土，含气量为 3%～6%，坍落度为 110～190mm。底板下部设置一层强度为 4000psi（C35）的 305mm 厚混凝土垫层，垫层下为一层摩擦系数为 0.7 的防水卷材。

工程混凝土施工方量较大，要求一次不间断连续浇筑，不能出现有害裂缝，质量要求高。该工程地处海洋性气候地区，环境条件恶劣，昼夜温差大，大风降温频繁，养护困难。

三门核电一期 2# 核岛底板于 2009 年 12 月 15 日 10：00 开始混凝土浇筑，至 2009 年 12 月 17 日 04：15 连续浇筑完成，历时约 42h，共计完成 5160m³ 混凝土。

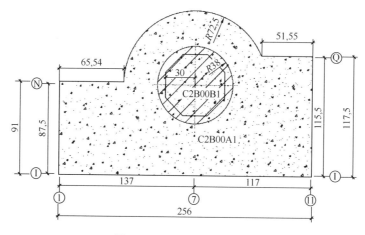

图 10-2-1　基础底板平面图

2. 施工方案

1）施工工艺

（1）垫层采用 C35（强度为 4000 psi）混凝土，垫层厚度 305mm，垫层下面为一层防水材料，摩擦系数 0.7。

（2）底板基础混凝土采用 56d 抗压强度为 4000psi（C35）、配合比编号为 NI-011D 的混凝土，水泥用量为 $264kg/m^3$，粉煤灰用量 103kg。

（3）浇筑混凝土时，为防止前后浇筑的混凝土出现冷缝，施工采用"连续分层"方案，每层混凝土厚度不超过 40cm，且前后层施工混凝土浇筑时间间隔不超过混凝土初凝时间。

（4）严格控制振捣时间、移动距离和插入深度。

（5）施工时采用 2 台混凝土汽车泵和 2 台混凝土固定泵（并备用 1 台汽车泵），使混凝土泵车臂杆完全覆盖基础平面。

（6）根据凝土初凝时间、搅拌站到现场距离、4 台混凝土泵计算最少需要的混凝土运输车台数。

（7）抹压土表面，不少于 2 遍，同时掌握好抹压时间，以消除混凝土表面早期塑性收缩裂缝（图 10-2-2）。

2）施工材料

优化混凝土施工配合比，同比三门 1# 核岛，2# 核岛底板每立方米混凝水泥用量减少 49kg，从而降低绝热温升值（表 10-2-1）。

三门核电 2# 核岛底板混凝土施工配合比　　　　　　表 10-2-1

材料名称	中砂	小碎石	中碎石	大碎石	水泥	粉煤灰	外加剂	水
原材料用量（kg/m³）	744	112	558	446	264	103	2.39	165

图 10-2-2　基础底板施工现场

3）裂缝预防措施

（1）合理设计混凝土施工配合比，减少水泥用量，降低绝热温升值。

（2）布设防裂钢筋，在混凝土表面和侧面增加$\phi12@150$抗裂钢筋。

（3）跟踪检测出站混凝土的质量，测试每台输送罐车的混凝土坍落度，发现不合格，不允许使用；混凝土出机到入模间隔时间不得超过1.5h；混凝土在浇筑过程中不得中断，若中断，应紧密关注已浇筑的混凝土表面质量，如已初凝则须按施工缝进行处理；另外，严格控制混凝土浇筑时间。

（4）养护工艺

① 混凝土面保湿：混凝土终凝后立即开始，首先在混凝土面覆盖一层塑料薄膜进行保湿，防止水分和热量流失，并安排专人做保湿养护，养护期间集中补水一次。

② 保温层：塑料薄膜铺设完毕后，铺设2层麻袋，采用一纵一横铺设，表面再覆盖1层土工布（较大平面），其基础上方搭设防雨防风棚；养护期间始终保持混凝土表面湿润。

（5）根据混凝土应变及温控监测情况及时调整覆盖层厚度以加强保温养护效果，控制内外温差不大于20℃，降温速度不大于1.5℃/d，以免出现温度裂缝。

（6）养护时间及养护层厚度根据监测数据调整（图10-2-3～图10-2-5）。

图10-2-3　基础底板侧面免拆模板

3. 监测方案

1）监测仪表的选择

按常规概念，混凝土的抗拉性能很弱，其抗拉强度与抗压强度的比值约为0.07～0.12，混凝土的极限拉伸应变只有$(0.7-1.0) \times 10^{-4}$；因此称混凝土为脆性材料。按此概念，混凝土在全约束条件下能承受的温差约为7℃～10℃，而实际情况相差甚远。在探

图 10-2-4　保温层覆盖及大棚支撑搭设

图 10-2-5　基础底板养护大棚

索弹性应力计算的同时必须考虑徐变及微裂的影响。这就解释了仅仅用弹性理论计算的温度收缩应力来反映受力的瞬时效应，远远超过了工程结构实际应力值，这也就是在施工中特别强调的良好的保温保湿养护，充分发挥徐变带来的松弛效应。

裂缝按产生原因分为 5 类：

（1）荷载作用下的裂缝（结构性裂缝约 10%）；

（2）变形作用下的裂缝（非结构性裂缝约 80%）；

（3）混合作用（荷载与变形共同作用）下的裂缝（约 5%～10%）；

（4）碱-骨料反应；

（5）质量力（惯性力）引起的裂缝。

结构在不受外力作用下，出现裂缝的概率比例很大，大体积混凝土施工及养护阶段并没有承受外界荷载，但是混凝土自身的水化热及外界环境的影响使得混凝土存在内力。进行温度及应变测试的目的是实时掌握混凝土各部位的实际应力状态，以便控制混凝土裂缝的产生。如何通过监测手段把握混凝土的应力状态是个关键的技术难题。

尽管大体积混凝土应力状态的复杂性，但是通过测试前理论分析、测试过程中控制以及测试数据及时分析处理，还是能够较准确地把握结构的主要应力状态。

根据以上特点，现场监测选用 BGK-Micro-40 数据采集仪。监测传感器选用高精度铂电阻温度传感器和 BGK-4200 型应变计进行混凝土温度和应变测量。

2）测点布置

布置原则：测温点应选择在温度变化大、容易散失热量的部位和受环境温度影响大的地方，绝热温升最大和产生收缩预应力最大的地方。测温点的布设应有效测得混凝土里表温度、核心和边缘的温度变化值。

沿厚度方向分三层布置，共计 16 个应变传感器；温度传感器分三层布置，共计 59 个温度测点；分层布置的应变与温度传感器，其上、下两层分别距离上、下表面 5cm，中间层位于厚度正中；另在混凝土外表面的养护膜内布置 3 个温度测点，在大气环境中布置气温测点 2 个，在混凝土内布置 3 套零应力装置，测点共计 80 个。根据结构特点，传感器按如图 10-2-6、图 10-2-7 所示进行布置。

振弦传感器性能指标：

测试范围：$+2000\mu\varepsilon$；

测试精度：$0.5\mu\varepsilon$；

温度环境：0℃～+200℃。

温度测量传感器性能指标：

测试范围：$-20℃～+150℃$；

测试精度：0.5℃。

3）应变测试原理

单元体：围绕所研究的点，截取一个变长无穷小的正六面体，用各面上的应力分量表示周围材料对其作用，称为应力单元体。

主单元体：3 对相互垂直的主平面取出的单元体。

根据主单元体上三个主应力中有几个是非零的数值，将应力状态分为三类：

（1）单向应力状态，只有一个主应力不等于零；

图 10-2-6 传感器安装

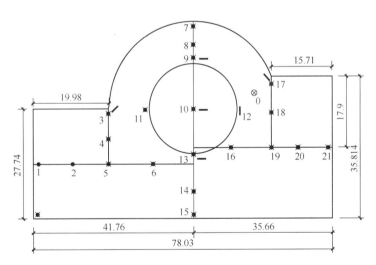

● 温度传感器 ━ 应变传感器 ⊗ 零应力传感器

图 10-2-7 测点布置图

（2）二向应力状态，二个主应力不等于零；

（3）三向应力状态，三个主应力均不等于零。

强度理论：在复杂应力状态下关于材料破坏原因的解释，称为强度理论。

常用的强度理论：

（1）最大拉应力理论（第一强度理论）$\sigma_{r1} = [\sigma]$

（2）最大拉应变理论（第二强度理论）$\sigma_{r2} = \sigma_1 - v(\sigma_2 + \sigma_3)$

混凝土应力很难通过直接手段测试出来，一般情况下，是通过埋设应变传感器测试应变变化，从而计算应力值。大体积混凝凝土应变测试理论基础是第二强度理论，即所受应变值超过某值时，混凝土就开裂。

大体积混凝土由于3个方向尺寸较大，水化热的散发受到限制，当温度升高时，由于混凝土内外热量散发程度的差异，造成混凝土内外温度不同，从而形成温度应力。混凝土的温度应力是一个相当复杂的问题，从数学上进行理论解答相当复杂，尤其是混凝土的平面尺寸不规则时，温度应力的计算更加复杂。要计算温度应力，首先要获得温度函数，在实际状态下，大体积混凝土的温度场本身就相当复杂，混凝土的温度场与混凝土水化热、边界条件、施工方法、环境温度、空气流速、湿度等有很大关系，要计算精确值，几乎是不可能的事。所以混凝土应变测试是非常有必要的。

所有测位传感器布置情况如表10-2-2所示。

传感器布置　　　　　　　　　　　　　表10-2-2

测位编号	上层	中层	下层
0#	温度/应变	温度/应变	温度/应变
1#	温度	温度	温度
2#	温度	温度	温度
3#	温度/应变	温度/应变	温度/应变
4#	温度	温度	/
5#	温度	温度	温度
6#	温度	温度	/
7#	温度	温度	温度
8#	温度	温度	温度
9#	温度/应变	/	/
10#	温度/应变	温度/应变	温度/应变
11#	温度	温度	温度
12#	温度/应变	/	/
13#	温度/应变	温度	/
14#	温度	温度	温度
15#	温度	温度	温度
16#	温度	温度	温度
17#	温度/应变	温度/应变	温度/应变
18#	温度	温度	/
19#	温度	温度	温度
20#	温度	温度	/
21#	温度/应变	温度/应变	温度/应变
养护温度	养1	养2	养3
环境温度	环1	环2	

4）零应力点设置

大体积混凝土的温度应力极其复杂，输出应变包括自由应变、温度应变、混凝土的收缩应变以及传感器本身的热应变等，传感器的输出是这些因素的综合结果，同时混凝土应力和应变关系不一定满足胡克定律，为了真实反映混凝土的温度应力，在混凝土中需同时埋设零应力装置。

零应力装置是一个预埋在大体积混凝土中能够不受约束，可以自由变形的设备。与整个大体积混凝土同时浇筑，由筒壁将其与环境隔离开来，四周不受周围混凝土约束，但其温度湿度变化及混凝土强度的发展与周围混凝土完全一致。所以，其中传感器所测得的应变值即为其他所有条件与工作应变计相同而无约束状态下的应变值（图 10-2-8）。

5）温控防裂相关控制参数

（1）裂缝宽度小于 0.41mm；

（2）混凝土内约束应变小于 200$\mu\varepsilon$；

（3）浇筑体里表温差小于 25℃；

（4）浇筑体降温速率小于 2℃/d。

4. 监测结果及分析

1）监测结果

混凝土基础于 12 月 15 日 10：00 开

图 10-2-8 零应力传感器安装

始浇筑，12 月 17 日 4：15 混凝土浇筑完毕。监测系统于 12 月 14 日调试完毕，监测过程随混凝土施工作业同步进行，数据采集频率 1 次/30min。在持续监测过程中，混凝土中心（14 号测点）最高温度为 47.5℃，各项测试数据正常（表 10-2-3）。

混凝土中心入模温度、最高温度及温升值　　　　表 10-2-3

测位	入模温度℃	最高温度℃	温度升高值℃
0-T02	12.1	43.7	31.6
1-T02	17.1	33.8	16.7
2-T02	18.6	46.6	28
3-T02	16.7	35.5	18.8
4-T02	16.9	43.3	26.4
5-T02	20.1	46.6	26.5
6-T02	15.3	44.3	28.5
7-T02	15.3	31.9	16.6
8-T02	15.8	43.2	27.4
10-T02	15.8	37.3	21.5
11-T02	16.5	33.6	17.1
13-T02	18.2	43.9	25.7
14-T02	19.6	47.5	27.9
15-T02	15.4	32.9	17.5
16-T02	17.5	46.1	28.6
17-T02	11.4	31.4	20
18-T02	16.1	41.6	25.5

测位	入模温度/℃	最高温度/℃	温度升高值/℃
19-T02	14.6	45.3	30.7
20-T02	14.7	42.9	28.2
21-T02	15.2	34.0	18.8

注：—02表示中间测点。

2）实测温度结果分析

实测混凝土平均入模温度为16.2℃，开始浇筑混凝土时大气温度8℃左右，混凝土截面中心温度峰值达47.5℃。上部和侧面降温快，中心降温慢，底部降温最慢。

为了充分利用混凝土在慢速荷载作用下的应力松弛效应，可以通过后期养护来控制降温速率，使降温始终处于缓慢阶段，避免降温速率过快，产生有害裂缝。通过温度监测结果表明，基础中心温度梯度变化很小，在1.5℃/d以内，养护期间中心最大降温梯度1.7℃，内外温差最大值11.8℃，温控非常成功。

3）温度场分析

温度场计算采用差分法计算，其计算结果及精度在三门1♯核岛、海阳1♯核岛底板混凝施工中得到验证，与实测值非常接近。

差分法相关内容见本指南第8.4.2条、第8.4.3条。

计算结果：块体最高温度为47.7℃，温升32.7℃；实测最高温度为47.5℃，温升27.9℃，非常接近（原因：混凝土浇筑当日下雨，致使温升值降低）（图10-2-9～图10-2-16）。

4）应变监测曲线（图10-2-17～图10-2-22）

5）监测结果分析

从现场实地检测结果来看，未发现有害裂缝，即使表面出现一些细微裂缝，裂缝宽度也在相关规范要求以内，经现场检测为表面裂缝，说明温度、应变控制是成功的。

鉴于应变测点较少，规律不是很明显，深入分析大致如下：

（1）在不考虑表面收缩的情况下，基础外侧区域受拉，全断面出现拉应变，基础中心

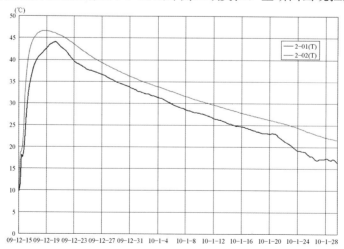

图10-2-9　测位2各测点温度变化时程曲线

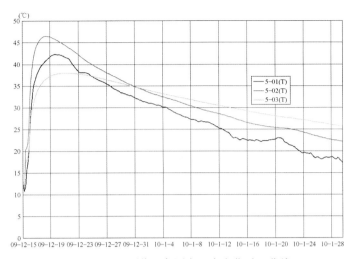

图 10-2-10　测位 5 各测点温度变化时程曲线

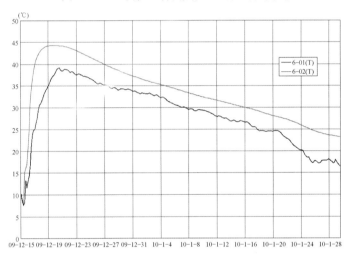

图 10-2-11　测位 6 各测点温度变化时程曲线

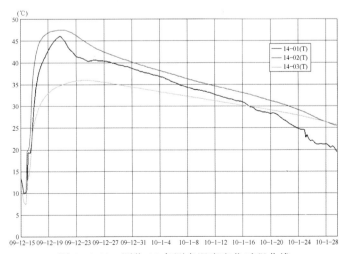

图 10-2-12　测位 14 各测点温度变化时程曲线

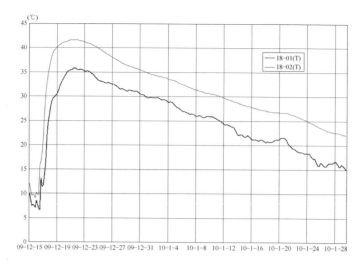

图 10-2-13 测位 18 各测点温度变化时程曲线

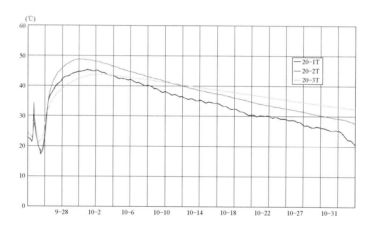

图 10-2-14 测位 20 各测点温度变化时程曲线

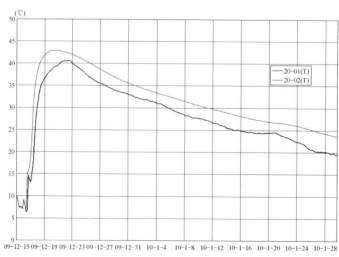

图 10-2-15 测位 21 各测点温度变化时程曲线

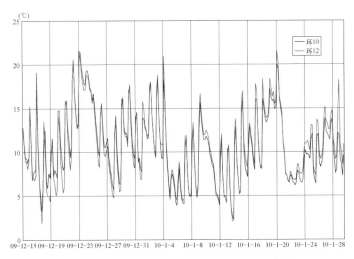

图 10-2-16　养护棚内测点温度变化时程曲线

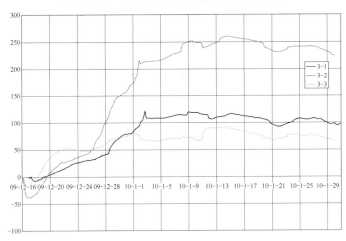

图 10-2-17　测位 3 应变变化时程曲线

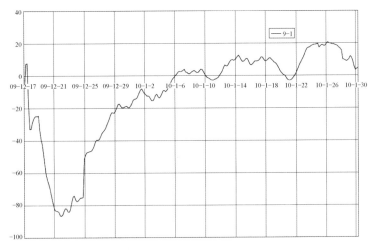

图 10-2-18　测位 9 应变变化时程曲线

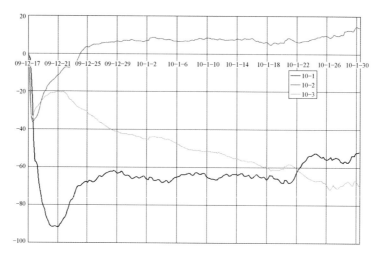

图 10-2-19 测位 10 应变变化时程曲线

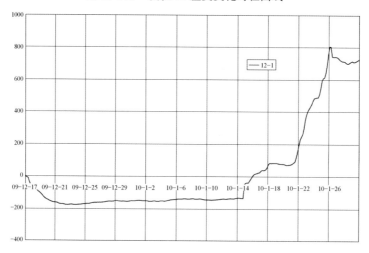

图 10-2-20 测位 12 应变变化时程曲线

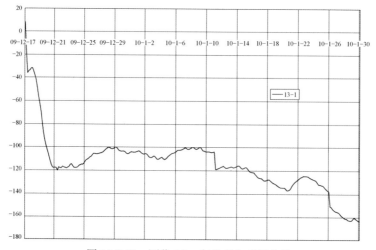

图 10-2-21 测位 13 应变变化时程曲线

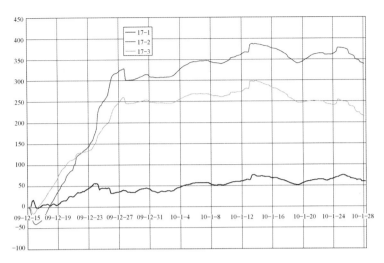

图 10-2-22　测位 17 应变变化时程曲线

区域表层受拉，中心及底部受压；

（2）应变曲线发展趋势基本和温度变化发展一致，升温受压，降温受拉；

（3）整个养护期间，混凝土拉应变控制在 $200\mu\varepsilon$ 以内，可以有效控制混凝土裂缝开展；

（4）针对部分测点应变超过 $200\mu\varepsilon$，应根据其具体情况，分析其原因。3♯、17♯ 测点因其位于应力集中的截面，容易开裂的位置，故其应变较大，养护期间针对这两个点情况，养护措施做了多次调整。12♯ 表层应变在后期增长过快的原因：后期基本上已拆除养护层，其温度变化和环境一致，环境气温较前几天低导致；而其应变较大的原因是传感器安设在混凝土开裂的位置。

5. 结论

三门核电 2♯ 核岛地板大体积混凝土基础，总方量 $5160m^3$ 无施工缝一次浇筑的做法是成功的，满足设计要求。

合理控制温度变化，充分利用混凝土的自身特性，可以有效控制混凝土在温度变化下的变形，从而控制混凝土中应力变化。从监测结果来看，控制混凝土内外温差，控制温度降温速率，混凝土的（相对）裂缝是可以避免的。

本标准所给的计算温度应力方法，是一种简化的计算方法，它可以定性的分析结构的温度应力问题，解释一些"异常"现象；在定量的计算方面会产生误差，但误差是偏于安全的。

针对拆模后，混凝土表面出现裂缝，现场对裂缝形状、长度、宽度、深度进行了分析研究，对个别部位较宽的裂缝进行剔凿方法测量其深度。经过现场验证，最大宽度裂缝宽度 0.30mm，所有裂缝均为表面裂缝，属于非危害裂缝。理论计算及实际情况证明，基础混凝土浇筑及养护质量很好，没有产生任何有害裂缝。

本次养护工作成功之处还在于有针对性地进行了养护前各种措施的调整与实施；养护前温度场计算采用差分法，制定合理的温控方案；养护过程中的主动养护（通过温控调整养护），并结合天气变化情况及时调整降温速率和养护措施，有效避免混凝土开裂的各种可能性。

实践证明：本次温度及应变监控施工取得了很大成功，整个混凝土底板未出现有害裂缝，监控工作对施工养护工作起到了指导作用，保证了混凝土的整体浇筑质量，又缩短了工期，为核电站类似筏基的施工提供了技术支持和经验积累，具有一定的开拓性和现实意义。

核电站核岛筏基大体积混凝土一次性整体浇筑技术，为推进中国核电产业技术水平的整体跨越，为实现我国第三代核电 AP1000 的自主化、批量化建设打下了坚实的基础。

10.3 核岛底板大体积混凝土施工质量控制（二）

1. 工程概况

防城港核电站二期核岛厂房（BRX/BFX/BSX）采用共用筏基设计，筏基轮廓尺寸约110m×81.20m，底标高均为−11.80m，各厂房筏基局部根据工艺要求布置各种设备地坑。各厂房下的筏基厚度从2.2m到4.65m不等，混凝土强度等级为C40P8。根据防城港核电二期3BRX筏基现场实际情况，对共用筏基采用分段浇筑方法，以3BRX中心区筏基半径$R=13m$作为第一段浇筑区域，此段筏基上部中心有一圆形凸台（$R=7.5m/h=0.8m$），需待钢衬里侧壁安装后二次浇筑。本次混凝土浇筑厚度3.85m（标高−11.80m～−7.95m），浇筑总量约2043m³。

为了保证混凝土整体浇筑施工质量，在综合考虑材料、配合比、施工及养护的情况下，同时对中心区筏基混凝土浇筑体进行温度、应变监控，实时掌握混凝土典型部位的实际温度、应力应变状态，监控核岛底板混凝土的内部温度场和应力分布规律，从而及时有效地指导养护工作，有效减少甚至消除混凝土裂缝。

2. 施工准备

1）原材料准备

（1）水泥

防城港核电站使用的水泥为普通硅酸盐水泥，规格为鱼峰 P·Ⅱ 42.5 级。水泥至少要在混凝土浇筑前一个月储备完成，通过一段时间的储存降低水泥的温度，达到降低混凝土出机温度的目的。

（2）矿渣粉

在混凝土配合比中，中心区筏基 C40P8 混凝土中掺入适量的矿渣粉，减少水泥用量，降低水化热。矿渣粉采用鱼峰生产的 S75 规格矿渣粉。

（3）粗细骨料

中心区筏基 C40P8 混凝土采用中砂及碎石，粗骨料采用连续级配粒径为 5mm～31.5mm 的碎石，细骨料采用连续级配粒径为 0.16mm～5mm 的中砂，碎石产自连诚石场，中砂产自合浦。粗细骨料均至少要在混凝土浇筑前一个月储备完成，从而通过一段时间的储存降低骨料的含水率。

（4）拌合水

混凝土搅拌全部采用冷水机组生产的 3℃可饮用冷水，降低混凝土的出机温度。

（5）外加剂

外加剂选用江苏苏博特生产的 PCA®-Ⅰ型高效减水剂，减小水胶比，改善混凝土的和易性、流动性和减少水泥用量，降低混凝土的绝热温升并减小收缩变形（表10-3-1）。

筏基 C40P8 混凝土配合比　　　　　　　　　　　　　　表 10-3-1

序号	材料名称	规格	产地/厂家	用量（kg）
1	水泥	P·Ⅱ 42.5 级	鱼峰	270
2	矿渣粉	S75	鱼峰	180

续表

序号	材料名称	规格	产地/厂家	用量（kg）
3	中砂	0.16mm～5mm	合浦	740
4	碎石	5mm～16mm	连诚石场	475
5	碎石	16mm～31.5mm	连诚石场	585
6	外加剂	PCA®-I	江苏博特	4.5
7	水	饮用	现场	152

2）钢筋绑扎

3BRX 中心区筏基总的钢筋用量约 280 t，钢筋布置最大半径为 15.20m，网片钢筋全部为 HRB400E 级 φ32mm 的钢筋，拉筋为 HRB400E 级 φ16mm 和 HPB300E 级 φ8mm 的钢筋，其他还有几种不同规格的加固及措施钢筋。筏基上部半径 $R=7.5$m 凸台区域钢筋按图纸要求绑扎，待钢衬里侧壁安装后进行二次浇筑。

3BRX 中心区筏基主筋的连接方式为直螺纹机械套筒连接和绑扎连接，加固及措施钢筋可根据情况采用焊接或绑扎连接。施工时保证机械接头连接紧固，绑扎要求满绑并且要用双线绑丝。

钢筋间距符合图纸要求，不得随意调整，保护层厚度严格按照图纸所标注的厚度进行控制。插筋位置、锚固方式、数量、间距留设时应满足图纸要求，用附加钢筋保证插筋的垂直，插筋外漏部分用塑料薄膜缠绕包裹，预留的外接钢筋接头安装好机械套筒，并塞上套筒保护帽。混凝土浇筑、振捣时要安排专职的看钢筋人员，提醒混凝土操作人员注意插筋的位置，并负责对发生偏移的钢筋及时进行调整和加固。

3）模板支护

3BRX 中心区筏基垂直施工缝采用铁丝网模板，施工缝模板安装前，应根据筏基钢筋位置在铁丝网上开口，便于筏基钢筋穿过铁丝网。用绑扎丝将铁丝网绑扎牢固，两张铁丝网模板搭接长度不少于 100mm。铁丝网模板安装好后，水平背楞采用直径 20mm～25mm 钢筋按间距 200mm 环向加固，竖向背楞为双脚手钢管间距 1m 布置。施工缝模板通过内拉外顶的方式进行加固，模板支设前在筏基外围沿圆周方向打间距约 2m 支撑锚筋，锚筋直径 32mm 长 500mm，锚入地面以下不小于 200mm，并通过锚筋布置用钢管顶叉撑住模板，同时在筏基底部的钢筋上用高强拉杆焊接钢筋拉环拉结模板。

4）混凝土生产

混凝土生产开始前，对所有搅拌设备进行检查，保证其处于良好工作状态，搅拌机组连续生产时，每搅拌一盘（2m³）混凝土约 2min，搅拌一车（8m³）约 8min。在混凝土生产期间，操作工随时对搅拌站的操作性能以及各组分的计量器具的显示状态进行检查，在混凝土出机后，对每车混凝土的发货单进行检查。

实验室人员对混凝土的外观进行检查，确保混凝土具有良好的和易性，同时安排专人定时对混凝土的出机温度、坍落度（包括搅拌站和施工现场）、入模温度等一些重要参数进行跟踪检测，并形成记录，严格控制混凝土坍落度在 185mm±25mm 范围内。

混凝土开始生产时，先启动 1 台搅拌机组，待第一阶段混凝土浇筑接近结束随着浇筑设备投入数量增加，根据现场实际情况及时通知搅拌站启动第 2 台搅拌机组进行生产。在混凝土浇筑接近结束时，现场根据实际情况逐步退出一些布料设备并缩减罐车使用数量，同时通知搅拌站暂停搅拌，现场将所需混凝土量及时通知搅拌站值班调度后，搅拌站再按现场混凝土需求量准确的进行搅拌，以免造成浪费。

5）混凝土运输

运输车在施工前进行检查保养，确保其处于良好的工作状态。混凝土运输过程中，应加强现场与搅拌站的联系，缩短混凝土运输车在现场等待的时间，除试验室取样测温和做坍落度外，运输车不得在中途任意停留。为保证混凝土的顺利浇筑，所有搅拌车施工前进行编号，安排专人在道路岔口指挥各运输车辆按照指定的线路运行，保证混凝土运输车及时准确将混凝土运至与之相对应的泵送口。

首次装载或者是刚清洗完搅拌罐后应检查搅拌罐，以确保罐中无水或者其他能够影响混凝土质量的杂物。在装料和运输过程中，搅拌罐必须以低速运转，从而保证混凝土的匀质性，做到不分层、不离析。在运输的过程中或者在现场，严禁向罐内加外加剂或者水。当混凝土不适用时，应及时通知搅拌站管理人员，将混凝土退回搅拌站。

3. 混凝土施工

1）混凝土浇筑前准备

3BRX 中心区筏基共分三个阶段 6 个布料区域进行浇筑，混凝土采用推移式连续浇筑法从 120°～300°轴线方向来回往复向前推进。现场布置 2 台汽车泵和 2 台布料机进行浇筑。混凝土浇筑前所有设备和管道经过全面检修并处于良好的工作状态，基层已经清理干净；为控制混凝土浇筑的最终标高，需在上层设置标高条，标高条必须严格按照每 1.2m～1.5m 设置一个，标高条下口为混凝土浇筑标高；模板已经进行了二次检查，检查内容包括模板垂直度、接缝、拉杆紧固、支撑系统等，确保模板满足受力要求；温度及应变测量探头已按要求安装到位，并做好明显标识；插筋端部已经用塑料胶套进行包裹。混凝土浇筑前，首先根据方案设计的布料方向和浇筑方向，布置 φ200mm 的 PVC 下料导管，下料导管上端设置成扩口状，可使布料杆落灰口直接插入下料导管口。下料导管共 30 套，其中 3200mm 长 10 套用于 3BRX 凸台区域，其余 20 套 2500mm 长用于其他部位混凝土下料。下料导管设置在每一浇筑区段内，间距按 2m 左右布置。PVC 下料导管应提前布置在 120°一侧，随着混凝土浇筑向前推进再逐步向 300°方向移动，当混凝土临浇筑至 PVC 下料管，另 8 套截短至 1250mm 长继续布料，每个区域混凝土浇筑到最后一层前恢复上层钢筋，覆盖下料孔。

混凝土浇筑前对筏基底部和钢筋表面洒水进行湿润，并在白天对未浇筑区域的插筋顶部使用彩条布进行遮阳，避免阳光直晒，随着浇筑的进行逐渐掀开遮盖物，在夜间时可将覆盖物全部掀掉。

2）混凝土布料

开始布料前，首先应用同配合比的去骨料水泥砂浆润滑混凝土泵送设备，然后将润泵混凝土排放到垃圾斗中直至其排尽、正常混凝土排出时再开始布料，垃圾斗中的混凝土应及时吊出、倒掉并清洗干净。在泵入润泵混凝土时，要保证混凝土运输车也相应地到达施工现场。现场指挥人员应加强与搅拌站的联系，出现异常时，应及时向对方反馈，以便调整搅拌速度，避免出现混凝土罐车等待时间过长或坐地泵较长时间等待供料的现象，应使布料能够匀速稳定地进行。施工前选择合理的汽车泵站位，每台布料设备安排 1 名指挥人员，混凝土浇筑前一天进行试运行，确保混凝土浇筑过程中各布料设备臂杆之间不会发生碰撞，所有布料设备就位后，根据布料分区图将每台布料设备的工作区域进行划分，用警示带在插筋端部对各区域的边界进行标识。

布料的方法：3BRX 中心区筏基混凝土浇筑及布料见图 10-3-1～图 10-3-6，共分三个阶段 6 个布料区域进行浇筑。混凝土浇筑第一阶段，2♯汽车泵首先开始浇筑，待浇筑完第二层后（约 16.82m³），4♯布料机开始浇筑，浇筑至第五层（共计 91.66m³）进入第二阶段；此时 4 台浇筑设备同时浇筑，且每台浇筑设备负责一个布料区域，2 台布料机分别负责边缘 1、4♯布料区域，2 台汽车泵分别负责中部 2、3♯布料区域，待浇筑至第 20 层（共计 1974.34m³）时，2♯汽车泵、1♯、4♯布料机分别有序退出，混凝土浇筑进入第三阶段；3♯汽车泵浇筑余下混凝土（约 69.78m³）直至浇筑完成。

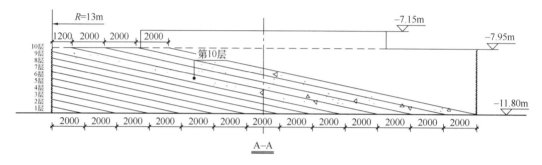

图 10-3-1　混凝土浇筑分层分段示意

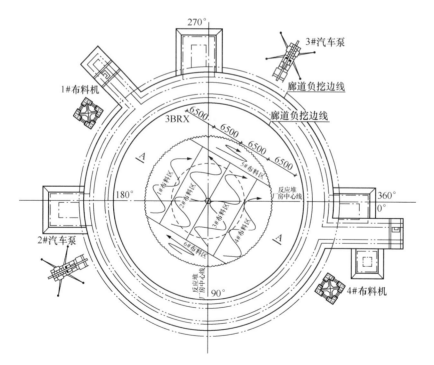

图 10-3-2　混凝土浇筑布料机布置示意

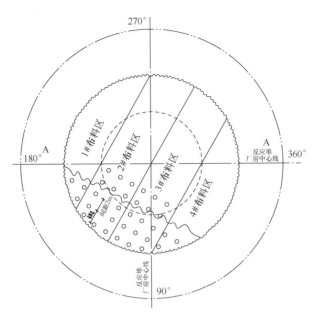

图 10-3-3 混凝土下料口布置示意

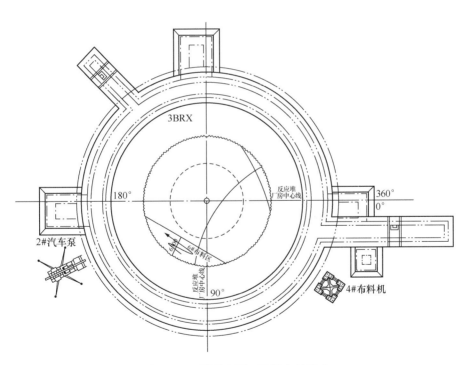

图 10-3-4 混凝土第一阶段布料示意

混凝土布料与振捣方向均自下而上进行，混凝土布料时应控制每层布料厚度在
400mm 以内，自由倾落高度不得超过 1.5m（现场借助 ϕ200mmPVC 下料导管辅助下料），
并注意相邻两部分的接缝时间不应超过混凝土的可振捣时间，各布料区责任人要密切注意
下层混凝土的情况，发现混凝土表面开始变硬将要初凝，及时指挥布料机对相应部位覆盖

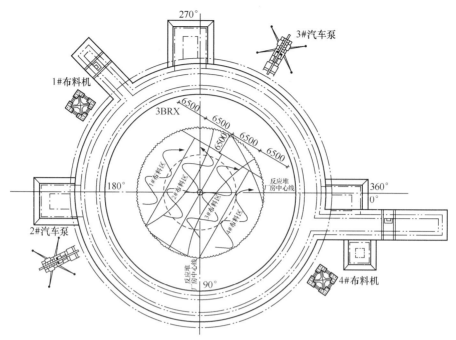

图 10-3-5　混凝土第二阶段布料示意

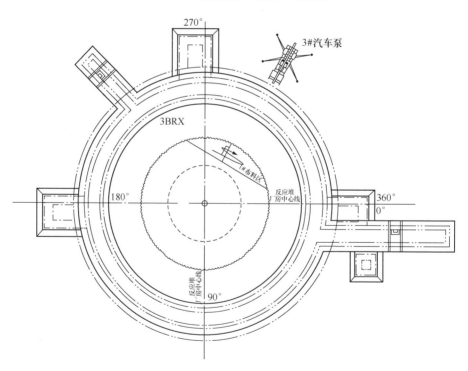

图 10-3-6　混凝土第三阶段布料示意

一层薄的混凝土或安排振捣手进行再次振捣，控制混凝土不出现冷缝。同时现场管理人员应加强对布料人员的监督，防止出现个别布料点下料时间过长、下料量过大的现象，将现场布料的宽度和厚度控制在标识的范围之内。

混凝土的布料采取来回往复的方式向前推进，布料点纵横方向间距控制在 2m 左右，每个布料点在浇筑混凝土前用红色的胶带进行标识，布料时应尽量避免混凝土直接冲向钢筋、模板和永久性仪表等，以防造成其移位、变形或损坏。布料机软管移位时，用蛇皮袋套住出料口，口袋必须绑扎牢固，避免脱落，防止软管内混凝土浆体滴落，污染筏基插筋。

为保证后期混凝土冲毛质量，布料时各布料区责任工长应坚持平行推进的原则，尽量控制各布料设备同步向前进行，当出现由于泵送速度差异时，布料速度快的设备适当增加覆盖范围。

3）混凝土振捣

3BRX 中心区筏基浇筑上表面将铺设行走跳板以方便操作人员实施振捣，并分别在东西两侧分别布置 2 个人员进出通道。此外，在上层钢筋网片预留 2 个 500mm×500mm 下人通道口，一方面可以随时观察下层混凝土振捣情况；另一方面，在浇筑过程中如遇振捣棒卡在钢筋之间，操作人员可及时解决。每个下人通道口用警示带等醒目材料标识，通道口部位需切割钢筋，待混凝土浇筑至上层时，钢筋工及时采用搭接的方式恢复该处钢筋。3BRX 中心区混凝土浇筑行走跳板搭设示意如图 10-3-7 所示。

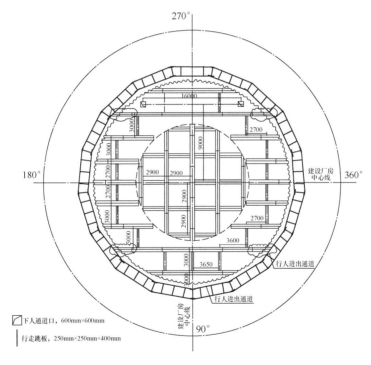

图 10-3-7　上层行走跳板布置示意

混凝土振捣采用插入式振捣棒进行，每台布料设备配备 5 根直径为 50mm 的振捣棒（1 根备用），每个布料点安排 4 位振捣手，筏基底部钢筋、铁丝网模板周边等高质量风险部位均应重点关注并安排有丰富经验的振捣手进行振捣，从而确保振捣质量。

振捣时，不得直接对准正在布料的布料管下方进行振捣，振捣棒插入要垂直，要作到"快插慢拔"，每点振捣 35s～45s 左右。具体控制应以混凝土表面呈水平不再显著下沉、不再出现气泡，混凝土表面稳定泛浆，且气泡较少时为宜；振捣过程中，将振捣棒上下略为抽动，使振捣均匀；混凝土的振捣紧跟布料进行，在振捣上层混凝土时，将振捣棒插入下层混凝土内 50mm，以便使混凝土有效地结合；振捣棒插点统一采用行列式，以免造成混乱而发生漏振。两个振点间的距离小于振捣棒振捣有效半径的 1.4 倍；振捣时，不得出现漏振现象，同时也不得过振，以免混凝土发生离析；在振捣过程中，应特别注意混凝土前锋线、永久性仪表、测温探头、筏基最底层、模板边缘等重点部位，不得直接碰触，以免造成移位、变形或损坏。相邻 2 台布料机接槎部位应特别注意，振捣手要互相配合及提醒，振捣时，要超出搭接部位至少 500mm 范围，以免出现漏振现象。夜间施工时，现场必须配备足够的照明，安排专业电工值班，并配备对讲机。

4）施工缝处理

3BRX 中心区筏基浇筑上表面及边缘垂直施工缝部位需进行冲毛处理。混凝土表面冲毛以 120°~300°轴线为基准分开向两侧有序推进。施工缝表面冲毛时机应把控得当，根据现场实际情况，一般在混凝土初凝后终凝前，既用手指能将混凝土中的小石子摇晃松动，混凝土又有一定塑性时，即可冲毛。用 0.5MPa 以上的高压气水流冲洗表面的浮浆及松动的小石子，充分显露出混凝土内的干净石子（高 5mm~8mm）。

筏基上表面冲毛时，应注意均匀冲洗，切不可仅对着一点，高压气流与混凝土冲刷面保持 30°，然后及时用高压气风管把被冲下的水泥浆和小石子冲走。由于混凝土浇筑面积较大，浇筑持续时间较长，为使冲毛污水有组织排出，防止浮浆过厚影响冲毛效果，在混凝土顶面上每隔 2m 放置冲毛挡板，以便冲洗的泥浆按照规定的方向流出。垂直施工缝也应均匀冲刷，避免冲出较深的坑洞。

为避免冲毛水污染周边环境，应事先在筏基周围砌筑一圈排水沟，并沿排水沟周边布置一定数量排水口，利用水泵抽到核岛基坑外，使污水有组织排放。混凝土冲毛示意如图 10-3-8 所示。

5）混凝土养护

混凝土浇筑完成后搭设保温防雨棚，一方面可以有效防止大风、雨天等突变天气对混凝土养护的影响；另一方面，防雨棚搭设后能隔离棚内外的空气流通，起到保温作用，夜间更可以通过在棚内架设加热装置对棚内进行升温。通过测试，夜间棚内温度比棚外温度高 5℃~8℃，白天内外温差在 10℃~15℃，这对控制混凝土内外温差、降低混凝土降温速率起到了很重要的作用。

待混凝土上表面升温阶段养护层覆盖完成后，即开始养护棚架体的搭设工作。支架材料为脚手架钢管，脚手架搭设时应严格按照相关规定操作，以保证脚手架安全可靠。搭设完成后，所有立杆在底部、中部和顶部用纵横向水平钢管进行连接形成整体，以增强结构的整体抗风能力；立杆和横杆等钢管连接时需考虑后续铺设防雨油布后能顺畅地排水。保温棚上部主龙骨上环向布置工程木作为次龙骨，便于防雨油布的铺设。铺设防雨油布时，应注意搭接部位的处理，搭接长度需确保保温棚严密性，不漏风漏雨；油布上部铺压木跳板，保证油布不被大风吹起；侧面油布一直垂挂到筏基底部，并用缆风绳绑扎固定。

混凝土保温养护棚搭设如图 10-3-9 所示，养护棚的搭设由核岛队安排专人组织，工长全面负责脚手架的搭设和防雨油布的铺设。

混凝土上表面采取覆盖养护法，垂直表面采取带模养护法。表面养护根据浇筑的先后

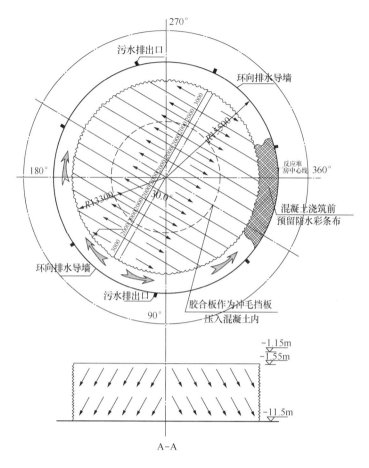

图 10-3-8 混凝土冲毛示意

顺序分块分段进行，在初始阶段就要进行保湿和适当的保温。养护层的铺设：

（1）筏基上表面：在升温阶段先覆盖 2 层润湿的土工布，再进行养护水管的布置，最后覆盖 1 层塑料薄膜。当混凝土进入降温阶段时，按测温指令要求再覆盖 4 层土工布，之后再覆盖 1 层塑料薄膜，并根据现场实际测温情况增减保温层数。

（2）筏基侧面：2 层润湿的土工布包裹→上、中层水平插筋处布置养护水管→包裹 1 层塑料薄膜→包裹 3 层土工布→包裹 1 层防雨油布，从养护测温开始直至养护结束。

筏基上表面养护水管采用环向盘管布置，水管直径 20mm～30mm，相邻水管间距 1.5m 左右，水管每隔 150mm 开一个小孔，确保养护用水均匀浇在混凝土上；为避免水管过长导致水流输送不到位，将养护水管分为 8 段设置，每段端头预留快速接头，方便输水管快速连接。后续在降温阶段的养护用水应采用与混凝土表面温度相近的水，可以考虑在养护棚内放置水桶进行储水，通过一段时间放置后水温升高至棚内室温，以满足养护用水的温度要求；由于养护期间温度较低，把养护用水放置在棚内难以满足温度要求，故采用加热设备对水进行加热。

筏基保温养护层铺设完成后，养护作业人员应随时观察混凝土表面，若发现表面有干燥迹象，立即打开养护水管进行补水。

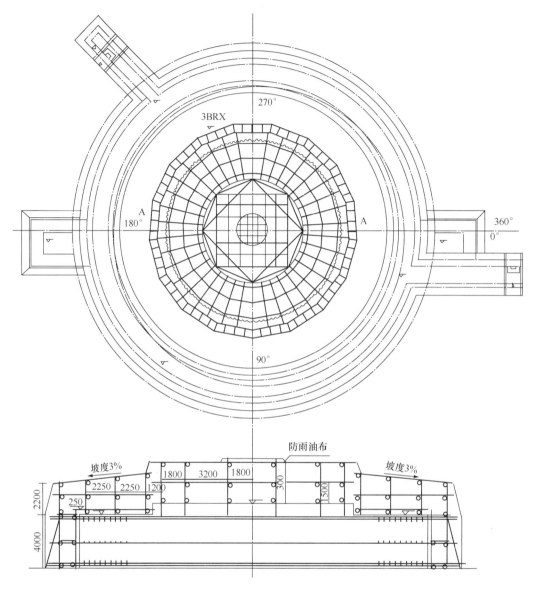

图 10-3-9　养护棚搭设示意

在养护期间，当混凝土的温度处于降温阶段时，应控制混凝土内外温差不大于25℃，降温速率低于2℃/d。当现场所测得的降温速率过快时，现场测温人员应及时向工长或技术监督人员汇报，由工长安排养护班组对混凝土表面加强保温，采取的措施包括：

（1）迅速将防雨棚帆布覆盖好，以此来保证混凝土表面温度，减小混凝土内外温差；

（2）若保温效果仍然不能达到要求，内外温差仍然继续加大，则在原覆盖层上部增加若干层土工布（土工布的层数根据现场温度条件确定）；

（3）若两种措施都不能达到要求的效果，则可将棚内部的升温装置开启，提高棚内温度，从而达到控制混凝土温度的目的。同时要保证混凝土表面始终处于湿润状态，派专人进行检查，如有需要随时通过底部布置的水管进行注水湿润。

养护期技术人员应密切关注温度、应力-应变监测情况和天气情况，出现温度异常，及时安排调整养护覆盖层，使相关数据控制在要求范围内。

6）裂缝防止措施

为保证浇筑的施工质量，防止有害裂缝的产生，在施工中应采取有针对性的措施，具体裂缝预防措施归纳如下：

（1）进行施工温度及应变监测，及时进行数据汇总及分析。

（2）控制混凝土入模温度。

（3）升温阶段保湿散热，降温阶段保温，根据混凝土测温情况及时增减覆盖，以控制内外温差不大于 25℃，降温速率不大于 2℃/d（降温速率按中心测温点温度控制），保证混凝土质量。

（4）增设抗裂钢筋网，以提高混凝土抗裂性能，通过增加抗裂钢筋网片，提高混凝土表面抗裂性能，避免出现表面裂缝。

（5）做好与上部结构施工的衔接工作。

4. 监测方案

进行温度及应变监测的目的是实时掌握混凝土典型部位的实际温度和应变状态，以便把握整个混凝土的内部温度场和应力分布规律，从而及时有效地指导养护工作，有效缩小甚至消除混凝土裂缝。

基于混凝土内部温度场和应力分布的复杂性，在方案阶段必须进行精确的理论仿真计算分析，确定混凝土内力分布的控制截面、主应力方向，然后结合防城港核电站施工的具体实际情况、以往核电站筏基大体积混凝土浇筑监测的经验，有针对性地选择埋设测点位置和方向，从而制定行之有效的温度应变监控方案，并在整个养护期间及时有效地指导现场养护工作。

1）测温及应变传感器

（1）振弦式应变传感器

振弦式应变传感器可以同时进行应变和温度监控，其主要组成为钢弦、线圈、热敏电阻、保护管等元件，结构示意如图 10-3-10 所示。

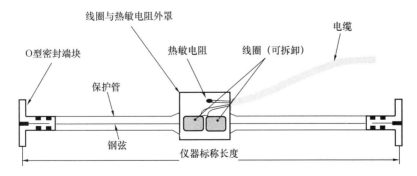

图 10-3-10　振弦式应变传感器结构示意

传感器的引出电缆为 4 芯加屏蔽电缆，其红线和黑线用于监测振弦，白线和绿线用于监测温度（通常白、绿色芯线连接到仪器内部的半导体温度传感器用于监测温度），另一根为屏蔽线，调试时，监测仪表的接入线鳄鱼夹颜色与传感器的颜色相同，接法对应。实际监控过程中采用自动数据采集系统，可无缝式实现全程数据自动采集和存储。

振弦式应变传感器具有专用自补偿功能，基本技术性能如下：

幅值：2500×10^{-6}；

测量误差：0.2×10^{-6}；

测试仪：显示分辨率 $0.1Hz$，输出信号稳定性 $0.2Hz$。

（2）温度传感器

温度传感器用于温度监测，该传感器体积小，测温数值准确，灵敏度高，在大体积混凝土施工温度监控中有较多应用。

温度传感器具有良好的防水性能，基本技术性能如下：

测试范围：$-30℃ \sim 150℃$；

测试精度：$0.3℃$。

上述测温及应变传感器的选择均符合本标准有关规定：测温误差不应大于 $0.3℃$，应变误差不大于 $1\mu\varepsilon$。

（3）传感器的安装要求

测温及应变传感器的安装及保护应符合下列规定：

① 测温及应变传感器安装位置应准确，固定牢靠，并与结构钢筋绝热；

② 测温及应变传感器的引出线应统一规划、集中布置，并加以保护；安装就位的传感器及引出线应以警示带等作出明确标识，以防前期其他工种作业和混凝土浇筑施工等对其人为损坏；

③ 混凝土浇筑过程中，下料时不得直接冲击测温传感器、应变传感器以及其引出线；

④ 混凝土振捣时，振捣器不得触及测温传感器、应变传感器以及其引出线，以防损伤；

⑤ 所有引出线端子在施工监测期间均通过 CEM20 采集模块引入主控制室集线箱，并做好保护；

⑥ 对筏基混凝土施工监控监测完毕，所有应变振弦式传感器的引出线端子均应做好唯一性标识、做好防水等保护。

2）监测数据采集系统

为了保证数据的准确性和实时性，监测数据采集系统采用全自动采集系统，采集过程中无须人工干预，由计算机自动采集并存储。采集时间设定为 15min 一次。整个系统由计算机和澳大利亚 DataTaker 数据采集系统（含主机 DT85G 和数据采集模块 CEM20）组成，二者之间通过宽带数据电缆连接。每个数据采集模块可以接 20 个传感器。

整个监测数据采集系统组成示意如图 10-3-11 所示。

数据采集模块按照预先编写好的计算机程序进行顺序指令操作，其基本任务如下：

（1）采集数据，设定采集间隔为 15min；

（2）存储采集数据于设备内存；

（3）将所采集到的数据发往计算机。

数据采集系统实物如图 10-3-12 所示。

3）温度应变测点布置

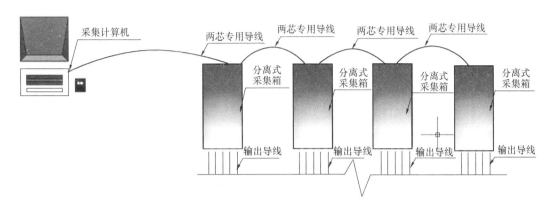

图 10-3-11 监测数据采集系统示意

图 10-3-12 数据采集系统主机

根据前期混凝土施工水化热应力的计算分析所得到的筏基热应力分布规律及数据，结合以往核岛筏基温度应变监控取得的经验，防城港二期 3BRX 中心区筏基施工的温度和应变监控测点布置说明如下。

（1）布置应变监控测点

应变传感器布置说明如下：

① 主要选择 $0°\sim180°$、$90°\sim270°$ 两个直径方向布置应变传感器；

② 有的测点应变传感器为 X、Y 双向布置，所有测点应变传感器均分为上、中、下三层；

③ 根据对称原理，零应力传感器共布置 5 个测点，其他未布置零应力传感器的测点应变修正采用对称测点零应力数据；

④ 主机 DT85G 一台，6 个 CEM20 数据模块。

根据上述设置要求，应变传感器共 63 个，其中零应力传感器 15 个。

（2）温度应变测点布置图

温度测位共 9 个，每个测位共布置上、中、下 5 个温度传感器，共计 45 个。温度及应力测点布置如图 10-3-13、图 10-3-14 所示。

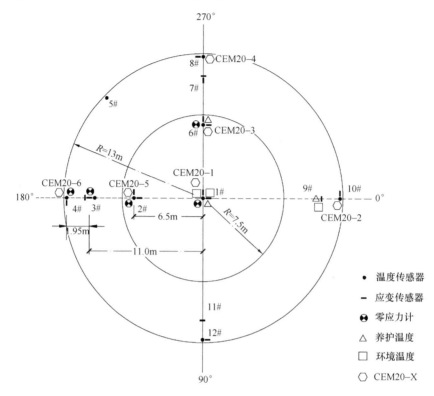

图 10-3-13 测点布置平面

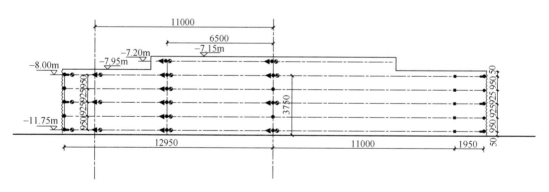

图 10-3-14 测点布置剖面

（3）布置零应力测点

零应力点主要用于测量混凝土在零应力状态下的自身体积变形。设置零应力测点就是为了确定混凝土的受力特点，区分出不产生应力的混凝土自由膨胀温度应变，为计算混凝土的实际应力（约束应变）提供参考数值。

通过中间和表面零应力点的布设可以测试混凝土的热膨胀系数和混凝土的表面收缩。本次埋设的零应力点共 15 个，分别埋设于 1♯测位、2♯测位、3♯测位、4♯测位和 6♯测位的上层、中层和下层标高处。

零应力桶采用钢圆桶，其内径为 150mm、长度 350mm，以保证零应桶内壁和传感器之间有充分的混凝土填充握裹，桶内壁及底部敷垫滑动层。在混凝土浇筑前，将传感器临时固定悬置于零应力桶中，圆桶平放，浇筑时混凝土随振捣填充零应力桶，保证该零应力点的混凝土与周边混凝土同材质同龄期。

零应力计的结构示意如图 10-3-15 所示。

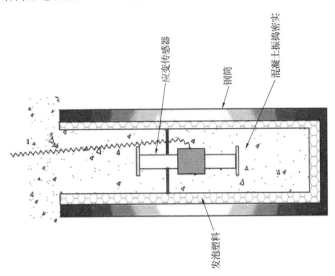

图 10-3-15　零应力计结构示意

应变传感器和零应力点安装如图 10-3-16、图 10-3-17 所示。

图 10-3-16　应变传感器安装

4）监测目标

温度监控的目标：通过对温度及应力-应变的现场实时监控，为混凝土科学养护提供量化依据，进而调整施工养护措施，最终达到减少甚至消除混凝土有害裂缝的目的。现场

图 10-3-17　零应力传感器安装

监测目标如下。

（1）温度

温度控制按照双控原则进行：

① 降温速率：参考当时国家标准《大体积混凝土施工规范》GB 50496—2009，相关降温速率宜控制在 2℃/d。

② 里表温差：里表温差决定了混凝土的温度梯度和温度应力水平，根据当时国家标准《大体积混凝土施工规范》GB 50496—2009，硬化阶段混凝土里表温差不宜超过 25℃，一旦出现超标情况应及时采取有关措施。

（2）应变

随着混凝土龄期延长，其强度不断增加，抗裂能力也随之不断增强。监测过程按照以下原则进行。应变控制：混凝土的开裂与混凝土受力的速率有关，在严格控制降温速率和内外温差情况下，混凝土开裂时的应变会加大，按照混凝土结构本构关系和计算结果，同时考虑混凝土的徐变效应，混凝土约束应变控制在 $200\mu\varepsilon$ 以内。

5）监测流程

防城港核电二期 3BRX 中心区筏基混凝土施工温度应变监控从第一罐混凝土浇筑开始，直至混凝土养护棚撤除为止，历时一个多月。主要监测流程如下：

（1）在防城港核电二期 3BRX 中心区筏基施工准备时，监测人员抵达现场，进行技术交底和安全交底，落实施工温度应变监控方案，制定实施细则。

（2）在钢筋绑扎好后，根据监控方案的要求，安装就位全部温度、应变传感器，连接调试数据采集系统，要求每一传感器通路且数值置于正常测量范围，直至混凝土浇筑开始。

（3）混凝土浇筑开始后，认真做好混凝土浇筑起始时间及每个传感器覆盖时间的记录，掌握和控制混凝土的入模温度，认真做好相关施工监控记录，按照 15min 的时间间隔采集一次数据，每 4h 整理数据并进行分析，实时掌握混凝土的温度分布和应变分布规律，据此对混凝土裂缝进行估计和预报。

（4）为保证温度监控目标顺利完成，有效地进行裂缝控制，应及时将监测数据和分析通报委托方，针对现场情况向委托方提出养护措施建议。监测过程中如有异常现象，应及时与委托方负责人员沟通，研究制定解决办法，保证实现温度监控任务。

（5）尽可能多地采集相关数据，为今后监控工作做好准备。

6）监测过程

防城港核电二期 3BRX 中心区筏基浇筑施工于 2015 年 12 月 24 日上午 11 时 20 分开始浇筑第一罐混凝土，持续至 12 月 25 日上午 9 时浇筑完成，总共用时约 22h，现场采用分层分段斜向推移法进行浇筑。冲毛完成后，在混凝土表面覆盖多层土工布和塑料薄膜、侧面填塞土工布和塑料薄膜、搭建养护棚进行保温，进入混凝土养护阶段。

现场数据监测采集系统于混凝土正式浇筑前 1d 已调试完毕、进入待命状态，并随混凝土施工作业及养护过程作同步实时监控，采集时间自 2015 年 12 月 24 日开始，至 2016 年 1 月 27 日筏基养护层全部拆除完毕时结束，共计 34d。

现场监控大事记录见表 10-3-2。

筏基混凝土浇筑温度应变监测大事记

表 10-3-2

序号	时间	事件描述
1	12 月 24 日 0 时	现场仪器设备调试完成，筏基混凝土数据采集开始
2	12 月 24 日 11 时	中心区筏基混凝土浇筑正式开始
3	12 月 25 日 7 时	传感器全部入模
4	12 月 25 日 9 时	混凝土浇筑完成，振捣结束，混凝土表面冲毛
5	12 月 25 日 14 时	混凝土表面开始覆盖 1 层土工布，养护开始
6	12 月 26 日	保温棚搭设完毕
7	12 月 27 日	发现侧面薄膜外下层土工布三层几乎全湿，更换干燥土工布；凸台边缘插筋处混凝土有失水现象，让工人沿凸台周边一圈补少量温水；后续养护过程中需明确手动补水一定不能补自来水，要补温水；增加碘钨灯
8	12 月 28 日	通知现场工人在 T8 点侧面加一层土工布及一盏碘钨灯
9	12 月 29 日	2 号点上层温度从 23 点 30 分开始下降过快，通过现场调查，分析原因为零点左右凸台区域浇水，采取加盖土工布措施；同时，侧面进行洒水保湿
10	12 月 30 日	制定洒水保湿制度：侧面浇水上午下午各 2 次，晚上 4 次，浇一遍约 1h；顶面脚手管插筋处发现表面干燥，随时浇水，水温不到 20℃；通知 ×× 准备加热设备，浇水温度应高于 30℃
11	12 月 31 日	刮大风，通知 ×× 做好防风措施
12	1 月 4 日	浇水养护，水温 40.2℃，并通知现场可以适当降低水温，保持在 35℃ 左右
13	1 月 9 日	下雨，通知工人做好防雨措施
14	1 月 10 日	暴雨，通知工人做好混凝土表面保温措施，以防降温过快
15	1 月 11 日	由于暴雨、大风缘故，棚内温降较快，部分区域表面温度下降过快，通知值班班长，重点区域建议加盖土工布，并做好大棚防风措施

序号	时间	事件描述
16	1月17日	根据各项指标参数，决定拆除凸台处最上层土工布并随时观察温度变化情况
17	1月18日	拆除从凸台往外大约2m的最上层土工布
18	1月19~21日	凸台周边区域拆除三层土工布
19	1月22~23日	由于寒潮影响，温度下降过快，遂增加6台碘钨灯，同时覆盖已拆除土工布以增加温度
20	1月25日	凸台及周边区域均拆去上层土工布，同时拆除侧面土工布及油布
21	1月26日	拆除所有保温及保湿层
22	1月27日	保温层及保湿层拆除完毕，系统停止采集，检查未发现裂缝

3BRX中心区筏基混凝土随着养护工作的开展，最终养护保温保湿措施如下：

（1）顶面养护措施：2层润湿土工布＋养护水管＋1层塑料薄膜＋4层土工布＋1层塑料薄膜；

（2）侧壁养护措施：2层润湿土工布＋养护水管＋1层塑料薄膜＋3层土工布＋防水油布。

5. 监测结果及分析

1）监测汇总

防城港核电二期3BRX中心区筏基混凝土入模温度约17℃左右，在整个养护监测过程中，混凝土6#测点最高温度达到78.1℃，温升61.0℃（6-3测点位置混凝土浇筑时刻12月25日1：45，浇筑温度17.1℃，12月29日21：45达到最高温度78.1℃，历时116h达到最高温度）。

主要测点的混凝土最高温度、达最高温度时刻如表10-3-3所示。

主要测点混凝土最高温度、降温速度、达最高温度时刻 表10-3-3

位置	入模时间	入模温度 （℃）	最高温度 （℃）	最高温时间	温升值 （℃）	温升历时 （h）
1#位	2015-12-24	17.4	75.4	2015-12-29	58.0	109
2#位	2015-12-24	17.2	75.9	2015-12-29	58.7	109
3#位	2015-12-24	17.3	73.8	2015-12-29	56.5	109.25
4#位	2015-12-24	16.9	43.1	2015-12-28	26.2	83.5
5#位	2015-12-25	15.4	46.9	2015-12-28	31.5	79.75
6#位	2015-12-25	17.1	78.1	2015-12-29	61.0	116
8#位	2015-12-25	14.9	56.1	2015-12-28	41.2	72.5
10#位	2015-12-24	17.7	45.1	2015-12-28	27.4	89
12#位	2015-12-24	21.0	45.1	2015-12-28	24.1	94.25

2）温度监测结果及分析

根据温控数据，分别作出1#～6#、8#、10#、12#测位温度监控点的温度曲线，如图10-3-18～图10-3-26所示（各测位测点从下至上分别为T*-1、T*-2、T*-3、T*-4、T*-5，*为测位编号）。

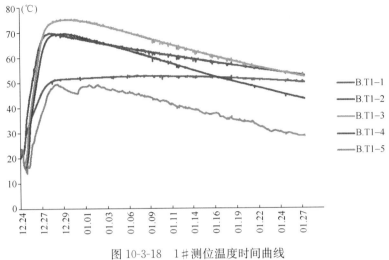

图 10-3-18　1♯测位温度时间曲线

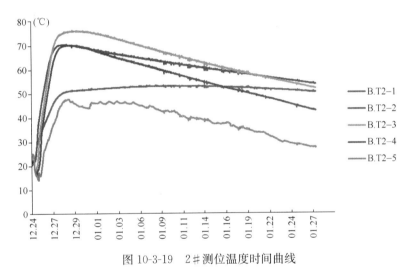

图 10-3-19　2♯测位温度时间曲线

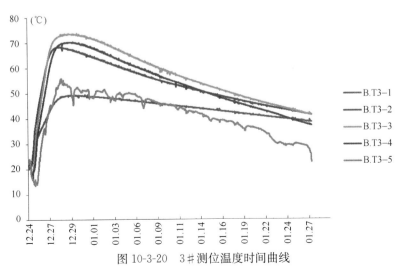

图 10-3-20　3♯测位温度时间曲线

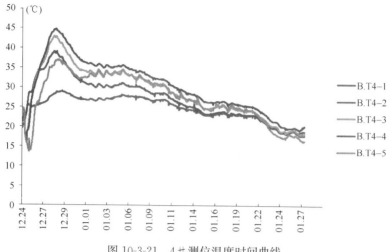

图 10-3-21　4#测位温度时间曲线

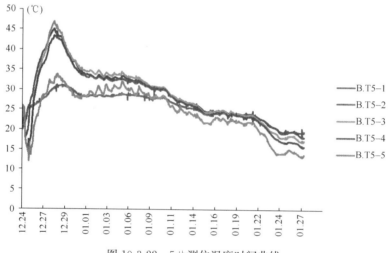

图 10-3-22　5#测位温度时间曲线

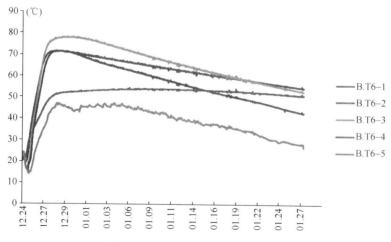

图 10-3-23　6#测位温度时间曲线

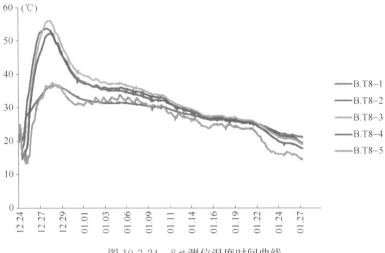

图 10-3-24　8♯测位温度时间曲线

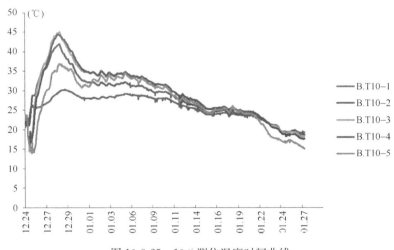

图 10-3-25　10♯测位温度时间曲线

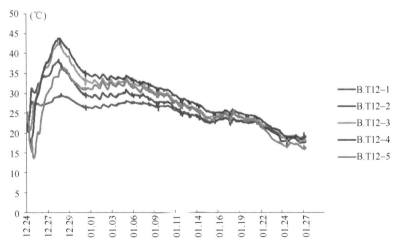

图 10-3-26　12♯测位温度时间曲线

从所监测的温度曲线分析可知：

（1）筏基 6♯ 测位为温升最大点，从下到上 5 层混凝土温度峰值分别为 56.1℃、71.5℃、78.1℃、71.4℃、47.0℃，入模温度为 17.1℃，最大温升值分别为 39℃、54.4℃、61.0℃、54.3℃、29.9℃，其测点到达最高温度的时间规律：筏基顶面和侧面升温阶段时间短、中心升温时间长、底部升温时间长。

（2）升温阶段温度规律：对于下层、中层、上层，基本是中间层温度较高，其次下层，上层温度相对较低。

（3）在各测点峰值温度后的降温阶段，其降温规律大体如下：中层、上层平均降温速率基本一致，下层降温速率较小。因此到达一定时间，最先与下层温度曲线相交的是上层温度曲线、然后是中间层曲线。

（4）所有温度曲线中，下层、中层温度曲线变化比较均匀，上层温度曲线变化起伏较大，表明上层温度受到大气环境的影响较大，而中间层等受到环境温度影响较小。

（5）从整个温度数据分析来看，温度场的分布规律大体如下：

① 筏基竖向温度比较：同层中间温度高，上、下层温度低。

② 筏基径向温度比较：圆心内大部区域同层温度较接近，由内部向侧壁过渡过程中，同层温度沿径向逐渐变小。

③ 筏基环向温度比较：同层同半径区域温度基本一致。

④ 温度场实测结果与有限元理论计算结果基本一致。

综上所述，基于现场不间断监控调整养护措施的不懈努力，现场养护基本达到了预先设计的保温保湿养护效果，现场混凝土温度监控数据规律与有限元建模计算规律基本一致。

3）里表温差及分析

根据监测得到的温度数据，通过分析可以得到各测位里表温差并绘出里表温差曲线，如图 10-3-27～图 10-3-35 所示。

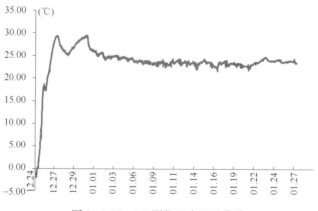

图 10-3-27　1♯测位里表温差曲线

从上面的中上、中下温差曲线分析可知：

（1）在各个温度测位中，里表温差基本都控制在 25℃范围内，基本达到温控目标；

（2）里表温差曲线一般起伏较大，这是由于上层测点温度受外界环境影响较大的缘故。

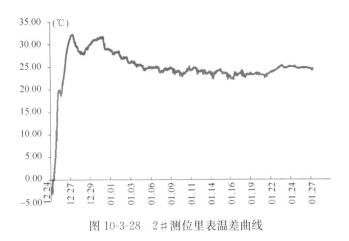

图 10-3-28　2♯测位里表温差曲线

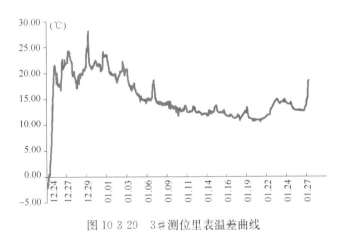

图 10 3 29　3♯测位里表温差曲线

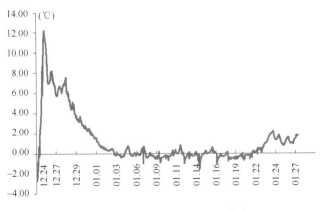

图 10-3-30　4♯测位里表温差曲线

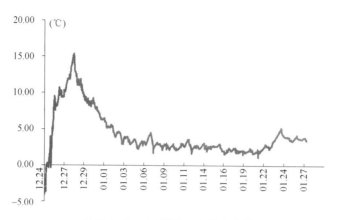

图 10-3-31 5#测位里表温差曲线

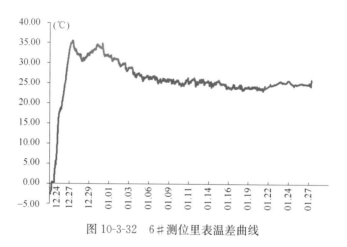

图 10-3-32 6#测位里表温差曲线

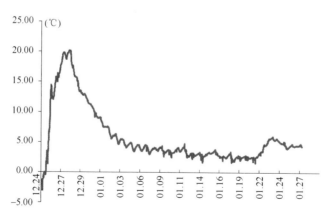

图 10-3-33 8#测位里表温差曲线

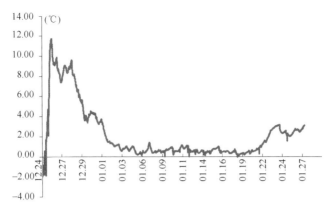

图 10-3-34　10♯测位里表温差曲线

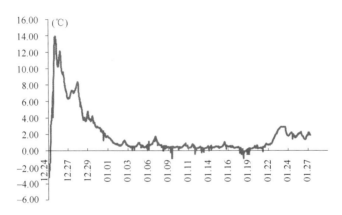

图 10-3-35　12♯测位里表温差曲线

4）降温速率及分析

在每个温度测位上，共布置上、中、下 5 个温度传感器测点，单个温度测点由于在该测位中的位置不同，很难反应该测位的综合降温速率，故采用断面加权平均温度（即根据测试点位各温度测点代表区段长度占厚度权值，对各测点温度进行加权平均得到的值）计算得出综合降温速率。加权平均原理如图 10-3-36 所示。

由图 10-3-36 可知，测点 T^*-1、T^*-5 在 T^* 测位厚度方向所占的权重为 1/8，测点 T^*-2、T^*-3、T^*-4 在 T^* 测位厚度方向所占的权重为 1/4，故测位 T^* 的综合降温速率：

$$v_{T^*} = \frac{1}{8}(v_{T^*-1} + v_{T^*-5}) + \frac{1}{4}(v_{T^*-2} + v_{T^*-3} + v_{T^*-4})$$

（10-3-1）

式中　v_{T^*-n} ——n 号测点降温速率。

根据式（10-3-1）可得出各测位的综合降温速率，并作出变化曲线，如图 10-3-37～图 10-3-45 所示。

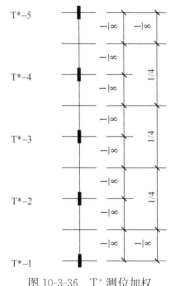

图 10-3-36　T^* 测位加权平均原理

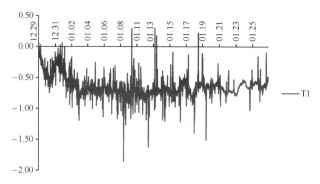

图 10-3-37　1♯测位综合降温速率（单位：℃/d）

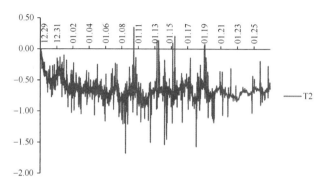

图 10-3-38　2♯测位综合降温速率（单位：℃/d）

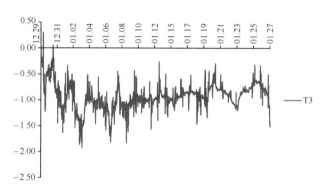

图 10-3-39　3♯测位综合降温速率（单位：℃/d）

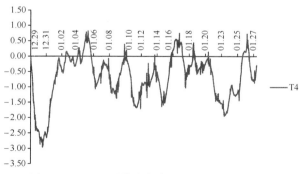

图 10-3-40　4♯测位综合降温速率（单位：℃/d）

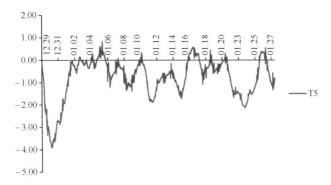

图 10-3-41　5#测位综合降温速率（单位：℃/d）

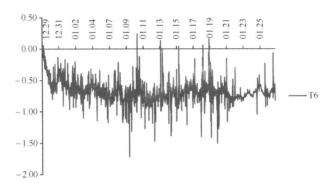

图 10-3-42　6#测位综合降温速率（单位：℃/d）

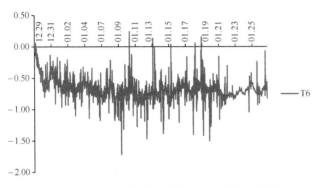

图 10-3-43　8#测位综合降温速率（单位：℃/d）

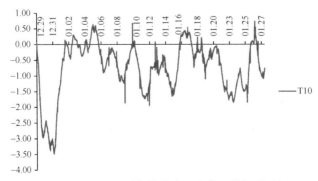

图 10-3-44　10#测位综合降温速率（单位：℃/d）

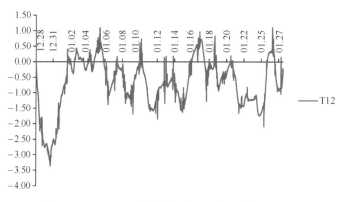

图 10-3-45　12♯测位综合降温速率（单位：℃/d）

由以上各测位综合降温速率曲线分析可知：

（1）中间测位 1♯、2♯、3♯、6♯综合降温速率受环境温度变化影响较小，基本维持在 2℃/d 的范围内。

（2）由于中心区筏基侧面土工布未贴紧混凝土，边缘测位 4♯、5♯、8♯、10♯、12♯综合降温速率受环境温度变化影响较大。混凝土水化前期综合降温速率出现了大于 2℃/d 的情况，但在及时采取合理措施后，综合降温速率减小，在混凝土硬化阶段综合降温速率基本维持在 2℃/d 的范围内。

5）应变监测结果及分析

大体积混凝土在温度场变化时，应变与应力问题一样非常复杂。通过振弦式应变传感器监测所得的结果，并不是结构的约束应变（即实际产生应力的应变），而是组合应变。

传感器输出应变是两种类型应变的组合值：混凝土结构的约束应变（自约束和外约束）和混凝土的自由膨胀收缩温度应变。混凝土的自由膨胀收缩温度应变是不产生内部应力的，而对混凝土应力起主要决定作用的是结构在约束作用下产生的应变。对于筏基混凝土浇筑过程，实际混凝土收缩不均匀，必须将混凝土的自由收缩应变从混凝土的组合应变中扣除，准确计算混凝土结构的约束应变，才能更好地分析解释混凝土的应力分布和开裂问题。

为了更有效地计算混凝土结构的约束应变，设置零应力点是非常有效的方法。零应力点设置的主要目的就是为了获得混凝土温度应变的具体数据。本次施工温度监控采用的振弦式传感器同时具有应变和温度双重测量功能，在应变数据采集的同时可以精确采集混凝土的温度数据，避免了多点数据分析计算误差，从而保证了零应力点在工程上的成功应用。

由于应变本身就是相对量，从振弦式传感器的数据处理可以看出，应变测量是基于一个参考时间的（即初始变形的起点），不同初始点的选择会对分析的结果有很大的影响，甚至分析出的规律完全不同，所以，需要根据理论分析要求和以往监控经验来确定应变计算的初始时间。本监控过程中应变数据分析采取的初始时间为传感器被混凝土完全覆盖（混凝土入模）后的 12h。这样的初始点选取，保证应变分析过程中混凝土内部结构的连续性，有效地避免了混凝土胶体在水化硬结中对局部应变的干扰，有效地排除混凝土水化过程中产生的无序性，同时在更长的监控期间内保证了数值有效性。

（1）零应力点分析

零应力点主要用于测量混凝土在零应力状态下的自由膨胀收缩变形，即混凝土在不受结构约束下的自身变形。这种不受结构约束的变形主要是混凝土受温度影响下的自由膨胀变形以及不同龄期表现出的不同程度的收缩变形。

零应力测点的埋设需依据研究要求的不同灵活布置，如何从测量变形中区分出自由膨胀变形或收缩变形，截至目前实际工程应用中还没有形成一个比较有效的方法，仍然有许多研究工作需要进一步探讨。本次实际监测中基本上是根据筏基养护过程中的温度内力变化，选择若干零应力点来进行分析比较。

筏基大体积混凝土的中心区域基本处于一种绝热绝湿状态，很多研究表明：绝热绝湿条件下水泥水化时的化学收缩，可正可负，变形很小；C3A 及 C3S 含量决定收缩的主要部分，其中 C3S 影响较小；游离的 CaO、MgO 遇水可膨胀变形引起膨胀应力，所以必须严格限制。进一步研究还表明：高性能混凝土自身收缩偏大。本工程所采用的混凝土强度等级为 C40P8，尚不属于高性能混凝土，同时混凝土材料对 C3A、C3S、CaO、MgO 等有害物质有严格的规定，因而筏基中心区域的混凝土化学收缩可以忽略不计，在该区域埋设的零应力点，其实测变形主要是混凝土的自由膨胀变形，即一种很好测试混凝土线膨胀系数的方法。

根据零应力点的变形特点，结合具体结构形态埋设零应力测点，可有效区分出混凝土自由膨胀温度应变以及混凝土的表面收缩，为计算混凝土的约束应变提供参考。

根据零应力测点数据可以分析出 1♯、2♯、3♯、4♯、6♯ 零应力点的实测应变，并作出实测应变曲线，如图 10-3-46～图 10-3-50 所示。

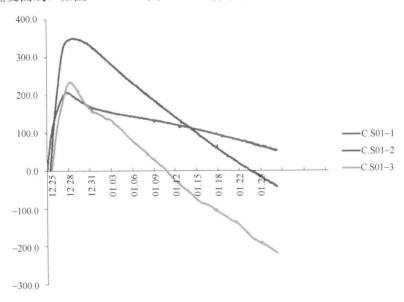

图 10-3-46　1♯零应力测位实测应变（单位：$\mu\varepsilon$）

从零应力各测位测试曲线可看出：在升温阶段，零应力测点数据因零应力桶内混凝土自由膨胀高于自生收缩而表现出明显的拉应变，经过温升峰值进入降温阶段后，在温降和收缩的共同作用下，曲线下行，与理论结果完全一致。

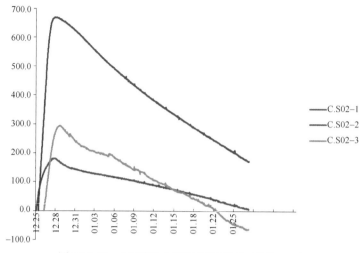

图 10-3-47　2#零应力测位实测应变（单位：$\mu\varepsilon$）

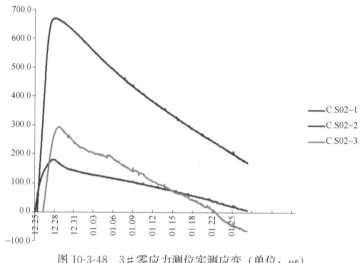

图 10-3-48　3#零应力测位实测应变（单位：$\mu\varepsilon$）

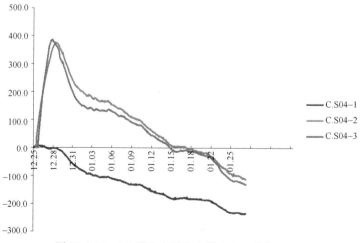

图 10-3-49　4#零应力测位实测应变（单位：$\mu\varepsilon$）

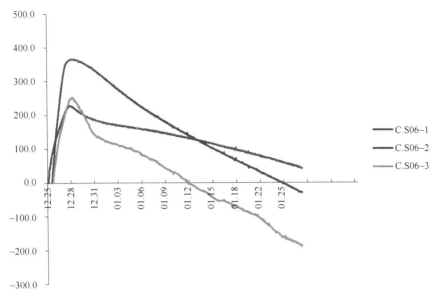

图 10-3-50　6♯零应力测位实测应变（单位：$\mu\varepsilon$）

（2）测点应变分析

根据上述数据处理的原则及方法，分别导出各应变测点的应变并作出应变曲线，如图 10-3-51～图 10-3-61 所示。

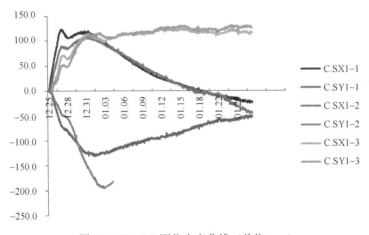

图 10-3-51　1♯测位应变曲线（单位：$\mu\varepsilon$）

从上面的应变曲线分析可知：

① 中心区筏基各测位均存在拉应变和压应变，受拉区域拉应变基本都在 150$\mu\varepsilon$ 之内，该值不会引起混凝土开裂。

② 升温阶段拉、压应变增长较快，降温阶段，拉压应变变化较缓。

③ 混凝土表面和侧面应变受大气环境的影响较大，尤其在后期表面保温层覆盖较少时，应变曲线表现出随气温波动显著。

④ 后期的保湿养护工作一定要加强。一般研究成果认为混凝土的收缩主要集中在混凝土终凝后的最初数日，因此前期保湿养护尤为重要，而忽视了后期的保湿养护工作。从

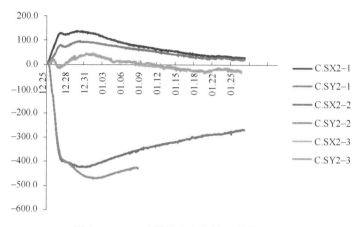

图 10-3-52　2♯测位应变曲线（单位：$\mu\varepsilon$）

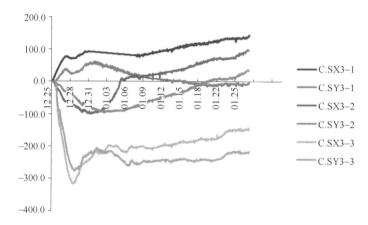

图 10-3-53　3♯测位应变曲线（单位：$\mu\varepsilon$）

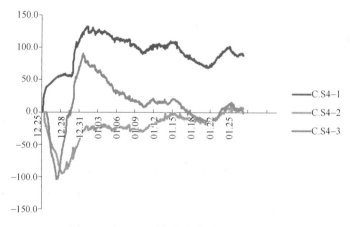

图 10-3-54　4♯测位应变曲线（单位：$\mu\varepsilon$）

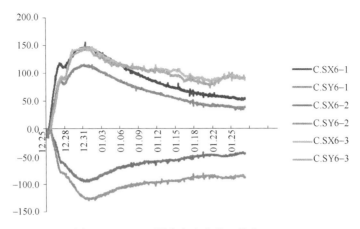

图 10-3-55 6#测位应变曲线（单位：$\mu\varepsilon$）

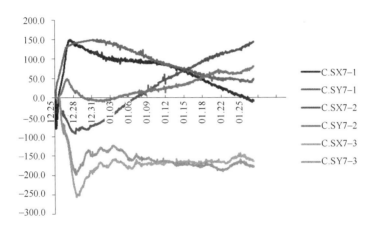

图 10-3-56 7#测位应变曲线（单位：$\mu\varepsilon$）

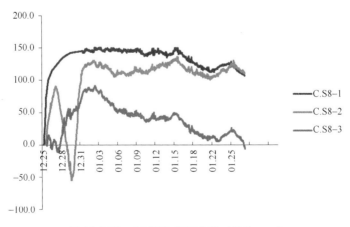

图 10-3-57 8#测位应变曲线（单位：$\mu\varepsilon$）

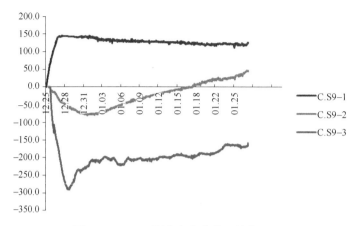

图 10-3-58　9#测位应变曲线（单位：$\mu\varepsilon$）

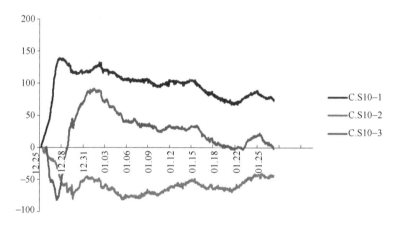

图 10-3-59　10#测位应变曲线（单位：$\mu\varepsilon$）

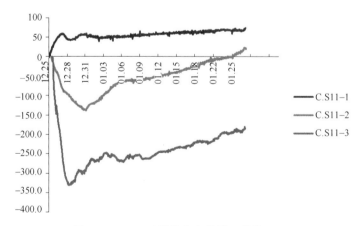

图 10-3-60　11#测位应变曲线（单位：$\mu\varepsilon$）

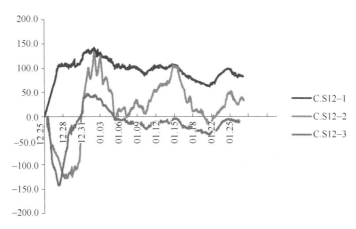

图 10-3-61   12♯测位应变曲线（单位：$\mu\varepsilon$）

本次实测的表面收缩应变曲线可以看出，在养护层掀开后，混凝土的表面收缩明显增加，可见对处于接近混凝土极限拉应变的区域如果在拆模后不注意保湿，混凝土出现表面裂缝的机会将大大增加。

综上所述，现场混凝土应变监控数据规律与有限元建模计算规律相一致，基本达到了预先设计的保温养护效果。从后期拆除养护层后的现场实地详查情况看，混凝土结构未出现明显裂缝，这与应变传感器所反映的数据是一致的，说明应变传感器具有较高的灵敏度。

总体来说，防城港核电二期 3BRX 中心区筏基混凝土整体浇筑和养护措施到位，本次温控及应变监控非常成功。

6. 监测结论及建议

1）结论

据现场裂缝详查，本次监控的防城港核电二期 3BRX 中心区筏基混凝土结构未出现明显裂缝。

为更好地指导后续核岛筏基的混凝土分段浇筑施工，对本次施工温度及应变监控总结如下：

（1）本次温度监控的数据基本符合有限元理论分析计算结果，各项温度、应变等监控指标均满足温控方案的监控要求，养护周期在预期范围内，施工监控和拆除养护层期间该筏基混凝土没有出现裂缝。

（2）根据现场情况多次调整有限元理论模型，使得最终的有限元理论模型非常接近现场实际，依据理论计算数据结果，选择在筏基中心、象限点和拉应变区设置若干温度和应变控制测点，实时反映了混凝土的当前温度应变指标，及时有效地指导了保温养护工作。可以说，融合了先进理论而又贴合实际的有限元计算分析是本次筏基混凝土施工监控的理论基础。

（3）在高温高湿环境下，对核岛筏基采取保湿保温养护（即塑料薄膜＋土工布）完全可以将混凝土降温阶段的温差和降温速率控制在合理范围内。

2）建议

针对本次中心区筏基混凝土温度及应变监控和养护提出以下建议：

（1）灵活运用有限元理论分析工具，确定具体环境下大体积混凝土浇筑的温控及应变指标，设计经济合理的养护技术指标和技术措施。

（2）根据现场实际情况，最优化设计应变和温度监控方案，浇筑前做好技术交底工作；监控过程中讲科学，一切依数据说话，及时调整养护措施。

（3）从设计、原材料、施工、施工监控等各个环节优化抗裂措施。应精心设计混凝土配合比，易产生裂缝的区域增设抗裂构造筋或提高配筋率，减少筏基外部约束等。

（4）注意筏基侧面的保温措施实施，及时铺设并塞紧土工布于拉结筋之间，切忌土工布与混凝土之间存在空隙，以控制侧面降温速率，保证侧面与中间部位的平面温度梯度。

（5）注意养护棚的搭设工作，做到防风、防雨，保证养护棚在恶劣气候条件下的完整严密；建议增大养护棚中心和边缘的高差，使雨水及时导出，以防棚布上方积水。

（6）在棚内保温方面，可增加若干大功率暖风机，在突发降温天气情况下，可保持棚内温度，重点保持混凝土侧面温度。

（7）在保湿方面，养护水管上增加水泵，加大水流力度，保证全面补水效果，节约人力成本。

（8）混凝土养护直至筏基保温层拆除的整个过程，要密切关注混凝土表面的湿润状态，尤其是插筋和预制件部位，杜绝混凝土表面突然失水。

10.4 大型桥墩承台大体积混凝土施工质量控制

1. 工程概况

虎门二桥项目起点位于广州市南沙区东涌镇，与珠江三角洲经济区环形公路南环段对接，沿线跨越珠江大沙水道、海鸥岛、珠江坭洲水道，终点位于东莞市沙田镇，与广深沿江高速公路连接，主线全线长 12.891km，含大沙水道桥、坭洲水道桥两座悬索桥，其中大沙水道桥采用主跨为1200m的单跨钢箱梁悬索桥，坭洲水道桥采用658m+1688m双跨钢箱梁悬索桥。S3标主要施工内容包括大沙水道桥东塔、东锚、全线节段箱梁预制拼装、中引桥、海鸥岛互通桥及附属工程。其中承台采用圆端哑铃型，平面总尺寸 82.55m×25m，厚度 6m，采用钢板桩围堰法施工，分2层浇筑，经初步方案比较，综合考虑现场模板配置，选择 2m+4m 分层方案，在系梁中部设置 2m 宽后浇段，共分为 5 次混凝土施工，承台结构如图 10-4-1 所示。

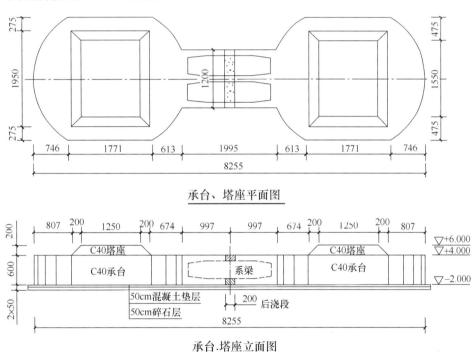

图 10-4-1 承台结构

该构件浇筑方量大（单次最大 3200m³）、混凝土强度等级高（C40 单掺）、浇筑适逢高温期，开裂风险较大。为防止构件产生裂缝缩短桥梁使用寿命，需对大体积混凝土结构进行合理的温控设计与控制，以保证混凝土使用寿命和运行安全。

2. 混凝土原材料、配合比

1）混凝土原材料选择

主墩承台混凝土的原材料选用如下：

水泥：珠江水泥（粤秀牌）P·Ⅱ42.5R；

掺合料：台山电厂Ⅱ级粉煤灰，曹妃甸 S95 矿渣粉；

砂：西江，Ⅱ级中砂；

石子：新会白水带产 5mm～20mm 连续级配碎石；

外加剂：武港院 LN-SP 型聚羧酸系高性能减水剂；

水：自来水。

2）混凝土配合比

主墩承台混凝土的设计强度等级为 C40，配合比设计见表 10-4-1。

混凝土配合比（kg/m³）　　　　　　　　表 10-4-1

标号	水泥	粉煤灰	矿粉	砂	碎石	水	减水剂
C40	258	108	64	722	1082	146	4.3

3）混凝土性能参数

主墩承台混凝土的性能见表 10-4-2。

主墩承台混凝土性能　　　　　　　　表 10-4-2

项　目	抗压强度（MPa）		氯离子扩散系数	坍落度（mm）
	7d	28d		
C40 承台混凝土	42.3	54.5	3.9	180～200

3. 温控标准

温度控制的方法和制度需根据气温、混凝土配合比、结构尺寸、约束情况等具体条件确定。根据本工程的实际情况，参考《水运工程大体积混凝土温度裂缝控制技术规程》JTS 202-1-2010、《大体积混凝土施工规范》GB 50496—2009 相关规定，对主墩承台制定温控标准，见表 10-4-3。

承台温控标准　　　　　　　　表 10-4-3

入模温度（℃）	内部最高温度（℃）	内表温差（℃）	降温速率（℃/d）
≥5，≤28	≤66	≤25	≤2.0 降温早期≤3.0

图 10-4-2　混凝土现场浇筑情况

4. 混凝土施工

1）混凝土浇筑

主墩承台混凝土于 2015 年 5 月 13 日开始浇筑，承台分左右两幅，每副承台分 2 层浇筑，具体浇筑时间和混凝土情况见表 10-4-4。混凝土分层厚度约 40cm，采用 50mm 插入式振捣器振捣密实（图 10-4-2）。

2）混凝土养护

该主墩承台混凝土养护主要采用水箱淡水养护，承台混凝土表面采用覆盖土工布外加塑料薄膜覆盖的措施（图 10-4-3）。由于施工期间外界温度较高，且一天温度变化不太大，内外温差在预控范围内。

主墩承台混凝土浇筑情况　　　　　　　　　　表 10-4-4

部位	开盘时间	收盘时间	浇筑厚度及方量
主墩承台右幅第 1 层	2015.5.13 11：00	2015.5.14 5：00	2m，1600m³
主墩承台左幅第 1 层	2015.5.21 15：00	2015.5.22 10：00	2m，1600m³
主墩承台右幅第 2 层	2015.6.14 23：20	2015.6.16 15：30	4m，3200m³
主墩承台左幅第 2 层	2015.7.10 16：30	2015.7.12 8：00	4m，3200m³

图 10-4-3　承台养护措施

5. 现场监控

1）监测实施方案

混凝土内部温度场监测工作流程如图 10-4-4 所示。

在混凝土浇筑前完成传感器的选购及铺设工作，并将屏蔽信号线连接到测温仪器箱，传感器测头采用角钢保护；各项测试工作在混凝土浇筑后立即进行，连续不断。混凝土的

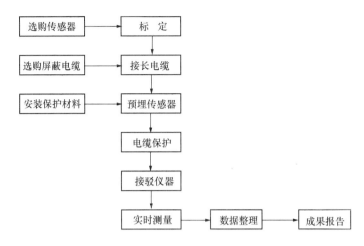

图 10-4-4　温度场监测工作流程

温度测试峰值出现以前每 2h 监测一次，峰值出现后每 4h 监测一次，持续 5d，然后转入每天测 4 次，直到温度变化基本稳定。监测完成后及时填写记录。

图 10-4-5　温度检测仪

2）仪器设备

温度检测仪采用智能化数字多回路温度巡检仪（图 10-4-5），温度传感器为热敏电阻传感器。

（1）温度传感器的主要技术性能

① 测温范围：$-50℃～150℃$；

② 工作误差：$± 0.5℃$；

③ 分辨率：$0.1℃$；

④ 平均灵敏度：$-2.1mV/℃$。

（2）温度检测仪的主要技术性能

智能化温度巡检仪可具有自动数据记录和数据断电保护、历史记录查询、实时显示和数据报表处理等功能。该仪器测量结果可直接用计算机采集，人机界面友好，并且测温反应灵敏、迅速，测量准确，主要性能指标：

① 测温范围：$-50℃～+150℃$；

② 工作误差：$±1℃$；

③ 分辨率：$0.1℃$；

④ 巡检点数：32 点；

⑤ 显示方式：LCD（$240×128$）；

⑥ 功耗：15W；

⑦ 外形尺寸：$230×130×220$；

⑧ 质量：$≤1.5kg$。

3）测温元件布置

根据结构对称性的特点，选取结构的 1/4 块布置测点。根据温度场的分布规律及冷却水管的布设高度，对高度方向的温度测点间距作适当调整。充分考虑温控指标的测评，温度测点布设包括表面温度测点（在构件中心部位短边、长边中心线表面以下 5cm 布置）和内部测温点（布置在构件中心处）。

主墩承台第一层、第二层各布设 1 层温度测点，如图 10-4-6、图 10-4-7 所示。

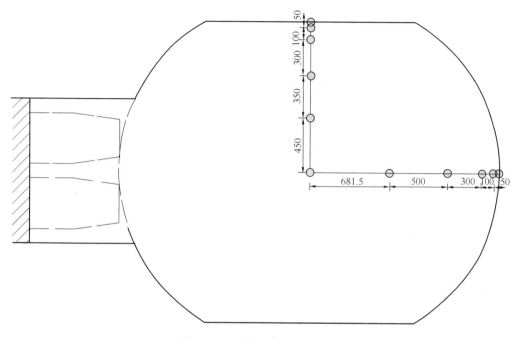

图 10-4-6 左幅承台测点平面布置

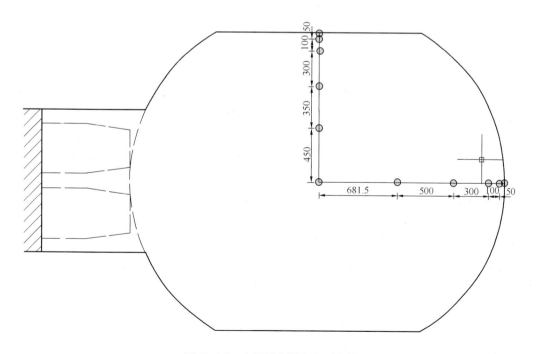

图 10-4-7 右幅承台测点立面布置

6. 监控成果分析

1）主墩承台左幅第一层混凝土

从测温结果来看，左幅承台混凝土第一层最高温度 64.5℃，低于温控计算值 66.0℃，满足温控要求；混凝土表面温度在 27.7℃～ 47.1℃之间，波动较大；最大里表温差为 19.1℃，在温控标准 25℃范围内。左幅承台混凝土第一层内部最高温度及最大内表温差见表 10-4-5，断面均温、内表温差-时间过程线见图 10-4-8。

左幅承台混凝土第一层内部最高温度及最大内表温差 　　　　表 10-4-5

入模温度 （℃）	内部最高温度 （℃）	温峰出现时间 （h）	最大断面均温 （℃）	表面温度 （℃）	最大内表温差 （℃）	进水温度 （℃）	进出水温差 （℃）
26.1～28.3	64.5	30	51.0	27.7～47.1	19.1	24.8～27.8	1.6～8.9

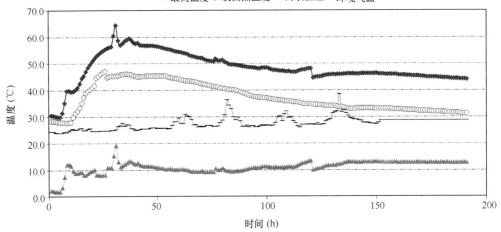

图 10-4-8　承台混凝土第一层温度特征值历时曲线图

从图 10-4-8 可看出，左幅承台混凝土第一层整个温度变化曲线可以看作快速升温、强制降温和自然降温至稳态三个阶段。图 10-4-8 中前 30h 处于升温阶段，由于水化放热会使温度持续升高，在第 30h 时达到峰值 64.5℃，随后温度开始下降。曲线第二段是强制降温段，在冷却水管的持续作用下，混凝土内部温度快速下降，这段时间混凝土平均降温速率约为 4℃/d，超出温控标准早期不大于 3.0℃/d 的要求，后经调整冷却水流量大小，降温平缓稳定，强制降温时间根据现场测温控制在 4d 左右，承台内部混凝土在经过约 4d 的强制降温后，降温速率稳定。曲线第三段是自然降温段，曲线平缓下降趋向水平，表明该时间段混凝土降温平缓，趋于准稳定态。

左幅承台混凝土第一层表面测点温度曲线规律呈现出一定的一致性。混凝土表面点温度在浇筑后先经历一个降温，然后由于水化热开始升温，升温期后在冷却水管的作用下开始降温。

2）主墩承台左幅第二层混凝土

从测温结果来看，左幅承台混凝土第二层最高温度 68.5℃，超出温控计算值 66.0℃的要求，混凝土表面温度在 28.0℃～54.9℃之间，波动较大；左幅承台混凝土第二层内部最高温度及最大内表温差见表10-4-6，各层断面均温、内表温差—时间过程线见图10-4-9。

左幅承台混凝土第二层内部最高温度及最大内表温差　　　　表 10-4-6

入模温度 （℃）	内部最高温度 （℃）	温峰出现时间 （h）	最大断面均温 （℃）	表面温度 （℃）	最大内表温差 （℃）	进水温度 （℃）	进出水温差 （℃）
26.0～29.4	68.5	46	67.5	28.0～54.9	15.6	26.2～28.9	1.2～14.2

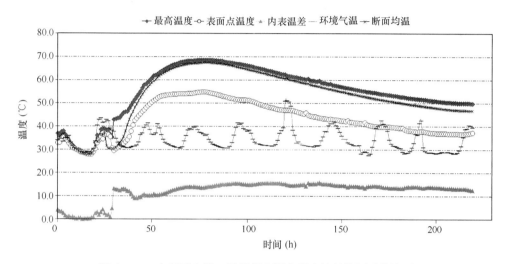

图 10-4-9　左幅承台第二层混凝土测点温度特征值历时曲线图

由图10-4-9可看出，左幅承台第二层混凝土整个温度变化曲线可以看作先快速升温后缓慢降温至稳态两个阶段。由于胶材水化放热，混凝土前75h处于升温阶段，在75h左右达到温峰值；持续7h后缓慢降温，混凝土内部温度下降，此阶段混凝土平均降温速率约为3.5℃/d；后期降温减缓至趋于准稳定态。内部温度由冷却管进行强制降温，表面点波动较大是因为受大气环境温度影响较大，后期混凝土各项指标发展平缓均在可控范围内。

3）主墩承台右幅第一层混凝土

从测温结果来看，左幅承台混凝土第一层最高温度60.1℃，低于温控计算值66.0℃，满足温控要求；混凝土表面温度在28.8℃～47.7℃之间，波动较大；混凝土最大内表温差为14.7℃，在温控标准25℃范围内。右幅承台混凝土第一层内部最高温度及最大内表温差见表10-4-7，断面均温、内表温差-时间过程线见图10-4-10。

右幅承台混凝土第一层内部最高温度及最大内表温差　　　　表 10-4-7

入模温度 （℃）	内部最高温度 （℃）	温峰出现时间 （h）	表面温度 （℃）	最大内表温差 （℃）	进水温度 （℃）	进出水温差 （℃）
26.0～29.4	60.1	40	28.8～47.7	14.7	25.7～30.1	2.3～10.5

从图10-4-10可看出，右幅承台混凝土第一层整个温度变化曲线可以看作快速升温、强制降温和自然降温至稳态三个阶段。图10-4-10中前30h处于升温阶段，由于水化放热会使温度持续升高，在第30h时达到峰值64.5℃，随后温度开始下降。曲线第二段是强

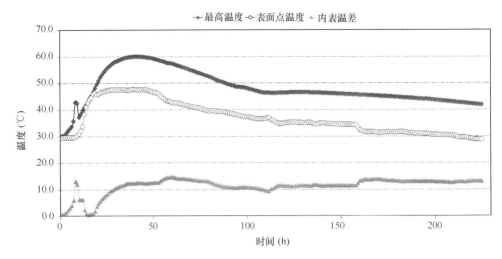

图 10-4-10　右幅承台混凝土第一层温度特征值历时曲线图

制降温段，在冷却水管的持续作用下，混凝土内部温度快速下降，这段时间混凝土平均降温速率约为 4.5℃/d，超出温控标准早期不大于 3.0℃/d 的要求，后经调整冷却水流量大小，降温平缓稳定，强制降温时间根据现场测温控制在 3d 左右，承台内部混凝土在经过约 3d 的强制降温后，降温速率稳定。曲线第三段是自然降温段，曲线平缓下降趋向水平，表明该时间段混凝土降温平缓，趋于准稳定态。

右幅承台混凝土第一层表面测点温度曲线规律呈现出一定的一致性。混凝土表面点温度在浇筑后先经历一个降温，然后由于水化热开始升温，升温期后在冷却水管的作用下开始降温。

4）主墩承台右幅第二层混凝土

从测温结果来看，右幅承台混凝土第二层最高温度 68.1℃，超出温控计算值 66.0℃的要求，混凝土表面温度在 28.7℃～46.1℃ 之间，波动较大；右幅承台混凝土第二层内部最高温度及最大内表温差见表 10-4-8，各层断面均温、内表温差-时间过程线见图 10-4-11。

右幅承台混凝土第二层内部最高温度及最大内表温差　　　　表 10-4-8

入模温度 （℃）	内部最高温度 （℃）	温峰出现时间 （h）	表面温度 （℃）	最大内表温差 （℃）	进水温度 （℃）	进出水温差 （℃）
25.6～29.2	68.1	32	28.7～46.1	22.9	26.1～31.0	1.5～8.5

由图 10-4-11 可看出，左幅承台第二层混凝土整个温度变化曲线可以看作先快速升温后缓慢降温至稳态两个阶段。由于胶材水化放热，混凝土前 54h 处于升温阶段，在 54h 左右达到温峰值；持续 2h 后缓慢降温，混凝土内部温度下降，此阶段混凝土平均降温速率约为 2℃/d，在温控标准早期不大于 3.0℃/d 范围内，后期降温减缓至趋于准稳定态。内部温度由冷却管进行强制降温，表面点波动较大是因为受大气环境温度影响较大，后期混凝土各项指标发展平缓，均在可控范围内。

7. 结论

虎门二桥主墩承台大体积混凝土温控监测历时 2 个多月，在施工方、监理方、项目组

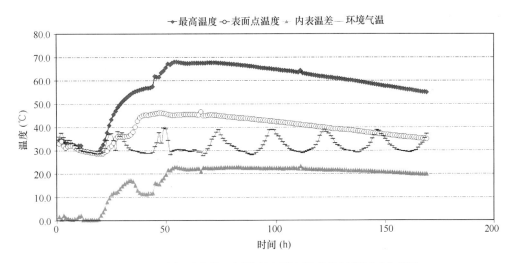

图 10-4-11　右幅承台第二层混凝土测点温度特征值历时曲线图

共同努力下，严格按温控措施的要求进行，温控措施实施情况较好。从监测结果来看，温度监测结果与计算较为吻合。从现场情况来看，达到了预期的温控目标（图 10-4-12、图 10-4-13）。

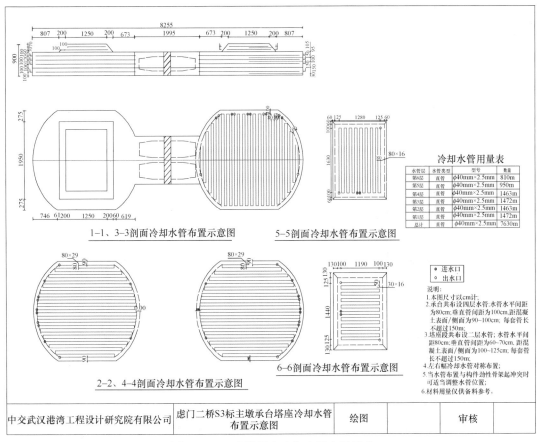

图 10-4-12　主墩承台冷却水管布置示意

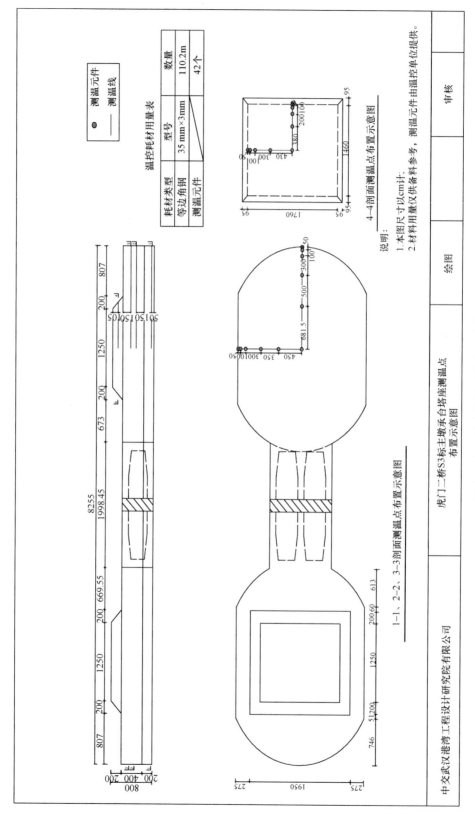

温控耗材用量表

耗材类型	型号	数量
等边角钢	35 mm×3mm	110.2m
测温元件		42个

● 测温元件
—— 测温线

说明:
1. 本图尺寸以cm计;
2. 材料用量仅供备料参考,测温元件由温控单位提供。

4—4剖面测温点布置示意图

1—1、2—2、3—3剖面测温点布置示意图

虎门二桥S3标主墩承台塔座测温点
布置示意图

中交武汉港湾工程设计研究院有限公司

绘图

审核

图10-4-13 承台测温元件布置示意

10.5 隧道锚塞体大体积混凝土施工质量控制

1. 工程概况

1）基本情况

岱山高亭牛轭至官山公路工程位于岱山县高亭镇南侧的牛轭岛与官山岛一带。项目起于牛轭岛，与岱山高亭洪家门至江南山公路和在建的岱山高亭中心渔港防波堤相顺接。路线跨越牛轭岛与官山间航道，在官山岛浪蓟碗登陆，终点位于官山岛南端官山村处，与规划73省道延伸线后续建设的跨越龟山航门的秀山大桥连接，该段路线全长2.3657km。其主体工程官山大桥为主跨580m的双塔单跨悬索桥，横跨牛轭岛至官山间水道，牛轭岛为重力锚，官山岛为隧道锚。

官山侧隧道锚分左右两侧，由地面大缆护室、入口电梯间、散索鞍支座及明洞、前锚室、锚塞体、后锚室组成。两侧锚体倾角均为40°，长度均为52.0m，其中锚塞体长27.0m。前锚面洞室尺寸为9.86m×10.0m，顶部圆弧半径为5.0m；后锚面洞室尺寸为16.292m×16.382m，顶部圆弧半径为8.191m。锚塞体采用C30微膨胀混凝土，属于大体积混凝土构件。

2）工程特点

锚塞体属于大体积混凝土构件，如何保证该结构耐久性、防止混凝土有害裂缝产生是质量控制的重点。本桥大体积混凝土施工的特点：

（1）项目所在地地表少覆盖层，多为裸露基岩，岩石强度高，对大体积混凝土的基础约束较强；

（2）施工期处于一年中的高温季节，浇筑温度较难控制；

（3）锚塞体单层浇筑方量大，且在锚洞中施工，散热条件差，内部温度较难控制。

2. 混凝土性能

1）混凝土原材料

根据官山大桥现场条件，通过试验比选，因地制宜选择混凝土原材料：

（1）水泥：宁海强蛟海螺P·O42.5级水泥；

（2）粉煤灰：镇江谏壁Ⅰ级灰；

（3）细骨料：西江河砂；

（4）粗骨料：小黄龙岛5mm～25mm连续级配碎石；

（5）外加剂：武汉港湾聚羧酸高性能减水剂；

（6）拌和水：自来水。

2）混凝土配合比

锚塞体大体积混凝土应具有良好的抗渗性、体积稳定性和抗开裂性能，混配合比设计应综合考虑混凝土绝热温升、收缩、强度、工作性等因素，优选绝热温升较低、收缩较小、抗拉强度较高、施工性能较好的配合比。最终确定锚塞体C30微膨胀混凝土配合比见表10-5-1。

混凝土配合比（kg/m³）　　　　表 10-5-1

水泥	粉煤灰	膨胀剂	砂	碎石	水	减水剂
225	120	30	751	1081	150	4.13

混凝土工作性能和力学性能参数见表 10-5-2。

混凝土性能参数　　　　表 10-5-2

浇筑层	一	二	三	四	五	六	七	八	九
28d 抗压强度（MPa）	48.0	46.9	45.5	43.8	44.6	43.4	44.5	45.1	44.4
初凝时间（h）	24								
坍落度（mm）	170								

3. 温控标准

根据锚塞体混凝土的结构特点，采用大体积混凝土有限元计算方法模拟实际施工过程，对锚塞体混凝土进行温度应力仿真计算，提出混凝土温度控制原则和温控标准：

1）控制混凝土入模温度；

2）控制混凝土内部最高温度；

3）控制温峰过后混凝土的降温速率；

4）降低混凝土中心温度和表面温度之间及混凝土表面温度和气温之间的差值。

隧道锚塞体温控标准　　　　表 10-5-3

入模温度（℃）	最高温度（℃）	里表温差（℃）	降温速率（℃/d）
≤30	≤67	≤25	≤2.5

4. 现场浇筑

岱山大桥官山侧隧道锚左幅混凝土于 2013 年 7 月 25 日开始浇筑，锚塞体采用 C30 微膨胀混凝土，沿高度方向分为九层浇筑。锚塞体混凝土浇筑采用泵送，梯度布料填充，浇筑过程中二次振捣以提高混凝土的密实度。第四、五、六层混凝土方量较大，用时 24h 左右（表 10-5-4）。混凝土浇筑完毕并初凝后表面拉毛。

混凝土浇筑情况　　　　表 10-5-4

浇筑层	开盘时间	收盘时间	层高（m）	混凝土方量（m³）
一	2013-7-25 8：00	2013-7-25 17：30	3.9	294.4
二	2013-8-2 18：20	2013-8-3 16：20	2.5	400.4
三	2013-8-8 18：20	2013-8-9 11：30	2.5	550.4
四	2013-8-15 18：00	2013-8-16 11：20	2.5	653.8
五	2013-8-24 10：00	2013-8-25 11：30	2.5	641.8
六	2013-9-5 11：00	2013-9-6 11：00	3.0	662.7
七	2013-9-14 19：00	2013-9-15 6：00	3.0	551.6
八	2013-10-3 8：00	2013-10-3 17：00	3.0	372.4
九	2013-10-12 8：00	2013-10-12 18：00	4.294	156.0

5. 现场监控

1）仪器设备

温度检测仪采用智能化数字多回路温度巡检仪，温度传感器为 PN 结温度传感器（图 10-5-1）。智能化温度巡检仪的测温范围：$-50℃\sim+150℃$；工作误差：$±1℃$；分辨率：$0.1℃$；巡检点数：32 点；显示方式：LCD（240ppi×128ppi）；功耗：15W；外形尺寸：230mm×130mm×220mm；质量：不大于 1.5kg。

温度传感器的主要技术性能：测温范围：$-50℃\sim150℃$；工作误差：$±0.5℃$；分辨率：$0.1℃$；平均灵敏度：$-2.1mV/℃$（图 10-5-2）。

检测仪器及元器件性能稳定、可靠，成活率高，完全满足本次工程的需要。

图 10-5-1　温度检测仪

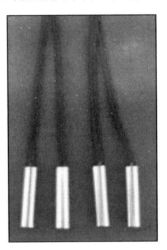

图 10-5-2　温度传感器

2）测温元件布置

测点按照重点突出、兼顾全局的原则布置。温度传感器在每层混凝土接近中心线上布置，该区域能够代表整个混凝土断面的最高温度分布。在平面内，由于靠近表面区域温度梯度较大，因此测点布置较密，而中心区域混凝土温度梯度较小，因此测点布置减少。锚塞体温度测点布置示意见图 10-5-3。

3）监测实施方案

在混凝土浇筑前完成传感器的选购及铺设工作，并将屏蔽信号线连接到测温仪器，传感器测头采用槽钢保护。各项测试工作在混凝土浇筑后立即进行，连续不断。温度峰值出现以前每 2h 监测一次，峰值出现后每 4h 监测一次，持续 5d，然后转入每天测 2 次，直到温度变化基本稳定。

6. 监控成果分析

1）锚塞体第一层混凝土

锚塞体第一层混凝土温度监测数据汇总见表 10-5-5。

锚塞体第一层混凝土浇筑温度为 $28.1℃\sim29.5℃$，符合不大于 30℃ 的温控标准；内部最高温度为 $66.0℃$，与温控方案预估值 $65.9℃$ 基本一致，符合不大于 67℃ 的温控标准；最大里表温差为 $16.1℃$，符合不大于 25℃ 的温控标准。

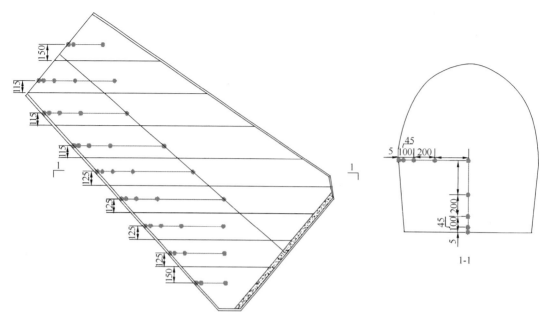

图 10-5-3　锚塞体温度测点布置示意

第一层混凝土温度监测数据汇总　　　　　　　　表 10-5-5

浇筑温度 （℃）	最高温度 （℃）	温峰出现时间 （h）	最大里表温差 （℃）	进水温度 （℃）	出水温度 （℃）
28.1～29.5	66.0	40	16.1	30～34.3	35～44.1

注：监测时间从测点被覆盖算起。

由图 10-5-4 可知，锚塞体第一层混凝土各测点区域温升曲线在整体上表现出一致性，整个温度曲线可以看作快速升温、强制降温、缓慢冷却至稳态三个阶段。混凝土内部靠近中心的区域温度较高，边缘点温度相对较低，与仿真计算温度场分布一致。初期 10h 处于水化反应的准备阶段，温度上升缓慢；随着反应的不断进行，温度呈快速上升趋势，混凝

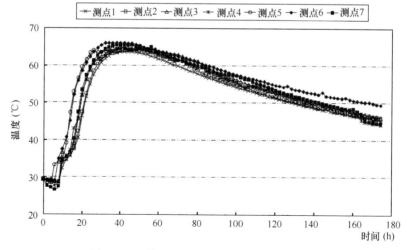

图 10-5-4　第一层混凝土内部温度历时曲线图

土经 40h 到达温峰 66.0℃。前期升温阶段加大通水量，削弱峰值。

温峰过后混凝土在冷却水的作用下处于强制降温阶段，降温速率控制在 2～3(℃/d)。现场根据测温数据调节冷却水流量，使降温速率不至于过快。7d 后停止通水，混凝土处于自然冷却阶段，温度曲线趋于平缓。

由图 10-5-5 可知，因锚洞内施工，混凝土里表温差均较稳定，于 45h 达到最大值 16.1℃；温峰过后随着内部温度的下降里表温差也开始下降，下降到一定阶段出现小范围内的波动，这主要是因为表面点温度随环境温度有所波动所致。

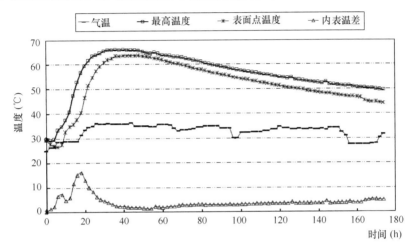

图 10-5-5　第一层混凝土温度特征值历时曲线图

2）锚塞体第二层混凝土

锚塞体第二层混凝土温度监测数据汇总见表 10-5-6。

锚塞体第二层混凝土浇筑温度为 28.4℃～29.8℃，符合不大于 30℃的温控标准；内部最高温度为 60.9℃，与温控方案预估值 61.1℃基本一致，符合不大于 67℃的温控标准；最大内表温差为 11.7℃，符合不大于 25℃的温控标准。

第二层混凝土温度监测数据汇总　　　　　　　表 10-5-6

浇筑温度 （℃）	最高温度 （℃）	温峰出现时间 （h）	最大里表温差 （℃）	进水温度 （℃）	出水温度 （℃）
28.4～29.8	60.9	67	11.7	31.2～36.1	34.7～41.6

注：监测时间从测点被覆盖算起。

由图 10-5-6 可知，锚塞体第二层混凝土各测点区域温升曲线在整体上表现出一致性，整个温度曲线可以看作快速升温、强制降温、缓慢冷却至稳态三个阶段。混凝土内靠近中心的测点区域温度较高，边缘点温度相对较低，与仿真计算温度场分布一致。初期 10h 处于水化反应的准备阶段，温度上升缓慢；随着反应的不断进行，温度呈快速上升趋势，混凝土经 67h 到达温峰 60.9℃。前期升温阶段加大通水量，削弱峰值。

温峰过后混凝土在冷却水的作用下处于强制降温阶段，降温速率控制在 2～3(℃/d)。现场根据测温数据调节冷却水流量，使降温速率不至于过快。7d 后停止通水，混凝土处于自然冷却阶段，温度曲线趋于平缓。在 120h 左右，由于锚塞体第三层混凝土的浇筑，

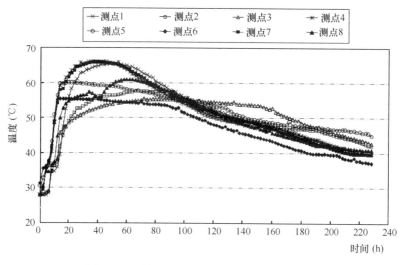

图 10-5-6 第二层混凝土内部温度历时曲线图

混凝土水化热传热到第二层，出现一定的回温。随着水化的完成和上层冷却水管的降温，温度曲线趋于正常。

由图 10-5-7 可知，因锚洞内施工，混凝土内表温差均较稳定，于 15h 达到最大值 11.7℃。温峰过后随着内部温度的下降内表温差也开始下降，下降到一定阶段出现小范围内的波动，这主要是因为表面点温度随环境温度有所波动所致。

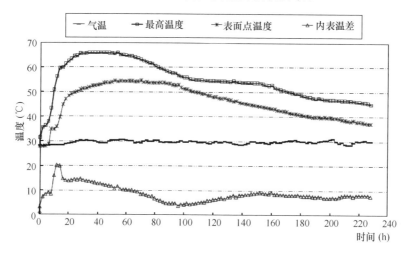

图 10-5-7 第二层混凝土温度特征值历时曲线图

3) 锚塞体第三层混凝土

锚塞体第三层混凝土温度监测数据汇总见表 10-5-7。

第三层混凝土温度监测数据汇总

表 10-5-7

浇筑温度 (℃)	最高温度 (℃)	温峰出现时间 (h)	最大里表温差 (℃)	进水温度 (℃)	出水温度 (℃)
27.9~29.5	59.9	38	17.8	30.1~33.6	32.1~41.2

注：监测时间从测点被覆盖算起。

锚塞体第三层混凝土浇筑温度为 27.9℃～29.5℃，符合不大于 30℃ 的温控标准；内部最高温度为 59.9℃，与温控方案预估值 60.8℃ 基本一致，符合不大于 67℃ 的温控标准；最大里表温差为 17.8℃，符合不大于 25℃ 的温控标准。

由图 10-5-8 可知，锚塞体第三层混凝土各测点区域温升曲线在整体上表现出一致性，整个温度曲线可以看作快速升温、强制降温、缓慢冷却至稳态三个阶段。混凝土内靠近中心的测点区域温度较高，边缘点温度相对较低，与仿真计算温度场分布一致。初期 8h 处于水化反应的准备阶段，温度上升缓慢；随着反应的不断进行，温度呈快速上升趋势，混凝土经 38h 到达温峰 59.9℃，前期升温阶段加大通水量，削弱峰值。

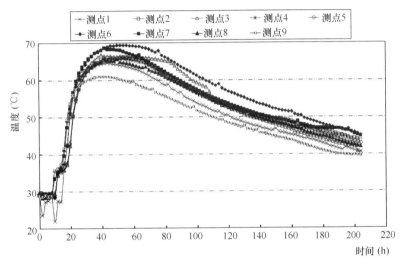

图 10-5-8　第三层混凝土内部温度历时曲线图

温峰过后混凝土在冷却水管的作用下处于强制降温阶段，降温速率控制在 2～3(℃/d)。现场根据测温数据调节冷却水流量，使降温速率不至于过快。7d 后停止通水，混凝土处于自然冷却阶段，温度曲线趋于平缓。

由图 10-5-9 可知，因锚洞内施工，混凝土内表温差均较稳定，于 22h 达到最大值

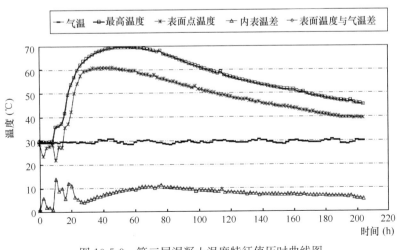

图 10-5-9　第三层混凝土温度特征值历时曲线图

17.8℃。温峰过后随着内部温度的下降内表温差也开始下降，下降到一定阶段出现小范围内的波动，这主要是因为表面点温度随环境温度有所波动所致。

4）锚塞体第四层混凝土

锚塞体第四层混凝土温度监测数据汇总见表10-5-8。

锚塞体第四层混凝土浇筑温度为27.6℃～29.0℃，符合不大于30℃的温控标准；内部最高温度为59.9℃，与温控方案预估值60.1℃基本一致，符合不大于67℃的温控标准；最大里表温差为14.9℃，符合不大于25℃的温控标准。

第四层混凝土温度监测数据汇总　　　　　　　　　　　　　　表 10-5-8

浇筑温度 （℃）	最高温度 （℃）	温峰出现时间 （h）	最大里表温差 （℃）	进水温度 （℃）	出水温度 （℃）
27.6～29.0	59.9	38	14.9	31.1～35.1	33.1～45.1

注：监测时间从测点被覆盖算起。

由图10-5-10可知，锚塞体第四层混凝土各测点区域温升曲线在整体上表现出一致性，整个温度曲线可以看作快速升温、强制降温、缓慢冷却至稳态三个阶段。混凝土内靠近中心的测点区域温度较高，边缘点温度相对较低，与仿真计算温度场分布一致。初期10h处于水化反应的准备阶段，温度上升缓慢；随着反应的不断进行，温度呈快速上升趋势，混凝土经38h到达温峰59.9℃。前期升温阶段加大通水量，削弱峰值。

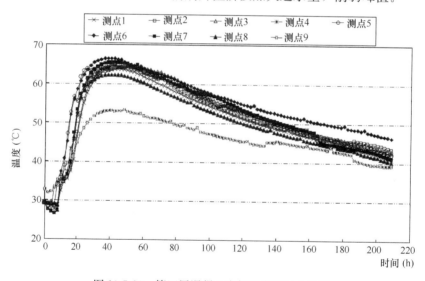

图 10-5-10　第四层混凝土内部温度历时曲线图

峰值过后混凝土在冷却水管的作用下处于强制降温阶段，降温速率控制在2～3(℃/d)。现场根据测温数据调节冷却水流量，使降温速率不至于过快。7d后停止通水，混凝土处于自然冷却阶段，温度曲线趋于平缓。

由图10-5-11可知，因锚洞内施工，混凝土内表温差均较稳定，于24h达到最大值14.9℃。温峰过后随着内部的下降内表温差也开始下降，下降到一定阶段出现小范围内的波动，这主要是因为表面点温度随环境温度有所波动所致。

5）锚塞体第五层混凝土

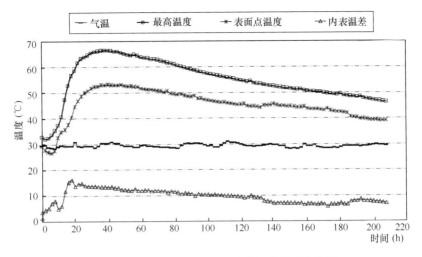

图 10-5-11　第四层混凝土温度特征值历时曲线图

锚塞体第五层混凝土温度监测数据汇总见表 10-5-9。

锚塞体第五层混凝土浇筑温度为 26.8℃～28.7℃，符合不大于 30℃的温控标准；内部最高温度为 65.3℃，高于温控方案预估值 62.6℃，符合不大于 67℃的温控标准；最大内表温差为 24.4℃，符合不大于 25℃的温控标准。

第五层混凝土温度监测数据汇总　　　　　　　　　　表 10-5-9

浇筑温度 （℃）	最高温度 （℃）	温峰出现时间 （h）	最大里表温差 （℃）	进水温度 （℃）	出水温度 （℃）
26.8～28.7	65.3	38	24.4	24.2～26.5	26.6～32.8

注：监测时间从测点被覆盖算起。

由图 10-5-12 可知，锚塞体第五层混凝土各测点区域温升曲线在整体上表现出一致性，整个温度曲线可以看作快速升温、强制降温、缓慢冷却至稳态三个阶段。混凝土内靠近中心的测点温度较高，边缘点温度相对较低，与仿真计算温度场分布一致。初期 15h 处于水化反应的准备阶段，温度上升缓慢；随着反应的不断进行，温度呈快速上升趋势，混凝土经 38h 到达温峰 65.3℃。前期升温阶段加大通水量，削弱峰值。

温峰过后混凝土在冷却水管的作用下处于强制降温阶段，降温速率控制在 2～3(℃/d)。现场根据测温数据调节冷却水流量，使降温速率不至于过快。7d 后停止通水，混凝土处于自然冷却阶段，温度曲线趋于平缓。在 158h 左右，由于锚塞体第六层混凝土的浇筑，混凝土水化热传热到第一层，出现一定的回温，随着水化的完成和上层冷却水管的降温，温度曲线趋于正常。

由图 10-5-13 可知，因锚洞内施工，混凝土内表温差均较稳定，于 24h 达到最大值24.4℃。温峰过后随着内部温度的下降内表温差也开始下降，下降到一定阶段出现小范围内的波动，这主要是因为表面点温度随环境温度有所波动所致。

6）锚塞体第六层混凝土

锚塞体第六层混凝土温度监测数据汇总见表 10-5-10。

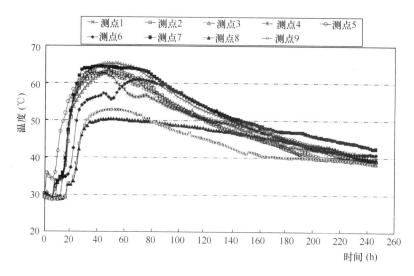

图 10-5-12　第五层混凝土内部温度历时曲线图

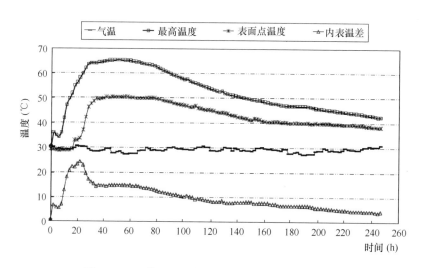

图 10-5-13　第五层混凝土温度特征值历时曲线图

锚塞体第六层混凝土浇筑温度为 26.0℃～28.7℃，符合不大于 30℃ 的温控标准；内部最高温度为 62.1℃，低于温控方案预估值 65.5℃，符合不大于 67℃ 的温控标准；最大里表温差为 16.0℃，符合不大于 25℃ 的温控标准。

第六层混凝土温度监测数据汇总　　　　　表 10-5-10

浇筑温度 （℃）	最高温度 （℃）	温峰出现时间 （h）	最大内表温差 （℃）	进水温度 （℃）	出水温度 （℃）
26.0～28.7	62.1	40	16.0	24.8～25.9	25.7～32.4

注：监测时间从测点被覆盖算起。

由图 10-5-14 可知，锚塞体第六层混凝土各测点区域温升曲线在整体上表现出一致性，整个温度曲线可以看作快速升温、强制降温、缓慢冷却至稳态三个阶段。混凝土内靠近中心的测点区域温度较高，边缘点温度相对较低，与仿真计算温度场分布一致。初期 8h 处于水化反应的准备阶段，温度上升缓慢；随着反应的不断进行，温度呈快速上升趋势，混凝土经 40h 到达温峰 62.1℃，前期升温阶段加大通水量，削弱峰值。

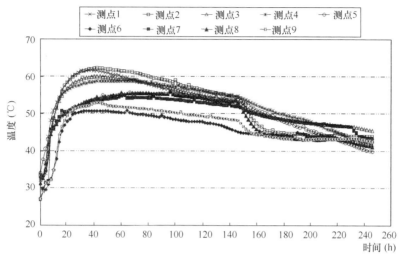

图 10-5-14　第六层混凝土内部温度历时曲线图

温峰过后混凝土在冷却水管的作用下处于强制降温阶段，降温速率控制在 2～3(℃/d)。现场根据测温数据调节冷却水流量，使降温速率不至于过快。7t 后停止通水，混凝土处于自然冷却阶段，温度曲线趋于平缓。

由图 10-5-15 可知，因锚洞内施工，混凝土内表温差均较稳定，于 11h 达到最大值 16.0℃。温峰过后随着内部温度的下降内表温差也开始下降，下降到一定阶段出现小范围内的波动，这主要是因为表面点温度随环境温度有所波动所致。

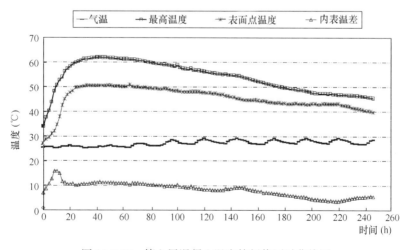

图 10-5-15　第六层混凝土温度特征值历时曲线图

7）锚塞体第七层混凝土

锚塞体第七层混凝土温度监测数据汇总见表 10-5-11。

锚塞体第七层混凝土浇筑温度为 25.1℃～27.4℃，符合不大于 30℃ 的温控标准；内部最高温度为 65.8℃，高于温控方案预估值 60.9℃，符合不大于 67℃ 的温控标准；最大内表温差为 18.1℃，符合不大于 25℃ 的温控标准。

第七层混凝土温度监测数据汇总   表 10-5-11

浇筑温度 （℃）	最高温度 （℃）	温峰出现时间 （h）	最大内表温差 （℃）	进水温度 （℃）	出水温度 （℃）
25.1～27.4	65.8	38	18.1	24.0～26.5	26.6～32.8

注：监测时间从测点被覆盖算起。

由图 10-5-16 可知，锚塞体第七层混凝土各测点区域温升曲线在整体上表现出一致性，整个温度曲线可以看作快速升温、强制降温、缓慢冷却至稳态三个阶段。混凝土内靠近中心的测点温度较高，边缘点温度相对较低，与仿真计算温度场分布一致。初期 11h 处于水化反应的准备阶段，温度上升缓慢；随着反应的不断进行，温度呈快速上升趋势，混凝土经 38h 到达温峰 65.8℃，前期升温阶段加大通水量，削弱峰值。

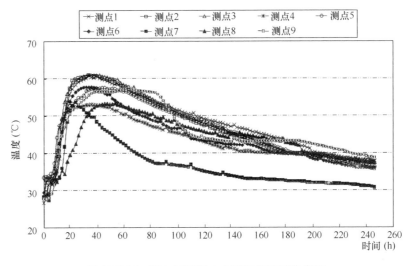

图 10-5-16 第七层混凝土内部温度历时曲线图

温峰过后混凝土在冷却水管的作用下处于强制降温阶段，降温速率控制在 2～3（℃/d）。现场根据测温数据调节冷却水流量，使降温速率不至于过快。7d 后停止通水，混凝土处于自然冷却阶段，温度曲线趋于平缓。在 200h 左右，由于锚塞体第八层混凝土的浇筑，混凝土水化热传热到第七层，出现一定的回温，随着水化的完成和上层冷却水管的降温，温度曲线趋于正常。

由图 10-5-17 可知，因锚洞内施工，混凝土内表温差均较稳定，于 18h 达到最大值 18.1℃。温峰过后随着内部温度的下降内表温差也开始下降，下降到一定阶段出现小范围内的波动，这主要是因为表面点温度随环境温度有所波动所致。

8）锚塞体第八层混凝土

锚塞体第八层混凝土温度监测数据汇总见表 10-5-12。

锚塞体第八层混凝土浇筑温度为 19.6℃～23.4℃，符合不大于 30℃ 的温控标准；内

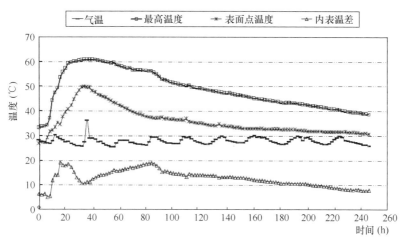

图 10-5-17　第七层混凝土温度特征值历时曲线图

部最高温度为 59.3℃，低于温控方案预估值 66.0℃，符合不大于 67℃ 的温控标准；最大内表温差为 15.7℃，符合不大于 25℃ 的温控标准。

第八层混凝土温度监测数据汇总 表 10-5-12

浇筑温度 （℃）	最高温度 （℃）	温峰出现时间 （h）	最大内表温差 （℃）	进水温度 （℃）	出水温度 （℃）
19.6～23.4	59.3	74	15.7	19.9～23.4	20～25.5

注：监测时间从测点被覆盖算起。

由图 10-5-18 可知，锚塞体第八层混凝土各测点区域温升曲线在整体上表现出一致性，整个温度曲线可以看作快速升温、强制降温、缓慢冷却至稳态三个阶段。混凝土内靠近中心的测点温度较高，边缘点温度相对较低，与仿真计算温度场分布一致。初期 8h 处于水化反应的准备阶段，温度上升缓慢；随着反应的不断进行，温度呈快速上升趋势，混凝土经 74h 到达温峰 59.3℃，前期升温阶段加大通水量，削弱峰值。

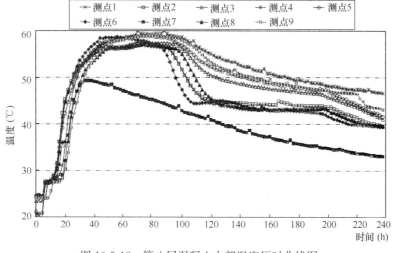

图 10-5-18　第八层混凝土内部温度历时曲线图

温峰过后混凝土在冷却水管的作用下处于强制降温阶段，降温速率控制在 2～3(℃/d)。现场根据测温数据调节冷却水流量，使降温速率不至于过快。7d 后停止通水，混凝土处于自然冷却阶段，温度曲线趋于平缓。

由图 10-5-19 可知，因锚洞内施工，混凝土内表温差均较稳定，于 21h 达到最大值 15.7℃。温峰过后随着内部温度的下降内表温差也开始下降并趋于平缓。

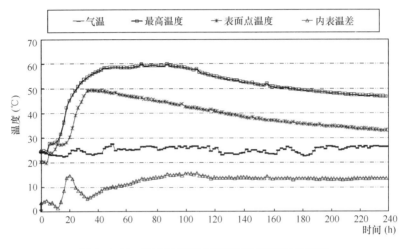

图 10-5-19　第八层混凝土温度特征值历时曲线图

9）锚塞体第九层混凝土

锚塞体第九层混凝土温度监测数据汇总见表 10-5-13。

锚塞体第九层混凝土浇筑温度为 23.5℃～26.1℃，符合不大于 30℃的温控标准；内部最高温度为 60.9℃，低于温控方案预估值 62.3℃，符合不大于 67℃的温控标准；最大内表温差为 15.0℃，符合不大于 25℃的温控标准。

第九层混凝土温度监测数据汇总　　　　　　　　　　表 10-5-13

浇筑温度 （℃）	最高温度 （℃）	温峰出现时间 （h）	最大内表温差 （℃）	进水温度 （℃）	出水温度 （℃）
23.5～26.1	60.9	38	15.0	19.8～23.1	22.4～28.8

注：监测时间从测点被覆盖算起。

由图 10-5-20 可知，锚塞体第九层混凝土各测点温升曲线在整体上表现出一致性，整个温度曲线可以看作快速升温、强制降温、缓慢冷却至稳态三个阶段。混凝土内靠近中心的测点温度较高，边缘点温度相对较低，这与混凝土内温度场分布有关。初期 8h 处于水化反应的准备阶段，温度上升缓慢，基本维持浇筑温度，随着反应的不断进行，温度呈快速上升趋势，混凝土经 38h 到达温峰 60.9℃，前期升温阶段加大通水量，削弱峰值。

峰值过后混凝土在冷却水管的作用下处于强制降温阶段，降温速率控制在 2～3(℃/d)，现场根据测温数据调节冷却水流量，使降温速率不至于过快。7d 后停止通水，混凝土处于自然冷却阶段，温度曲线趋于平缓。

由图 10-5-21 可知，因锚洞内施工，混凝土内表温差均较稳定，于 22h 达到最大值 15.0℃。温峰过后随着内部温度的下降内表温差也开始下降，下降到一定阶段出现小范围

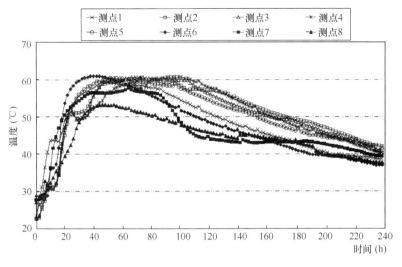

图 10-5-20　第九层混凝土内部温度历时曲线图

内的波动，这主要是因为表面点温度随环境温度有所波动所致。

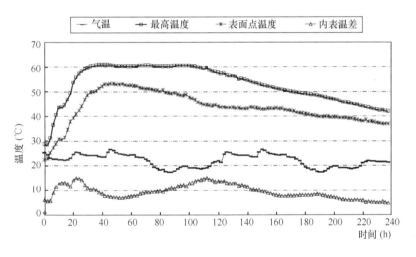

图 10-5-21　第九层混凝土温度特征值历时曲线图

7. 温控效果评价

岱山大桥官山侧隧道锚左幅锚塞体大体积混凝土温控工作持续三个多月，施工期间环境温度较高，给温控工作增加了难度。在中交二航局岱山大桥项目部、监理方、武港院温控组的共同配合下，严格按照温控措施的要求进行，温控工作开展较好。考虑到现场实际情况，温度监测结果与方案理论计算值基本吻合，峰值温度和里表温差均在可控范围内，未出现有害温度裂缝，达到了预期的温控目的。

10.6 大连城市广场大体积混凝土基础温控防裂

1. 工程概述

大连城市广场工程为大连市一项重点工程，该工程总建筑面积约 30 万 m^2，由三个建筑区域组成，每个区域均为独立大型混凝土基础，各建有一座 28 层的高层建筑，高层建筑基础厚度为 1.5m，裙房基础厚度 0.8m，混凝土设计强度为 C30，裙房基础与地基之间设置 2m×2m 间距的抗浮锚钢筋，要求混凝土基础本身具备自防水功能，抗渗标准为 P8。典型混凝土基础尺寸 140m×80m，施工中不留伸缩缝，不留后浇带，采用跳仓法浇筑，混凝土浇筑量约为 8500m^3。

为确保施工质量、满足设计要求、科学地指导施工，对整个工程的施工过程采取综合温控防裂技术措施，并选取该工程 A－B 区内一块尺寸约为 80m×45m、包含高层基础的具有代表性的混凝土浇筑块体进行了在养护龄期内的温度和应变的监测，以实时监测数据指导施工和养护。

2. 技术措施

1）施工工艺

（1）基础底板和基岩之间设置三层油毡的滑动层，减小基岩对基础底板在降温过程中产生的外约束应力。

（2）在基础变截面增厚处设置 5cm 厚的聚苯乙烯泡沫板，减缓由于变截面带来的应力集中现象。

（3）采用跳仓浇筑方法，在保证混凝土不开裂的前提下流水作业，缩短工期。

（4）在施工缝上设置钢板止水带并涂刷 YJ-302 型混凝土界面剂，使新老混凝土紧密结合。

2）材料

（1）混凝土配合比（表 10-6-1）

混凝土配合比　　　　　　　　　　　　表 10-6-1

强度等级	C30 P8	水胶比	0.460	水灰比	0.560	砂率	42％
材料 (kg/m^3)	水泥	水	砂		石	外加剂	掺合料
	360	201	710		980	2.20	80
重量比	1	0.56	1.97		2.72	0.006	0.22

其中，水泥选用时效稳定、水化热较低的 P·O 32.5R 普通硅酸盐水泥，降低总水化热；砂选用含泥量小于 3％、模数 M＞2.6 的中粗砂，避免含泥量过高增加收缩，降低混凝土抗拉强度；粗骨料选用含泥量小于 1％、粒径 5～31.5（5～25）mm 自然级配碎石；外加剂选用 YJ-2 型泵送减水剂，减少混凝土收缩，并且在不另加其他抗渗剂的条件下达到抗渗要求；掺合料选用Ⅱ级粉煤灰，降低水泥用量，降低水化热并且使水化热均匀缓慢释放，减少早期收缩，增加混凝土的工作性和可泵性；同时由于粉煤灰的二次水化效应，使混凝土后期强度有一定增长。

（2）利用混凝土 60d 强度作为设计值，按 C30 P8 泵送要求进行设计，出机后 0.5h 的坍落度要求 18cm～20cm。

3）养护工艺

基础混凝土在初凝后进行二次压光，覆盖一层塑料薄膜保湿、一层草垫保温进行养护，养护时间至少为一个月。

后续施工撤去草垫保温层时，利用基础开挖出干燥土直接回铺在基础底板上，继续进行保温养护，在不影响养护效果的前提下减少相关开支，降低成本。

4）温度和温度应变监测

选择 A—B 区中有代表性的浇筑块体，预埋温度传感器及应变传感器进行施工期间混凝土水化热产生的温度和应变实时监测，科学指导施工和养护。

3. 监测方案

1）监测仪表和元件

根据工地的实际情况和本次测试工作的特点，监测选用了英国输力强公司生产的独立高精度多通道测量站（IMP）通过 S—网络与中央控制器组成的分散式数据采集系统，分别通过铜电阻温度传感器和埋入式应变测试传感器进行混凝土温度和应变测量。

2）监测系统组成（图 10-6-1）

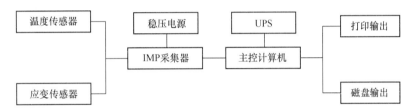

图 10-6-1 监测系统组成

4. 施工监控结果

图 10-6-2 为 1.5m 厚基础底板的典型温度监控曲线。初期由于水泥水化反应进行，释放出大量水化热，混凝土内部温度持续升高，最高温度为 49.2℃，相对温升为 32.2℃，到达时间为浇筑后 65h 左右，位置位于混凝土中部。降温从 3d 开始，最大降温速率被控制在 1.2℃/d，到 28d，混凝土内部温度基本趋于一致，温差为 3.1℃，说明水化反应已

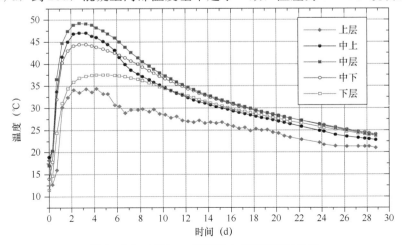

图 10-6-2 1500mm 厚混凝土典型升降温曲线

基本结束。

图 10-6-3 为 1.5m 厚基础底板的典型温度应变监控（零应力修正后）曲线。在混凝土升温过程中呈现受压趋势，最大压应变为 43.1με。在降温过程中，压应变减小，逐渐向受拉方向发展，前期发展较快，后期呈现出平缓趋势，截至 28d 时，最大拉应变为 139.3με，理论上不会开裂。

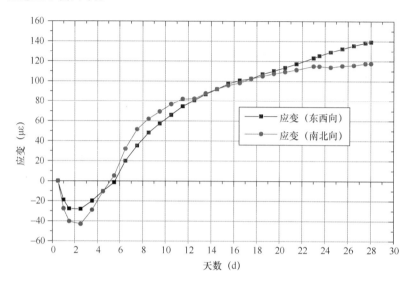

图 10-6-3   1500mm 厚混凝土典型应变曲线

5. 总结

1）减水剂 YJ-2 的应用，减水效果显著，大大节省了水泥，客观上降低了水化热，同时又具有提高混凝土抗渗性的作用。所以不仅对控制混凝土最高温升极为有利，而且对降低基础混凝土费用也极其可观，有良好的技术、经济效益。

2）现场温度监测表明，虽然混凝土有一定的相对温升（最大 32.2℃），但由于后期养护得当，采取草垫（厚 10cm）以及后来改为干土层（0.5m 以上）作为保温层，其良好的保温效果，结合大连市正值春夏之交气温缓慢升高的有利气候特点，最大降温速率不超过 1.2℃/d，基础混凝土温度平缓下降，减小开裂的可能性。

3）本工程的大体积混凝土基础，由于在施工工艺、材料组成、前期养护和现场监控等方面采取了一系列温控防裂技术措施，不但缩短了施工工期，降低了成本，确保了后续工程的施工进度，而且在基础的整体性、防水性上也取得了良好效果。经检查，整个基础除初凝时出现浅表的沉缩塑性裂缝外，没有发现任何有害裂缝。表明基础的大体积混凝土质量良好，温控防裂工作取得成功。

第三篇 专题研究

11　大体积混凝土施工技术研究

11.1　高性能聚羧酸减水剂及矿物掺合料（掺量 50%）对混凝土力学性能的影响

1. 绪论

1）研究目的

本课题旨在研究高性能聚羧酸减水剂及矿物掺合料（掺量 50%）对混凝土抗压强度、混凝土劈裂抗拉强度及弹性模量的影响。

2）高性能减水剂对混凝土力学性能的影响

在混凝土中掺入高性能减水剂，在大幅度降低用水量的同时，又使混凝土的流动性提高。这样既方便施工，又大大降低了材料的孔隙率，提高了材料的密实性，进而提高了材料的强度和耐久性。

3）粉煤灰对混凝土力学性能的影响

在混凝土中，单纯地掺入高性能减水剂虽能大幅度降低混凝土硬化后的孔隙率，但是不能改变水泥浆体硬化后水化产物的组成，不能提高水化胶凝物质的质量。如果掺入活性矿物掺合料，既可以达到这一目标，也可以提高混凝土的强度。

粉煤灰具有显著的活性效应，粉煤灰中的大量活性成分与水泥水化产物 $Ca(OH)_2$ 发生火山灰反应，生成 C-S-H 凝胶，使界面粘结强度得到相应提高，掺粉煤灰的混凝土后期强度更高。随着粉煤灰掺量的增加，后期强度增长值提高；同时也发现混凝土的抗折和劈拉强度的变化规律也具有后期增长较快的特点。就上述变化规律而言，所有文献资料的结果都较为一致[1-4]。

粉煤灰对混凝土弹性模量的影响与对抗压强度的影响相类似，早期偏低，后期逐渐提高。由于粉煤灰的火山灰反应，在整个水化作用过程均进行，类似于托勃莫来石凝胶，使含粉煤灰混凝土比不含粉煤灰混凝土更加密实，提高了它的弹性模量。

4）矿粉对混凝土力学性能的影响

矿渣是由炼铁时排出的处于融溶状态的炉渣经急速水淬而成。它含有大量的 CaO（35%—48%），并含有活性 SiO_2 和 Al_2O_3。它们本身无独立的水硬性，但在 CaO、$CaSO_4$ 的作用下，其潜在的水硬性可以被激发出来，产生缓慢的水化作用。若在 Na_2O、K_2O 等碱金属化合物的激发下，会产生强烈的水化作用，形成坚强的硬化体，这就是所谓的碱矿渣胶凝材料。

在低水胶比的情况下，矿渣对混凝土强度的影响与高水胶比的情况显著不同。由于矿渣的水化比纯水泥要慢（需要水泥水化产生的氢氧化钙来激发），在高水胶比的情况下，绝大部分水泥的水化都能得到充足的水分供应，因而表现为纯水泥混凝土的早期强度比掺矿渣的混凝土早期强度高，但由于矿渣的潜在活性作用，矿渣在水泥水化后期（一般在

28d 以后）表现出增强作用，于是掺矿渣混凝土的后期强度常常高于不掺矿渣混凝土后期强度。而当水胶比很低时，水泥因水分不足而难以充分水化，水泥用量大的混凝土，放热量大，温度升高，影响了强度的发展，使纯水泥快速水化的优势无法表现出来，而当水泥被一部分矿渣取代时，由于矿渣的活性较高，能够提高水化产物的质量，而且由于矿渣的水化比水泥慢，使水泥早期的水化比较充分。

因此，掺矿渣混凝土后期强度比不掺矿渣混凝土高，而且早期强度也可以超过普通混凝土相应强度。

5）研究内容及主要工作

本课题旨在研究高性能聚羧酸减水剂及矿物掺合料（掺量 50％）对混凝土抗压强度、C30 混凝土劈裂抗拉强度及弹性模量的影响。

2. 高性能聚羧酸减水剂及矿物掺合料（掺量 50％）对混凝土抗压强度的影响

1）原材料和试验条件

试验选用冀东 P·O42.5 级普通硅酸盐水泥，北京冶建特种材料有限公司产高性能聚羧酸减水剂 JG—2H，石景山热电厂Ⅱ级粉煤灰、北京上联首丰建材有限公司 S95 级磨细矿渣粉。

按照国家标准《普通混凝土力学性能试验方法标准》GB/T 50081—2002 的试验方法进行混凝土 28d 抗压强度的测定，浇筑的混凝土立方体抗压强度试件为 100mm×100mm×100mm。

试验目的：研究高性能聚羧酸减水剂、粉煤灰或矿粉（掺量分别为 50％条件下），对 C30、C40、C50、C60（图表中用 C3、C4、C5、C6 表示）系列混凝土各龄期抗压强度的影响。

试验原则：在各系列中，固定其混凝土拌合物初始坍落度为 160～180mm（170mm±10mm），固定其各自胶凝材料总量，固定其砂率和骨料总量，高性能聚羧酸减水剂掺量分为掺量 0 和掺量 2％（10％固含量），矿物掺合料分别为掺量 0 和掺粉煤灰或矿粉（取代水泥分别为 50％），最后调整拌合用水量以使同一系列混凝土的初始坍落度达到基本一致。

2）混凝土配合比及试验结果

（1）仅含纯普通硅酸盐水泥，不掺聚羧酸减水剂，不掺矿物掺合料的基准空白组 0 混凝土配合比见表 11-1-1，其混凝土各龄期抗压强度试验结果见表 11-1-2。

基准空白组 0 混凝土配合比　　　　　表 11-1-1

混凝土系列	砂率（％）	混凝土配合比用量（kg/m³）							坍落度（mm）	水灰比
		水泥	水	砂	石	粉煤灰	矿粉	外加剂		
C3-0	44	320	210	845	1080	0	0	0	160	0.66
C4-0	42	400	198	775	1070	0	0	0	180	0.50
C5-0	41	470	205	738	1062	0	0	0	170	0.44
C6-0	40	530	250	708	1062	0	0	0	160	0.47

基准空白组 0 混凝土各龄期抗压强度　　　　　表 11-1-2

混凝土系列	抗压强度											
	3d		7d		14d		28d		60d		90d	
	荷载（kN）	强度（MPa）	荷载（kN）	强度（MPa）	荷载（kN）	强度（MPa）	荷载（kN）	强度（MPa）	荷载（kN）	强度（MPa）	荷载（kN）	强度（MPa）
C3-0	187	17.6	248	24.0	309	30.3	354	32.0	415	38.6	436	41.4
	185		257		327		327		400		442	
	185		252		320		331		405		430	

续表

混凝土系列	抗压强度											
	3d		7d		14d		28d		60d		90d	
	荷载(kN)	强度(MPa)	荷载(kN)	强度(MPa)	荷载(kN)	强度(MPa)	荷载(kN)	强度(MPa)	荷载(kN)	强度(MPa)	荷载(kN)	强度(MPa)
C4-0	196	19.5	266	25.0	350	33.2	364	34.4	407	38.4	453	44.5
	210		268		353		363		401		463	
	210		255		344		358		405		488	
C5-0	241	22.4	307	29.5	373	34.9	412	38.6	470	43.6	461	46.5
	233		315		376		409		464		500	
	232		308		352		399		444		508	
C6-0	275	24.7	332	31.2	361	37.7	446	42.3	485	45.8	507	49.5
	262		330		421		454		469		529	
	243		324		407		437		491		526	

（2）普通硅酸盐水泥，单掺固含量为 10％的高性能聚羧酸减水剂 2％，不掺矿物掺合料的空白组 1 混凝土配合比见表 11-1-3，其混凝土各龄期抗压强度试验结果见表 11-1-4。

空白组 1 混凝土配合比 表 11-1-3

混凝土系列	砂率(%)	混凝土配合比用量（kg/m³）							坍落度(mm)	水灰比
		水泥	水	砂	石	粉煤灰	矿粉	外加剂		
C3-1	44	320	146	845	1080	0	0	7.36	180	0.46
C4-1	42	400	135	775	1070	0	0	9.20	165	0.34
C5-1	41	470	140	738	1062	0	0	10.81	170	0.30
C6-1	40	530	152	708	1062	0	0	12.19	180	0.29

空白组 1 混凝土各龄期抗压强度 表 11-1-4

混凝土系列	抗压强度											
	3d		7d		14d		28d		60d		90d	
	荷载(kN)	强度(MPa)	荷载(kN)	强度(MPa)	荷载(kN)	强度(MPa)	荷载(kN)	强度(MPa)	荷载(kN)	强度(MPa)	荷载(kN)	强度(MPa)
C3-1	366	35.5	491	46.1	564	53.1	624	59.0	661	63.1	665	64.8
	385		480		565		618		673		666	
	371		484		548		620		660		714	
C4-1	570	54.3	679	63.0	788	65.7	781	75.6	838	77.6	843	81.3
	565		644		670		807		827		865	
	581		666		618		800		785		858	
C5-1	642	62.4	715	68.8	810	75.9	834	79.3	885	82.4	875	83.9
	667		728		810		830		858		884	
	662		731		778		839		860		890	

续表

混凝土系列	抗压强度											
	3d		7d		14d		28d		60d		90d	
	荷载（kN）	强度（MPa）	荷载（kN）	强度（MPa）	荷载（kN）	强度（MPa）	荷载（kN）	强度（MPa）	荷载（kN）	强度（MPa）	荷载（kN）	强度（MPa）
C6-1	664	63.1	703	68.9	740	75.5	884	83.0	950	88.4	908	89.7
	670		756		837		883		923		957	
	658		717		807		854		917		967	

（3）普通硅酸盐水泥，掺固含量为10％的高性能聚羧酸减水剂2％，掺粉煤灰（取代水泥50％）的对照组2混凝土配合比见表11-1-5，其混凝土各龄期抗压强度试验结果见表11-1-6。

对照组2混凝土配合比　　　　　　　　　　　表11-1-5

混凝土系列	砂率（％）	混凝土配合比用量（kg/m³）							坍落度（mm）	水灰比
		水泥	水	砂	石	粉煤灰	矿粉	外加剂		
C3-2	44	160	132	845	1080	160	0	7.36	175	0.41
C4-2	42	200	132	775	1070	200	0	9.20	170	0.33
C5-2	41	235	137	738	1062	235	0	10.81	175	0.29
C6-2	40	265	147	708	1062	265	0	12.19	165	0.28

对照组2混凝土各龄期抗压强度　　　　　　　　表11-1-6

混凝土系列	抗压强度											
	3d		7d		14d		28d		60d		90d	
	荷载（kN）	强度（MPa）	荷载（kN）	强度（MPa）	荷载（kN）	强度（MPa）	荷载（kN）	强度（MPa）	荷载（kN）	强度（MPa）	荷载（kN）	强度（MPa）
C3-2	261	24.1	345	33.1	504	48.2	605	53.9	601	58.1	686	65.2
	244		342		515		526		637		688	
	255		359		503		570		598		684	
C4-2	306	29.5	437	42.8	590	55.5	634	57.6	691	66.2	760	73.8
	309		457		587		583		695		789	
	317		457		577		601		706		783	
C5-2	368	35.9	581	53.5	698	65.3	744	68.2	752	72.1	885	82.5
	379		563		678		728		770		858	
	387		545		687		683		756		862	
C6-2	397	37.7	564	53.1	656	64.7	739	71.4	845	81.2	928	85.8
	376		546		725		748		852		883	
	418		567		662		769		866		897	

（4）普通硅酸盐水泥，掺固含量为10％的高性能聚羧酸减水剂2％，掺矿粉（取代水泥50％）的对照组3混凝土配合比见表11-1-7，其混凝土各龄期抗压强度试验结果见表11-1-8。

对照组 3 混凝土配合比

表 11-1-7

混凝土系列	砂率（％）	混凝土配合比用量（kg/m³）							坍落度（mm）	水灰比
		水泥	水	砂	石	粉煤灰	矿粉	外加剂		
C3-3	44	160	132	845	1080	0	160	7.36	165	0.41
C4-3	42	200	129	775	1070	0	200	9.20	170	0.32
C5-3	41	235	138	738	1062	0	235	10.81	175	0.29
C6-3	40	265	146	708	1062	0	265	12.19	175	0.28

对照组 3 混凝土各龄期抗压强度

表 11-1-8

混凝土系列	抗压强度											
	3d		7d		14d		28d		60d		90d	
	荷载（kN）	强度（MPa）	荷载（kN）	强度（MPa）	荷载（kN）	强度（MPa）	荷载（kN）	强度（MPa）	荷载（kN）	强度（MPa）	荷载（kN）	强度（MPa）
C3-3	370		483		507		603		626		652	
	337	33.4	490	45.2	543	49.7	593	56.4	638	60.4	659	62.8
	348		454		520		585		643		672	
C4-3	489		643		706		721		763		802	
	501	47.2	603	59.2	651	64.8	737	69.5	767	74.0	817	75.7
	499		624		688		736		808		773	
C5-3	546		693		719		768		799		882	
	568	53.2	687	61.8	704	68.9	785	73.9	805	77.1	844	80.3
	567		666		754		780		831		809	
C6-3	554		690		644		804		884		898	
	560	53.5	699	66.1	708	66.4	863	78.1	860	83.7	876	84.2
	577		698		746		799		900		884	

3）试验结果分析

（1）按胶凝材料用量统计

图11-1-1～图11-1-4为C30、C40、C50、C60共四种胶凝材料用量系列混凝土的抗压强度随龄期的变化，其中图 a 为混凝土抗压强度随标准养护龄期的变化曲线；图 b 为不同龄期时，混凝土抗压强度随掺聚羧酸减水剂或矿物掺合料的变化。C30、C40、C50、C60四个系列胶凝材料总用量依次为320kg、400kg、470kg、530kg。由图11-1-1～图11-1-4可见：

① 在保证同系列混凝土胶凝材料总用量不变、拌合物初始坍落度相同的前提下，掺加高性能聚羧酸减水剂后，混凝土的抗压强度明显增大，且无论是否同时采用粉煤灰或矿渣替代50％的P·O水泥。混凝土内加入聚羧酸减水剂后，其因解絮凝作用使得水泥颗粒

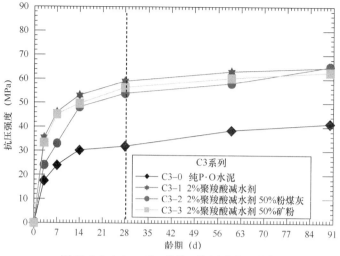

图 11-1-1（*a*） C3 系列，抗压强度—龄期

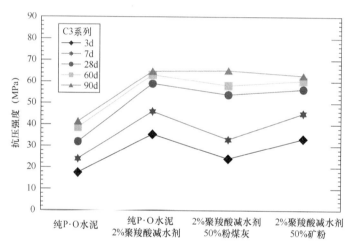

图 11-1-1（*b*） C3 系列，抗压强度—外掺料种类

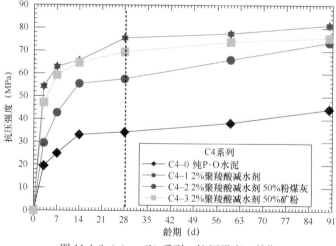

图 11-1-2（*a*） C4 系列，抗压强度—龄期

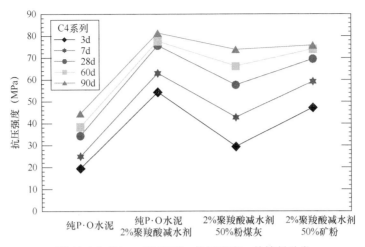

图 11-1-2（b） C4 系列，抗压强度—外掺料种类

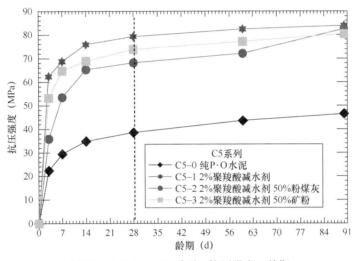

图 11-1-3（a） C5 系列，抗压强度—龄期

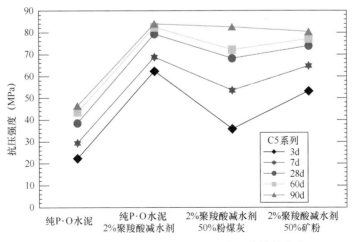

图 11-1-3（b） C5 系列，抗压强度—外掺料种类

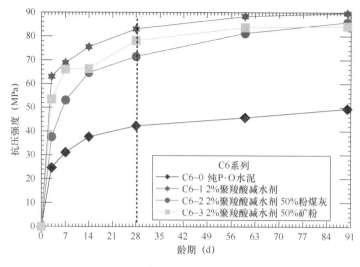

图 11-1-4（*a*）　C6 系列，抗压强度—龄期

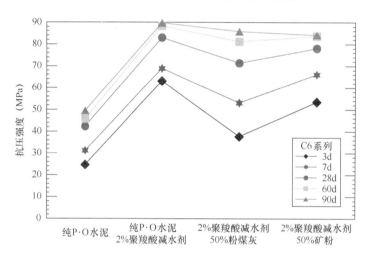

图 11-1-4（*b*）　C6 系列，抗压强度—外掺料种类

分散更好，水泥颗粒的表面水膜充盈，使得相同初始坍落度下混凝土拌合用水量明显下降。从表 11-1-9 中同系列混凝土的单位用水量可见，掺加 2％聚羧酸减水剂（固含量 10％）后混凝土水胶比均明显低于不掺的基准空白组 0，且至少下降 10％。

四系列混凝土单位用水量和水胶比统计　　　　　　　　　　表 11-1-9

配合比类型	胶凝材料用量系列 单位用水量（kg）				胶凝材料用量系列 水胶比			
	C3-0	C4-0	C5-0	C6-0	C3-0	C4-0	C5-0	C6-0
纯 P・O 水泥	210	198	205	250	0.66	0.50	0.44	0.47
纯 P・O 水泥＋2％聚羧酸减水剂	146	135	140	152	0.46	0.34	0.30	0.29
2％聚羧酸减水剂＋50％粉煤灰	132	132	137	147	0.41	0.33	0.29	0.28
2％聚羧酸减水剂＋50％矿粉	132	129	138	146	0.41	0.32	0.29	0.28

② 掺加 2% 聚羧酸减水剂，胶凝材料总用量不变，前 28d 内，采用粉煤灰或矿粉替代 50% 水泥后，四种胶凝材料用量系列混凝土前 28d 抗压强度均低于只掺聚羧酸减水剂的空白组 1。粉煤灰和 S95 矿粉均降低大体积混凝土早期 28d 内的抗压强度，且掺粉煤灰 50% 在 28d 龄期对抗压强度折减率要比掺矿粉 50% 高出 9%，见表 11-1-10。

③ 与仅掺聚羧酸减水剂的空白组 1 对照，采用粉煤灰或矿粉替代 50% 水泥后，同系列混凝土的 60d 及 90d 抗压强度均略低于空白组 1；并且，60d 龄期掺粉煤灰 50% 对抗压强度的降低影响比掺矿粉 50% 要高 6%，而 90d 龄期掺粉煤灰 50% 对抗压强度的降低影响比掺矿粉 50% 要低 1%。可见，其他条件均相同的情况下，掺矿粉 50% 与掺粉煤灰 50% 相比，掺矿粉对混凝土早期 60d 内混凝土抗压强度的折减影响要略小，而 90d 后，这种趋势则可能发生反转，数据见表 11-1-10。

掺粉煤灰或矿粉后与空白组 1 的抗压强度比值　　　　　　　　表 11-1-10

混凝土系列	与空白组 1 对照，粉煤灰组和矿渣组 60d、90d 抗压强度比					
	粉煤灰组 28d	矿粉组 28d	粉煤灰组 60d	矿粉组 60d	粉煤灰组 90d	矿粉组 90d
C3-0	0.91	0.96	0.92	0.96	1.01	0.97
C4-0	0.76	0.92	0.85	0.95	0.91	0.93
C5-0	0.86	0.93	0.88	0.94	0.98	0.96
C6-0	0.86	0.94	0.92	0.95	0.96	0.94
均值	0.85	0.94	0.89	0.95	0.96	0.95

（2）按配合比类型统计，抗压强度—龄期

图 11-1-5～图 11-1-8 为按照掺加聚羧酸减水剂及粉煤灰、矿粉的配合比类型统计的混凝土抗压强度随龄期发展曲线，由此可见：

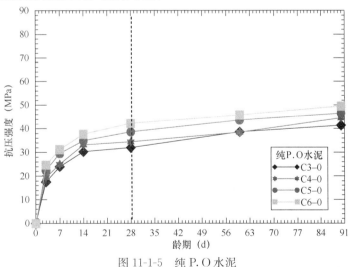

图 11-1-5　纯 P.O 水泥

① 随着胶凝材料用量的增大，C30 到 C60 系列，混凝土抗压强度逐渐增大。当不掺加聚羧酸减水剂时，胶凝材料用量增加所引起的混凝土抗压强度提升幅度低于掺加聚羧酸减水剂的情形。说明不掺加减水剂，仅靠单纯增加水泥用量来配制高性能高强混凝土，一方面难度大、效率低，另一方面很不经济、浪费水泥。

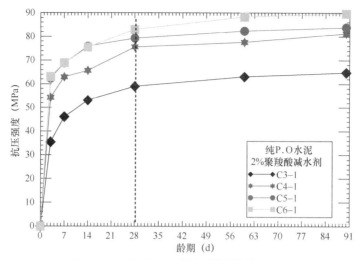

图 11-1-6　纯 P.O 水泥＋2％聚羧酸减水剂

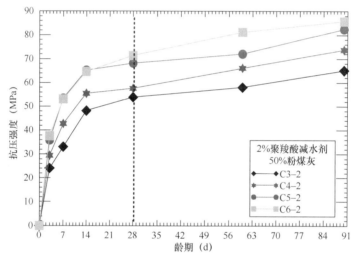

图 11-1-7　2％聚羧酸减水剂＋50％粉煤灰

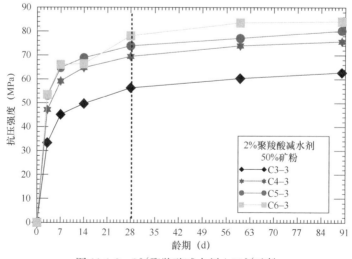

图 11-1-8　2％聚羧酸减水剂＋50％矿粉

② 采用等同坍落度原则，当胶凝材料用量较小时，从 C30 系列的 320kg/m³ 变为 C40 系列的 400kg/m³，聚羧酸减水剂提高混凝土抗压强度的效率较高；但保持聚羧酸减水剂掺量为 2% 不变，当胶凝材料用量较大时，聚羧酸减水剂提高混凝土抗压强度的效率将有所降低。

③ 掺加 50% 粉煤灰或矿粉，即图 11-1-7 和图 11-1-8，相比于仅使用纯 P·O 水泥的配合比，即图 11-1-5 和图 11-1-6，其 28d 后混凝土抗压强度继续增长的幅度要大。

3. 矿物掺合料（掺量 50%）及高性能聚羧酸减水剂对 C30 混凝土劈裂抗拉强度及弹性模量的影响

1）混凝土配合比

矿物掺合料（掺量 50%）及高性能聚羧酸减水剂对混凝土劈裂抗拉强度及弹性模量的影响研究，仅针对胶凝材料用量为 320kg/m³ 的 C30 系列混凝土进行，其配合比设计见表 11-1-11。

劈裂抗拉强度和弹性模量试验配合比　　　　　　表 11-1-11

混凝土系列	砂率（%）	混凝土配合比用量（kg/m³）							坍落度（mm）	水灰比
		水泥	水	砂	石	粉煤灰	矿粉	外加剂		
C3-1	44	320	146	845	1080	0	0	7.36	180	0.46
C3-2	44	160	132	845	1080	160	0	7.36	175	0.41
C3-3	44	160	132	845	1080	0	160	7.36	165	0.41

劈裂抗拉强度和弹性模量试验结果　　　　　　表 11-1-12

混凝土系列	劈裂抗拉强度（MPa）	弹性模量（GPa）
C3-1（空白组1）	4.9	39.7
C3-2（粉煤灰50%）	5.3	38.2
C3-3（矿粉50%）	5.2	41.7

2）劈裂抗拉强度修正系数

由表 11-1-12，使用聚羧酸减水剂情况下：

（1）掺加 50% 粉煤灰后，相比于单掺聚羧酸减水剂的空白组 1，其劈裂抗拉强度的修正系数 $\lambda_{粉煤灰50\%}$＝1.08；

（2）掺加 50% 矿粉后，相比于单掺聚羧酸减水剂的空白组 1，其劈裂抗拉强度的修正系数 $\lambda_{矿粉50\%}$＝1.06。

3）弹性模量修正系数

由表 11-1-12，使用聚羧酸减水剂情况下：

（1）掺加 50% 粉煤灰后，相比于单掺聚羧酸减水剂的空白组 1，其弹性模量的修正系数 $\beta_{粉煤灰50\%}$＝0.96；

（2）掺加 50% 矿粉后，相比于单掺聚羧酸减水剂的空白组 1 其弹性模量的修正系数 $\beta_{矿粉50\%}$＝1.05。

4. 结论

通过试验研究，可知：

1）在保证同系列混凝土胶凝材料总用量不变、拌合物初始坍落度相同的前提下，掺加高性能聚羧酸减水剂后，混凝土的抗压强度明显增大，且无论是否同时采用粉煤灰或矿渣替代 50％的 P·O 水泥。

2）从掺加聚羧酸减水剂及粉煤灰、矿粉的不同配合比的混凝土抗压强度发展曲线，可知：

（1）随着胶凝材料用量的增大，C30 到 C60 系列，混凝土抗压强度逐渐增大。当不掺加聚羧酸减水剂时，胶凝材料用量增加所引起的混凝土抗压强度提升幅度低于掺用聚羧酸减水剂的情形。

（2）采用等同坍落度原则，当胶凝材料用量较小时，从 C30 系列的 320kg/m³ 变为 C40 系列的 400kg/m³，聚羧酸减水剂提高混凝土抗压强度的效率较高；但保持聚羧酸减水剂掺量为 2％不变，当胶凝材料用量较大时，聚羧酸减水剂提高混凝土抗压强度的效率将有所降低。

（3）掺加 50％粉煤灰或矿粉，相比于仅使用纯 P·O 水泥的配合比，其 28d 后混凝土抗压强度继续增长的幅度要大。

3）建议《大体积混凝土施工规范》GB 50496—2009 修编中，在使用聚羧酸减水剂情况下：

（1）掺加 50％粉煤灰后，相比于单掺聚羧酸减水剂的空白组 1，其劈裂抗拉强度的修正系数 $\lambda_{粉煤灰50\%}$＝1.08；

（2）掺加 50％矿粉后，相比于单掺聚羧酸减水剂的空白组 1，其劈裂抗拉强度的修正系数 $\lambda_{矿粉50\%}$＝1.06；

（3）掺加 50％粉煤灰后，相比于单掺聚羧酸减水剂的空白组 1，其弹性模量的修正系数 $\beta_{粉煤灰50\%}$＝0.96；

（4）掺加 50％矿粉后，相比于单掺聚羧酸减水剂的空白组 1 其弹性模量的修正系数 $\beta_{矿粉50\%}$＝1.05。

参　考　文　献

[1] 曹诚，孙伟，秦鸿根．粉煤灰对碾压高掺量粉煤灰混凝土强度的贡献分析，粉煤灰，2001(5)：21-23.

[2] 罗季英，冷发光，冯乃谦，等．粉煤灰掺量对高性能混凝土强度和耐久性的影响，中国建材科技，2001(3)：15-18.

[3] 郭晓燕，王福川，南锋．高掺量粉煤灰高性能混凝土的试验研究，建筑材料学报，1998(6)：139-143.

[4] 冷发光，冯乃谦．矿渣掺量对高性能混凝土强度和耐久性影响的试验研究，新型建材与建筑施工，2000(1)：14-17.

11.2 矿物掺合料对混凝土收缩和自生体积变形的影响

1. 绪论

1) 研究意义

粉煤灰和矿粉作为混凝土两种主要的矿物掺合料，研究其对混凝土收缩性能的影响意义重大。在《大体积混凝土施工规范》GB 50496—2009[1]中有关粉煤灰和矿粉对混凝土收缩的影响修正系数，目前的掺量最多是 40%，为使大体积混凝土施工符合技术先进、经济合理、安全适用的原则，需要得到矿物掺合料掺量为 50% 时的收缩影响修正系数。另外现有研究得出的掺合料对收缩影响系数与规范给出的系数存在一定差距，因此提出合理的矿物掺合料对混凝土收缩影响系数对规范修订具有一定的意义。

2) 混凝土收缩机理

影响混凝土建筑结构耐久性最主要的因素是混凝土自生的收缩，收缩也是引起混凝土裂缝最常见的因素[2]。化学减缩、干燥收缩、自收缩、温度收缩及塑性收缩是五种主要的混凝土收缩[3]。无论是混凝土的自收缩还是干燥收缩，均是由于其内部失水引起的，只是失水方式不同。在解释混凝土的失水收缩机制之前，先来了解混凝土内部的孔隙水分布情况。混凝土中含有大量的空隙、粗孔及毛细孔，这些孔隙中存在水分，水分的活动影响到混凝土的一系列性质，特别是产生"湿度变形"的性质对裂缝控制有重要作用。混凝土中的水分有化学结合水、物理-化学结合水和物理力学结合水三种[4]。

当混凝土承受干燥作用时，首先是大空隙及粗毛细孔中的自由水分因物理力学结合遭到破坏而蒸发，这种失水不引起收缩，但细孔及微毛细孔由于环境的干燥作用会产生毛细压力，水泥石承受这种压力后产生压缩变形而收缩，即"毛细收缩"，是混凝土收缩变形的一部分。待毛细水蒸发以后，开始进一步蒸发物理-化学结合的吸附水，首先蒸发晶格间水分，其次蒸发分子层中的吸附水，这些水分的蒸发引起显著的混凝土压缩，产生"吸附收缩"，是收缩变形的主要部分。

（1）混凝土干燥收缩机理

目前对干燥收缩的机理研究比较系统，归纳起来有以下四种学说：

① 毛细管张力学说

平面状态水的饱和蒸汽压取决于温度。而硬化水泥内部的毛细孔水，由于液面成曲面，比平面状态水的饱和蒸汽压低。毛细管负压是平液面水的饱和蒸汽压与弯液面水的饱和蒸汽压之差。毛细管负压与毛细管半径有以下关系：

$$\Delta P = \frac{2\gamma\cos\theta}{r_0} \tag{11-2-1}$$

式中　ΔP——弯液面负压值；

　　　γ——表面张力；

　　　θ——水与水泥石的接触角；

　　　r_0——毛细管半径。

因此混凝土所处的环境相对湿度降低时，毛细管水的蒸发，使临界半径减小，毛细管负压增大。负压作用在毛细管周围管壁上产生压应力，使水泥石产生收缩。较粗的毛细孔在相对湿度降低至约 95％时是空的，此时毛细管临界半径仍很大，故水泥石上毛细管负压引起的应力相当小。当相对湿度降低到更低时，毛细管负压引起的应力升高相当迅速，因此产生很大的干燥收缩。计算表明当相对湿度降到 40％～50％时，相对应的毛细管临界半径在 25μm 左右，此时毛细管负压已超过水的表面张力，毛细管水已不能稳定存在。

② 拆开压力学说

水泥石中的凝胶体在范德华力作用下，吸引周围的胶体颗粒，并使其相邻表面紧密接触。当凝胶体表面吸附水时产生拆开压力（由吸附膜中水分子的取向决定）。拆开压力随水膜厚度的增加（相对湿度的增加）而增大。当拆开压力超过范德华力时，迫使凝胶颗粒分开引起膨胀。与此相反，相对湿度降低时，拆开压力减小，凝胶颗粒继续在范德华力的作用下吸引在一起，产生收缩。资料[5]表明：相对湿度在 50％～80％内变化时，拆开压力才发生变化。

③ 凝胶体颗粒表面变化学说

表面能变化引起的收缩是指凝胶颗粒表面自由能随湿度的变化而引起的收缩。当固体微粒表面吸附一层水膜时，在水的表面张力作用下固体微粒受压力。该压力可用下式表示：

$$P_{sfe} = \frac{2\sigma S}{3} \qquad (11\text{-}2\text{-}2)$$

式中　P_{sfe}——固体微粒表面所受的压力；

　　　　σ——水的表面自由能；

　　　　S——固体的比表面积。

C-S-H 凝胶体具有很大的比表面积 S，因此表面自由能 σ 的变化，可引起的较大变化，从而使凝胶体系发生体积变化。相对湿度在 20％～50％范围内，σ 随相对湿度的变化而变化。而相对湿度较大时，由于凝胶体颗粒表面吸附多层吸附水，故产生的压力极小，可以忽略不计。

④ 层间水迁移学说

硬化后的水泥石是由水泥水化产物、未水化水泥颗粒、水和少量的空气组成的固-液-气三相多孔体系。随着水泥水化的进展，原来充水空间减少，而没有被水化产物填充的那一部分空间，形成毛细孔。水泥的水化产物 C-S-H 凝胶彼此交叉和连生，内部存在大量的凝胶孔，孔中充满了凝胶水。

层间水迁移引起的收缩，是指存在于 C-S-H 凝胶内层区的层间水随着相对湿度的降低，产生较大的能量梯度，从而使层间水向外迁移产生的收缩。有研究者认为[6]，C-S-H 的层间水在低相对湿度条件下才失去，并对收缩有显著的影响，尤其是对不可逆收缩产生很大的影响，其程度比表面自由能或拆开压力等的影响大得多。层间水只有在凝胶水蒸发或受挤压时向外迁移。水泥石内部相对湿度大于 50％时，毛细管水仍稳定存在，因此凝胶水也能稳定存在，故不会引起层间水的迁移。只有在相对湿度很低的条件下，才发生因层间水迁移引起的收缩。

（2）混凝土自收缩机理

干燥收缩随着失水程度的不同，以上四种理论所说的收缩机理均有可能，即随着相对湿度的变化应以不同的理论解释干燥收缩发生的。但自收缩是在密封的环境下发生，这种环境下相对湿度的变化只是在一定范围内的。试验表明[6]：混凝土内部自干燥引起的"本征相对湿度"（水泥石或混凝土试件中留有的空洞内相对湿度或试件放入密封容器内的相对湿度）不低于75％，而实际混凝土内部相对湿度应高于"本征相对湿度"。此外，从混凝土中水分组成看，凝胶水和水化水均不参加水化反应，故自干燥现象只发生在毛细孔中。可见自干燥引起的收缩机理符合毛细管张力学说。

水泥石内部的毛细孔，其孔径由大到小在一定范围内分布。随着胶凝材料的水化，水泥石内部的毛细孔水逐步减少，因此弯月面从大孔隙向小孔隙迁移，毛细管临界半径降低，孔隙内部产生的负压增加，混凝土产生收缩。

混凝土早期自收缩的影响因素比较复杂，既有其自生组成材料的作用，又有养护环境的作用。目前许多商品混凝土生产商、建筑和科研单位都在积极开展泵送混凝土的收缩试验研究，以期通过深入了解组成材料对混凝土收缩的影响，使商品混凝土在满足施工性能和强度等级要求的前提下，实现收缩最小的配比优化。但是，在相当多的收缩试验报道中，不同的研究者往往得出了不同甚至相反的结论，使混凝土的生产者无所适从。这一方面说明材料对混凝土收缩影响的复杂性；另一方面，收缩研究中采用的试验方法值得探讨。

3）矿物掺合料对混凝土收缩影响研究现状

目前，高性能混凝土生产技术有两个共同的特点：一是掺有较多的磨细活性掺合料；二是采用较低的水胶比[7]。加入矿物掺合料代替部分水泥是配制高性能混凝土最常用方法，其中矿物掺合料种类主要有粉煤灰、矿粉等。矿物掺合料在混凝土中的应用，不仅满足可持续发展的要求，且可改善新拌混凝土的工作性、调整实际构件中混凝土强度的发展、提高抗化学侵蚀的能力、增强混凝土的耐久性。矿物掺合料的掺入必然改变水泥各组分的水化环境，进而影响水化历程和水化机理，改变水化产物的各项特征，最终表现为对材料宏观性能的影响。

关于矿物掺合料对高性能混凝土早期自收缩的影响研究已有较多报道，但是一些研究结果之间还存有分歧，这主要是由于各掺合料对混凝土早期自收缩的影响比较复杂，与掺合料种类、掺量、活性、细度及龄期等因素相关[8]。不同掺合料对自收缩的影响不同。研究者们的试验结果表明[6,9-14]：合理使用矿物掺合料能使混凝土更为致密，有利于减少自收缩，同时增加和易性、降低泌水性、提高泵送性能和减少水泥用量。但是，如果使用不当，反而会增大收缩。

（1）粉煤灰对混凝土收缩影响研究现状

粉煤灰作为主要矿物掺合料应用于混凝土中，已有五六十年的历史，而且大掺量粉煤灰高性能混凝土在工程中的应用逐渐增加。混凝土中掺入粉煤灰，不仅可以降低用水量、改善拌和物的和易性，而且还可以提高混凝土的后期强度与耐久性[13]。因此，研究粉煤灰对高性能混凝土早期自收缩的影响显得十分重要。

①粉煤灰的特性

粉煤灰属于火山灰质材料，其活性主要取决于SiO_2和Al_2O_3的含量，同时CaO的存在对于粉煤灰的活性极为有利。粉煤灰的颗粒形态、粒径及表面情况对其活性影响很大。一般情况下，粉煤灰细度越细，越有利于发挥潜在的活性。通过扫描电镜观察到，粉煤灰是多种粒径颗粒的聚集体，其中绝大部分呈实心球状玻璃体结构，还有少量的莫来石、石英等结晶物质[15]。

我国的粉煤灰大部分是铝硅质粉煤灰，其主要分类标准如表 11-2-1 所示。《高强与高性能混凝土用粉煤灰应用技术》[16]建议高强高性能混凝土采用Ⅰ、Ⅱ两个等级的粉煤灰。

我国的粉煤灰分类标准 表 11-2-1

序号	类　别	Ⅰ	Ⅱ	Ⅲ
1	细度（0.08mm 筛余%）不大于	5	8	25
2	烧失量（%）不大于	5	8	15
3	需水量（%）不大于	95	105	115
4	三氧化硫（%）不大于	3	3	3
5	含水率（%）不大于	1	1	不作规定

② 粉煤灰对混凝土早期自收缩影响规律

混凝土早期自收缩随粉煤灰掺量的增加而减小[6,9,17,18]。文献[8]研究结果表明，与基准混凝土相比，随着粉煤灰掺量的增多，混凝土早期自收缩明显减小。粉煤灰掺量 20%、40%使混凝土 1d 时自收缩分别减小了 29.7%、45%；3d 时自收缩减小率分别为 20.5%、38.1%。

同时，安明喆[6]等人还指出，由于粉煤灰对早期自收缩具有"滞后效应"，掺入粉煤灰的混凝土同基准混凝土相比，初凝至 1d 龄期内的自收缩增长速度明显减少，但是 1d 至 3d 龄期内自收缩增长速度反而随粉煤灰掺量的增加而增大。而且，粉煤灰掺量在 0～30% 范围内，自收缩值随粉煤灰掺量的增加而降低，但是当掺量超过 20%后，减缩作用并不明显。图 11-2-1 及图 11-2-2 分别给出了安明喆[6]及翁家瑞[19]的试验结果，均反映出混凝土早期自收缩值随粉煤灰掺量增加而降低的规律。安明喆的研究结果表明当粉煤灰掺量超过 20%后其减缩作用并不明显。翁家瑞的研究结果表明粉煤灰对自收缩的降低作用与其掺量成比例。

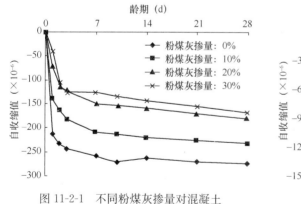

图 11-2-1　不同粉煤灰掺量对混凝土
自收缩的影响（安明喆[6]）

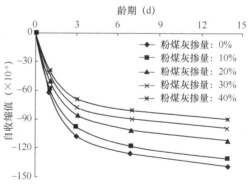

图 11-2-2　不同粉煤灰掺量对混凝土
自收缩的影响（翁家瑞[19]）

1998 年 Haque[20] 等人浇筑了三种不同的粉煤灰掺量（对水泥的质量取代率分别为 0、10%和 15%）的高强混凝土试件，通过试验，研究了粉煤灰对耐久性的影响，结果表明：最佳的粉煤灰掺量为 10%。

2002 年马丽媛[15]等人研究了不同粉煤灰掺量下高强混凝土的收缩开裂风险，并测定了掺入粉煤灰的砂浆和高强混凝土的早期干燥收缩，研究结果表明：粉煤灰的掺入明显地减小了砂浆和高强混凝土的收缩，降低了高强混凝土的收缩开裂风险，通过扫描电镜 SEM 试验得到了高强混凝土内部孔结构的情况，结合水化热试验结果，探讨并分析了掺入粉煤灰降低高强混凝土收缩开裂风险的机理。

2003 年 Lee[21]等人研究了粉煤灰对高性能混凝土自收缩的影响。结果表明，混凝土自收缩随着粉煤灰掺量的增加而减小。研究同时对收缩引起的拉应力进行了数值分析，发现仅仅掺入粉煤灰可能无法阻止混凝土早期开裂的发生。

2004 年杨波[22]等人指出，粉煤灰在早期几乎不参与水化反应，因此在高强混凝土中掺入大量的粉煤灰会使水泥用量相对降低，从而减少了胶凝材料早期水化产物的数量，导致了高强混凝土早期内部结构的相对疏松。粉煤灰的掺入，使得高强混凝土在早期的内部孔隙率有所降低，明显减小了早期自收缩和干燥收缩。因此，掺入粉煤灰的高强混凝土在早期的总收缩（这里主要是指自收缩与干燥收缩之和）小于基准高强混凝土。

2005 年 Subramaniam[23]等人得出掺入粉煤灰可显著减小高强混凝土的自收缩，延长约束收缩开裂的龄期，此外，增大粉煤灰掺量、降低水胶比可以进一步延长开裂龄期，提升高强混凝土的长期抗压强度。

2005 年翁家瑞[24]等人研究了不同粉煤灰掺量与高强混凝土收缩的关系，结果表明：由于粉煤灰的滞后效应，用粉煤灰代替部分水泥，可减小高强混凝土的自收缩和干燥收缩。

2006 年王强[25]等人在保持七天强度相同的前提下，比较了不同水灰比和粉煤灰掺量情况下混凝土的自收缩。发现了如下规律：自收缩随着水灰比增大而减小，随着粉煤灰掺量增加而减小。不仅要尽量减小自收缩，而且要满足强度要求，从而有效提高混凝土早期抗裂性能。

2007 年 Yen[26]等人采用粉煤灰以四种不同的掺量取代水泥，研究了高强混凝土的耐磨和抗侵蚀能力，试验结果表明：随着水胶比的降低和抗压强度的提高，掺入粉煤灰的高强混凝土耐磨和抗侵蚀能力均得到了提高，试验得出的粉煤灰最优掺量为 15%。

2008 年王稷良[27]等人研究结果表明：粉煤灰对高强混凝土后期强度具有提升作用，并且可以使高强混凝土的多方面性能得到改善，增大高强混凝土的延性；高强混凝土早期弹性模量随着粉煤灰掺量的提高而降低。

2011 年 Nath[28]等人研究了粉煤灰掺量与高强混凝土干燥收缩的关系，研究结果表明：粉煤灰的掺入减小了高强混凝土的干燥收缩。

2013 年高英力[29]等人将不同细度的粉煤灰掺入到轻骨料高强混凝土内等质量取代水泥，粉煤灰掺量在 10% 至 30% 之间，研究了掺入粉煤灰的轻骨料高强混凝土与基准高强混凝土早期自收缩，研究结果表明：粉煤灰的掺入可以抑制高强混凝土早期自收缩，且粉煤灰掺量越大，高强混凝土早期自收缩越小，随着粉煤灰细度的提高，对高强混凝土早期自收缩的减小程度越大，这是因为粉煤灰作为填料掺入后取代了水泥，水泥用量相对减少，而粉煤灰在早期几乎不参与反应，胶凝材料体系在早期的有效水灰比得到提高，高强混凝土内部自由水分含量相对增多，内部毛细管孔结构的自干燥现象得以缓解，高强混凝土的自收缩也相应地减小。

③粉煤灰对混凝土早期自收缩的作用机理分析

粉煤灰对自收缩的影响与其参与火山灰反应的能力与速度有关。掺加粉煤灰的混凝土，其内部结构的形成与粉煤灰—水泥体系的水化硬化过程密切相关。马丽媛[15]等人的研究结果表明，3d龄期时粉煤灰颗粒表面仍保持光滑的球状形貌，没有生成水化产物的痕迹，混凝土内部结构较疏松，大量的钙矾石晶体呈簇生长，因此，在粉煤灰混凝土中，粉煤灰在早期基本不参与水化反应，而只起到填充作用。

由于粉煤灰早期较少参与水化反应，因此混凝土中掺加大量的粉煤灰相当于早期用水量不变的情况下，降低水泥用量，从而早期单位体积混凝土中水化产物量少，水泥石硬化体结构相对疏松。粉煤灰混凝土早期的微结构特点，特别是3.2nm～100nm的孔径范围的孔含量的降低，可降低混凝土内部的早期自干燥速度，显著降低早期自收缩。后期粉煤灰的继续水化使水泥石内部自干燥程度提高，但是此时混凝土已有较高的弹性模量和很低的徐变系数，因此在相同自干燥程度下产生的自收缩同早期相比小得多[30]。粉煤灰的这种作用可称为"能量滞后释放效应"。

另外，掺入粉煤灰，会与混凝土中的$Ca(OH)_2$发生二次水化反应。翁家瑞[19]等人得出以下结论：随着粉煤灰掺量的增加，混凝土的柱状AFt和针状AFt开始出现，并且数量也逐渐增加，由于AFt会产生微膨胀，所以AFt数量的增加可以有效地减少混凝土的自收缩和干燥收缩，增加混凝土的强度；随着粉煤灰掺量的增加，六角薄板层状$Ca(OH)_2$晶体的数量呈下降趋势，可以观测到大量的$Ca(OH)_2$在骨料界面区富集的现象，由于$Ca(OH)_2$晶体比较脆弱，所以$Ca(OH)_2$的富集会给高性能混凝土的强度及干燥收缩、自收缩带来不利的影响；随着粉煤灰掺量的增加，水化物的结构变得越来越致密，整体性也更好；骨料界面区的水化物增加，水化物的尺寸变大，与骨料的结合也更牢固；粉煤灰颗粒表面的水化物在3d龄期时，都比较少，这是由于3d龄期时，粉煤灰表面的玻璃体结构比较致密，C-S-H等水化物无法与粉煤灰发生二次水化反应，所以附着在粉煤灰颗粒表面的水化物就比较少。

同时随着龄期的增长，混凝土中的针状、柱状AFt的尺寸逐渐增大，且更清晰，六角薄板层状$Ca(OH)_2$在7d、28d龄期时，已经观测不到了，说明$Ca(OH)_2$被反应殆尽，且随着混凝土中碱度的降低，出现了形状不规则的片状AFm；随着龄期的增长，粉煤灰颗粒表面的致密玻璃体逐渐被水泥浆体腐蚀溶解，并发生二次水化反应，且反应速度有加快的趋势，这样粉煤灰颗粒表面的C-S-H凝胶逐渐增多，并形成一个包裹粉煤灰颗粒的C-S-H凝胶层，凝胶层会向粉煤灰颗粒内部发展，凝胶层的厚度将逐渐增加，直到粉煤灰颗粒被反应殆尽；随着龄期的增长，水化物的结构变得更加致密，各种水化物会连成一片，形成一个整体，使混凝土的强度得到持续的提高，并减少混凝土收缩的影响。

可见掺入粉煤灰对早期自收缩的降低作用显著，这将有利于防止或减轻混凝土早期开裂。

综上所述，目前大量研究表明：虽然粉煤灰对混凝土早期抗压强度的发展具有不利影响，但对后期强度的发展具有提升效果；粉煤灰的掺入，抑制了混凝土的早期收缩，从而使混凝土的早期开裂风险得到了降低，有助于提高其耐久性。目前规范的掺量最多是40%，为使大体积混凝土施工符合技术先进、经济合理、安全适用的原则，需要得到粉煤灰掺量为50%时的收缩影响修正系数。

（2）矿粉对混凝土收缩影响研究现状

近年来，随着高性能混凝土的迅速崛起，矿粉在此领域得到了广泛的应用。在混凝土中掺入矿粉，不仅可以降低混凝土的水化热、抑制碱－骨料反应、提高抗硫酸盐与海水的腐蚀能力，而且还具有改善拌和物的工作性、减少泌水量、提高早期强度等作用[6]。

矿粉作为混凝土矿物外加剂，可配制出高强、大流动度混凝土，具有显著的技术经济效益，但有资料表明：掺矿粉混凝土的自收缩值较高[14]。

① 矿粉的特性

高炉矿渣主要由 SiO_2、Al_2O_3、CaO 等氧化物组成，这三种氧化物占 90％以上。另外，还含有少量的 MgO、FeO 及一些硫化物。同硅酸盐水泥熟料相比，矿粉的 CaO 含量低、SiO_2 含量高。矿粉是粒化高炉矿渣经过粉磨后的粉体材料，由于其本身兼具有胶凝性和火山灰活性，既可以作为水泥掺合材，也可以经过加工后作为混合材直接掺入混凝土中。

根据熔融矿渣的冷却方法，可将高炉矿渣分为"硬矿渣"与"水淬控制"。前者由熔融状态慢慢冷却结晶而成，其活性很小。后者则从熔融状态急速冷却，形成以玻璃体为主的结构，具有很高的活性。

混凝土中掺入磨细水淬矿粉（以下简称为矿粉）时，水泥水化产物 $Ca(OH)_2$ 分解出的 OH^- 离子进入矿渣玻璃体网状结构的内部空穴，与活性阳离子相互作用使矿渣分散和溶解。从化学角度上 $Ca(OH)_2$ 与矿粉中的活性 SiO_2 和活性 Al_2O_3 反应，生成 C-S-H 和 C_3AH_6 等水化产物。由此可知，矿粉的水化与水泥水化产物 $Ca(OH)_2$ 的生成速度密切相关。

② 矿粉对混凝土早期自收缩影响规律

矿粉对混凝土早期自收缩的影响规律，以及对混凝土性能的改善，许多学者对矿粉混凝土的相关性能进行了研究，且不同研究者的研究结论具有很大差异，本节对这些结论进行了总结与分析。

大部分研究者认为，矿粉的掺入一般会增加混凝土的收缩。它对混凝土的自收缩的影响与其细度有关。通常使用与水泥细度相当的矿粉时，混凝土自收缩可随矿粉掺量的增加而稍有减少。但当矿粉细度超过 $4000cm^2/g$ 时，混凝土的自收缩会随矿粉掺量的增加而增加[6,10,31]，其原因是矿粉的活性更高，加速了混凝土内部相对湿度的降低。但当掺量超过一定量后，未反应的颗粒增多，对混凝土收缩又起抑制作用。

文献[32]指出，超细矿粉（比表面积为 $7300cm^2/g$）对混凝土自收缩的影响与普通矿粉不同。它们的主要差别在于普通矿粉对混凝土早期（3d）自收缩有抑制作用，掺得越多，作用越大，而超细矿粉则增加了混凝土的早期自收缩。其次，在同配比条件下，不论早期、后期，所有掺超细矿粉混凝土的自收缩值均比掺普通矿粉混凝土的大。3d 自收缩增加 27％～42％；90d 则增加 6％～9％。早期增幅大，后期增幅小。早期增幅有随掺量增加的趋势；后期增幅则有随掺量减小的趋势。

但是，还有一部分研究者得出了与上述不一致的结论。文献[18]指出，矿粉（比表面积为 $5450cm^2/g$）的掺入（掺量为 11.4％），在不加减缩剂时，也能适当减小早期收缩，但降低的幅度不大。因此，矿粉的掺入有利于降低混凝土的早期收缩。文献[33]对比表面积为 $5100cm^2/g$ 的磨细矿粉进行了掺量分别为 10％、20％及 30％的自收缩试验，也得到了相同的结论。之所以会出现以上两种不同的观点，通常认为这与矿粉的品种、掺量以及试验条件有密切关系。

鉴于目前的研究状况，本文通过比较分析，采取绝大多数研究者的观点，以矿粉细度 $4000\text{cm}^2/\text{g}$ 作为分界点，当矿粉细度小于 $4000\text{cm}^2/\text{g}$ 时，混凝土自收缩随矿粉掺量的增大而减小。

当矿粉细度大于 $4000\text{cm}^2/\text{g}$ 时，矿粉对混凝土早期自收缩的影响不但与掺量有关，而且还与龄期有关。张树青[34]与安明喆[6]的研究结果均表明，矿粉对混凝土自收缩的发展有"滞后效应"，起着前抑后扬的影响。矿粉掺量在 $0\sim40\%$ 范围内，3d 前的自收缩随矿粉掺量的增加而降低，但是 3d 后自收缩增长速度随矿粉掺量的增加而增大，使后期（10d 以后）的自收缩值随矿粉掺量的增加而增大[6]。张树青[34]等人指出，当水胶比为 0.4，掺量由 20％增大至 50％时，基准混凝土的 3d 自收缩值下降幅度由 17％左右增大至 24％；而 90d 自收缩值随掺量增加而增大，增大幅度由 5％增大到 11％。

20 世纪三四十年代 Lyman[35] 和 Davis[36] 等人已提出混凝土自生能够收缩，由于当时的混凝土水灰比普遍较大，测试得出的自收缩值很小，往往被忽略。随着高强度混凝土的研究和发展，混凝土自收缩现象引起业内人士的广泛关注，由此混凝土早期自生变形成为研究的关键。

1992 年 Tazawa[37] 等人的研究结果显示，当在混凝土中掺入的矿粉的比表面积超过 $4000\text{cm}^2/\text{g}$ 的时候，增加掺量会使得混凝土的自收缩会增加，但是混凝土的自收缩会在掺量超过 75％以后开始减小。

1995 年 Tazawa[31] 等人研究了矿物掺合料对水泥砂浆自收缩的影响，混凝土中掺入 $0\sim90\%$ 细度为 $5680\text{cm}^2/\text{g}$ 的矿粉，其自由收缩与矿粉取代量有着成正比的关系。通过研究水灰比、水泥、矿物掺合料和化学掺合料等对混凝土自由收缩的影响，得出如下结论：水灰比越低，混凝土自收缩越大，适当添加掺合料可以减小自生收缩。通过研究外加剂对水泥自收缩的影响，结果显示，掺矿粉水泥浆体早期的自收缩会减小，但是对于后期的自收缩会增大。

1997 年王铁梦[4]指出，利用标准状态下混凝土收缩量为基础，用修正系数调整来计算非标准状态下的收缩。任意时间素混凝土（包括低配筋混凝土）收缩量计算公式如下：

$$\varepsilon_y(t) = \varepsilon_y^0 \cdot M_1 \cdot M_2 \cdots M_n (1 - e^{-bt}) \tag{11-2-3}$$

式中　　$\varepsilon_y(t)$——任意时间的收缩，t（时间）以 d 为单位；

　　　　b——经验系数，一般取 0.01，养护较差时取 0.03；

　　　　ε_y^0——标准状态下的极限收缩，$\varepsilon_y^0 = 3.24 \times 10^{-4}$；

M_1、M_2、$\cdots M_n$——考虑各种非标准条件下的修正系数，分别对应于水泥品种、水泥细度、骨料种类、水灰比、水泥浆量、初期养护时间、使用环境湿度、构件尺寸、操作条件、配筋率（包括模量比）等因素的修正。

2001 年 Li[38] 等人在水胶比 0.26 的混凝土中掺入矿粉，并进行干燥收缩试验，试验结果显示，在前 28 天混凝土养护龄期中，不掺矿粉的混凝土总是表现出最高的干燥收缩。

2002 年 Pane[39] 等人用 LVDT 来测试掺矿粉混凝土的自收缩，研究发现，矿粉会减小混凝土的自收缩。

2002 年 Bernard[40] 等人通过试验分析水化度和总应变的发展，研究结果表明自收缩对混凝土应力的发展有较大的影响。

2004 年 Hooton[41]等人对已有文献进行了总结，总结规律得到在 28d 龄期后矿粉混凝土的干燥收缩大于普通混凝土。

2004 年张树青[34]等人对矿粉混凝土的自收缩性能进行了相关研究。结果表明，掺入矿粉在相同水胶比时可以减小早期自收缩，但是后期的自收缩会增大；掺加矿粉的混凝土的自收缩较普通混凝土的大，掺量越高，自收缩越大；当矿粉掺量达到 50%，3d 的自收缩会增加 20%左右，而 90d 的自收缩则会增加 48%左右。

2004 年梁文泉[42]等人研究了矿粉掺量对混凝土收缩的影响。结果表明：不掺矿粉混凝土的自收缩的值明显比较低；但是当含量超过 65%时，混凝土的自收缩明显增大。

2006 年欧阳华林[32]等人试验研究了水胶比为 0.32 的高性能混凝土收缩对矿物掺合料影响的规律。试验结果表明：在一定且相同的水胶比状况下，矿粉用量越多反而减少了水泥的含量，混凝土的收缩值反而越低。

2006 年 Lee[43]等人通过试验得出在同一水胶比下，矿粉混凝土对比普通基准混凝土显示出更高的自收缩。在 28d 龄期时，水胶比为 0.37 和 0.42 时，掺 30%和 50%矿粉的混凝土的自收缩比普通混凝土分别增大 31%～56%和 58%～76%。然而水胶比为 0.27 时，28d 自收缩增加较小，30%和 50%的矿粉掺量的混凝土的自收缩分别增加 6.6%和 17.4%。

2006 年高小建[44]等人利用自行研制的非接触式混凝土收缩仪测量混凝土从浇注 6h 到 28d 龄期内的收缩，研究了减缩剂、聚丙烯纤维及其混合掺入对混凝土早期收缩开裂的影响规律及作用机理。

2007 年范莲花[45]等人研究矿物掺合料影响混凝土各项性能的变化，采用 C30 的混凝土配合比，根据规范分别加入 0、20%、40%、60%的矿粉等量取代水泥作并进行收缩试验，试验结果为，混凝土自生的收缩值与矿粉掺量有着反比的关系。

2007 年乔艳静[46]等人研究了矿粉掺量对混凝土收缩、开裂性能的影响。结果表明：掺矿粉的混凝土试件自收缩值明显要高于不掺任何掺合料的混凝土，掺量增加，自收缩增大。

2008 年 Neto[47]等人试验研究对水泥砂浆掺活性矿粉的干燥收缩和自收缩。研究发现掺活性矿粉的砂浆的干燥收缩和自收缩比不掺矿粉的砂浆大，矿粉掺量越高，砂浆的收缩均持续增大。

2009 年刘建忠[48]等人研究了矿物掺合料对低水胶比混凝土干缩和自收缩的影响，结果显示随着矿粉掺量增加，自收缩有不同程度地增大，而干缩明显减小。文章研究了 0.24 低水胶比的混凝土自由收缩、干燥收缩性能分别被 0、10%、30%、50%矿粉取代量影响的规律，同时选用双曲线－收缩函数公式拟合试验分析结果且对比，分析和展示矿物掺合料干扰随时间变化的混凝土收缩的规律。得出结论：水胶比低的混凝土的干燥收缩由于矿粉的加入而降低，并与矿粉用量成反比，混凝土的自由收缩却提高了。

2010 年 Güneyisi[49]等人用规范 ASTMC157/C157M 中 70mm×70mm×280mm 的棱柱体对自密实混凝土进行干燥收缩试验，水胶比为 0.32 的混凝土中加入矿粉会降低早期干燥收缩，并随用量的增加而降低。

2010 年钟军[50]等人通过收缩试验研究了 3d、7d、14d、28d 混凝土的收缩变形值。

2011 年 Cheng A[51]等人就矿粉对混凝土性能的研究通过试验分析发现也得出干燥收

缩减小的结论。

2011年肖佳[52]等人研究了矿粉对水泥胶砂自收缩的影响。他们发现，在水化的前期，当矿粉的掺量在10%～20%之间的时候，水泥胶砂自收缩是降低的；但是到了后期的时候，和纯的水泥胶砂相比，掺量10%和20%的水泥胶砂的自收缩分别增加了11.1%和6.6%。

2011年蒋春祥[53]等人研究了粉煤灰和矿粉对水泥水化热的影响。发现当矿粉的掺量为10%和20%的时候，矿粉的掺入并不能够降低7d后的水化热，但在一定的程度上可以放缓水化热的放热的速率；但是30%的掺量的矿粉却能够降低1～7d各龄期的水化热。

2013年徐仁崇[54]等人通过试验研究C100高强混凝土早期收缩、干燥收缩随矿物掺合料种类及掺量变化的影响，研究发现在养护龄期为28d时，掺18%矿粉的混凝土干缩值为253×10^{-6}，与掺6%矿粉的混凝土对比，其收缩值降低了8.3%。矿粉掺量的不断增长，混凝土的干缩持续降低。

2014年Wang[55]等人进行了历时1080天的矿粉作为矿粉掺合料的混凝土性能试验，发现28d龄期前掺矿粉可以增加混凝土干燥收缩，而在28d以后降低干燥收缩。

2015年Gedam[56]等人研究发现矿粉混凝土早期收缩与普通基准混凝土对比降低。

2015年Satish[57]等人研究在海水状态下，掺矿粉混凝土的干燥收缩变化，得出的结论和Gedam一样，即使在海水的条件下，依旧不影响矿粉减小混凝土的干燥收缩。

2015年Zhao H[58]等人通过对自密实（self-compacting）混凝土掺矿粉性能的研究，掺入矿粉的自密实混凝土与未掺矿粉的自密实混凝土对比展现出更低水平的干燥收缩，且矿粉的取代量越高，其干燥收缩减小的越多。

2015年Valcuende[59]等人为了研究矿粉取代部分水泥后的自密实混凝土随时间变化的收缩。在0.55的水胶比下，矿粉混凝土的自收缩、干燥收缩和总收缩都增大，并与掺量成正比。

从上面的研究现状可以看出，目前试验以及工程中矿粉掺量已经达到50%，但是原标准中矿粉收缩影响系数只有40%的掺量，因此需要开展矿粉掺量为50%的试验研究。

③ 矿粉对混凝土早期自收缩作用机理分析

矿粉水化引起的内部结构的变化与它的水化过程密切相关。增加矿粉掺量时，相对降低了水泥用量，因此早期$Ca(OH)_2$的生成速度减小，随之矿粉的水化速度减慢，这使得混凝土3d前的水化程度随矿粉掺量的增加而降低，从而导致粗毛细孔含量增加，细毛细孔含量减少，内部结构变得疏松。水化程度的降低使得3d前毛细孔细化速度与毛细孔水的消耗速度减慢，因此临界半径的减小速度减慢，这使同龄期的毛细管负压大幅度降低，从而使混凝土3d前的自收缩水矿粉掺量的增大而减小。

3d后水泥的水化提供了较多的$Ca(OH)_2$，这将促使矿粉快速水化，同时水泥的水化已经变得很慢，因此体系水化速度随矿粉掺量（0～40%）的增加而增大，使混凝土体系的自干燥速度随矿粉掺量的增加而增大。因此，3d后自收缩的增长速度随矿粉掺量的增加而增大。

4）混凝土自生体积变形研究现状

混凝土自生体积变形，即混凝土在恒温绝湿情况下由于混凝土胶凝材料水化，导致生成水化物与原材料密度发生变化而带来的变形。影响混凝土自生体积变形的主要因素为水泥品种、矿物掺合料以及骨料种类与含量等。虽然矿物掺合料对混凝土早期自收缩影响的研究成果已有不少，但是缺乏统一性与系统性，这方面仍需要进一步研究，提出完善而准确的观点。

2001年李鹏辉[60]等人从混凝土的细观结构研究出发对混凝土自生体积变形的基准值问题进行了初步探讨。在对比和分析了国内外自生体积变形测定方法的基础上提出了一种更为合理的自生体积变形测定方法：高精度位移传感器法。应用建立的试验方法探索了微膨胀碾压混凝土感的自生体积变形，试验表明水泥生产中均匀外掺氧化镁碾压混凝土的自生体积收缩变形明显减小。

2008年宋军伟[61]等人通过研究混凝土自生体积变形特性，分析不同因素对自生体积变形的影响，重点研究了MgO对自生体积变形的影响。总结了混凝土自生体积变形计算的数学理论及相关的预测模型，提出了基于混沌理论的微膨胀混凝土自生体积变形计算模型。

2009年Akcay[62]等人通过试验研究轻骨料替代部分骨料降低混凝土自生体积变形，实验过程中掺入体积分数10%、20%和30%的2～4mm或4～8mm的替代轻骨料，试验结果显示，掺入轻骨料后会显著降低混凝土自生体积变形，与掺入粗粒级轻骨料比较，掺入细粒级轻骨料的混凝土的抗裂性能和力学性能更好。随着掺入轻骨料体积含量的增加，对粗、细粒级的混凝土的断裂和力学性能有不利影响。

2012年Wu CC[63]等人提出在大体积水工结构中，自生体积变形过大导致混凝土结构开裂，研究发现在混凝土浇筑过程中采用冷却技术能够有效地控制混凝土的自生体积变形，采用仿真模拟混凝土浇筑过程中控制冷却水温度能有效地达到上述效果。此项技术对以后控制早龄期自生体积变形具有重要意义。

2012年Zhang XY[64]等人指出自生体积变形影响混凝土结构应力场，在现有自生体积变形计算过程中未考虑温度影响。不同结构表面和内部温度影响混凝土水化反应和自生体积变形以及结构应力场。通过仿真模拟分析，建立模型和介绍实例，结果显示在计算混凝土自生体积变形过程中有必要考虑温度影响。

2013年Chen XB[65]等人通过实际工程分析了C60高强混凝土和C60高性能混凝土自生体积变形和徐变性能。结果显示粉煤灰替代部分水泥可以有效减少徐变变形，徐变系数。与C60高强混凝土相比，C60高性能混凝土的徐变系数和徐变程度在18d龄期内，分别下降17.9%和15.8%。在相同龄期内，C60高性能混凝土的自生体积变形远大于C60高强混凝土，但都小于$80×10^{-6}$，且自生体积变形在7d龄期内基本完成。

2015年杨冬鹏[66]等人通过在实验室中进行了一系列不同粉煤灰掺量的混凝土自生体积变形试验，研究粉煤灰掺量对混凝土自生体积变形规律的影响，试验结果表明，粉煤灰的添加会减少混凝土自生体积变形，且粉煤灰掺量越大，对混凝土自生体积变形影响越明显，但是这样也会减低混凝土的前期强度。

5）研究内容及主要工作

（1）粉煤灰对混凝土收缩影响研究

为研究粉煤灰对混凝土收缩的影响，采用与纯水泥+聚羧酸减水剂的基准混凝土的收缩进行比对的方式进行。选取粉煤灰掺量分别为0和50%强度等级为C30、C40、C50、C60四组混凝土，进行了接触式收缩试验、非接触式收缩试验以及相关的力学性能试验。记录龄期为3d、7d、14d、28d、45d、60d、120d、140d的收缩值以及龄期为28d的混凝土抗压强度。最终分别求取 C30、C40、C50、C60 四组中掺加粉煤灰对混凝土收缩的影响系数（与纯水泥＋聚羧酸减水剂的基准组收缩对比、以 28d 收缩数据计算），取其均值为本标准的 M_{10}（下文粉煤灰掺量为 50％的收缩影响系数用 $M_{粉煤灰50％}$ 表示）。

（2）高炉矿渣粉对混凝土收缩影响研究

为研究高炉矿渣粉对混凝土收缩的影响，采用与纯水泥＋聚羧酸减水剂的基准混凝土的收缩进行比对的方式进行。选取高炉矿渣粉掺量分别为 0％和 50％强度等级为 C30、C40、C50、C60 四组混凝土，进行了接触式收缩试验、非接触式收缩试验以及相关的力学性能试验。记录龄期为 3d、7d、14d、28d、45d、60d、120d、140d 的收缩值以及龄期为 28d 的混凝土抗压强度。最终分别求取 C30、C40、C50、C60 四组中掺加高炉矿渣粉对混凝土收缩的影响系数（与纯水泥＋聚羧酸减水剂的基准组收缩对比、以 28d 收缩数据计算），取其均值为本标准的 M_{11}（下文矿粉掺量为 50％的收缩影响系数用 $M_{矿粉50％}$ 表示）。

（3）粉煤灰对自生体积变形影响分析

对粉煤灰（掺量为 0 和 50％）的四种水胶比（0.30、0.34、0.39、0.45）的混凝土分别进行了自生体积变形试验以及相关的力学性能试验。记录龄期为 3d、7d、14d、28d、45d、60d、120d、140d 的自生体积变形收缩值以及龄期为 28d 的力学性能。最终分别求取 C30、C40、C50、C60 四组中粉煤灰的混凝土收缩影响系数（与纯水泥＋聚羧酸减水剂的基准组收缩对比、以 28d 收缩数据计算），取其均值为本标准的 M_{10}（下文粉煤灰掺量为 50％的收缩影响系数用 $M_{粉煤灰50％}$ 表示）。

（4）矿粉对自生体积变形影响分析

对矿粉（掺量为 0 和 50％）的四种水胶比（0.30、0.34、0.39、0.45）的混凝土分别进行了自生体积变形试验以及相关的力学性能试验。记录龄期为 3d、7d、14d、28d、45d、60d、120d、140d 的自生体积变形收缩值以及龄期为 28d 的力学性能。最终分别求取 C30、C40、C50、C60 四组中矿粉的混凝土收缩影响系数（与纯水泥＋聚羧酸减水剂的基准组收缩对比、以 28d 收缩数据计算），取其均值为本标准的 M_{11}（下文矿粉掺量为 50％的收缩影响系数用 $M_{矿粉50％}$ 表示）。

2. 试验方法简介

1）前言

混凝土的自收缩是由于混凝土内部结构的微细孔内自由水量的不足且相对湿度自发减少而引起的自干燥，并导致了混凝土的收缩变形。其测试方法不仅要保证试件处于恒温绝湿的条件，同时要保证试件的收缩不受外部因素而限制。国内外许多学者根据各自的研究与实际情况提出了不同的测试方法。本文收缩测试方法主要有接触式和非接触式以及自生体积变形测试方法，此外还做了混凝土立方体抗压强度试验。

2）混凝土收缩测试方法

（1）接触式混凝土收缩测试方法

依据《普通混凝土长期性能和耐久性能试验方法标准》GB/T 50082—2009[67]规定，接触式混凝土收缩测试方法适用于测定在无约束和规定的温度条件下硬化混凝土试件的收缩变形性能。本方法采用尺寸为 100mm×100mm×515mm 棱柱体试件，在试件两端预埋侧头或留有埋设测头的凹槽，试件成型 1d 后拆模，随即用一层塑料薄膜进行密封并测定基准长度，用磁性表座固定千分表进行收缩数据的采集，具体收缩试验的示意图如下图 11-2-3 所示。将试件放置在不吸水的搁架上，底面架空，每个试件之间的间隙大于30mm。

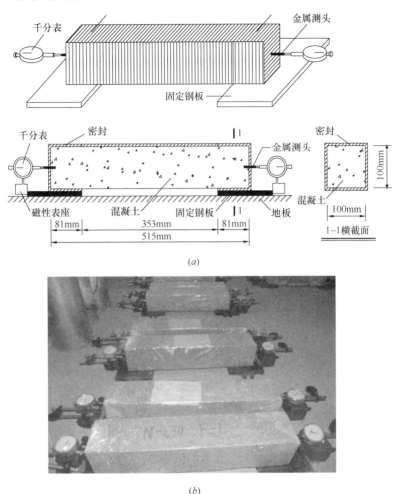

图 11-2-3　接触式混凝土收缩测试方法

（a）接触式收缩试验装置；（b）自由收缩试件实物俯视

收缩测量前应先用标准杆校正仪表的零点，并在测定过程中复核 1～2 次，当复核时发现零点与原值的偏差超过 ±0.001mm 时，应调零后重新测量。此后按照下列规定的时间间隔测量其变形读数：1d、3d、7d、28d、45d、60d、90d、120d、140d。

将棱柱体试件和自生体积变形试件置于同一环境下进行测试：首先将两块钢板固定在地板上，在钢板上表面涂上润滑油，然后将棱柱体试件平放，两端垫于钢板上，最后在棱柱体试件的两端各固定一支千分表（千分表固定在吸附于钢板上的磁性表座支架中），表针对准金属测头端部，从而完成了收缩试验装置的组装。

（2）非接触式混凝土收缩测试方法

本方法依据《普通混凝土长期性能和耐久性能试验方法标准》GB/T 50082—2009[67]规定，主要适用于测定早龄期混凝土自由收缩变形，也可以用于无约束状态下混凝土自收缩变形的测定，除了测试试件的收缩变形，还同步记录了环境温湿度和混凝土内部温度。收缩试件采用 100mm×100mm×550mm 的钢试模，每组工况做三个平行的试件，具体测试装置见图 11-2-4，试验步骤如下：

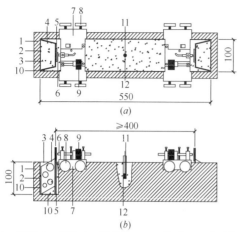

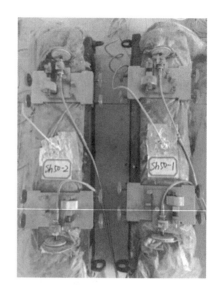

1—钢模；2—薄膜；3—混凝土；4—U形钢靶；5—标准靶；
6—传感器；7—传感器支架；8—紧固螺栓；9—装配螺钉；
10—特氟纶板；11—湿度传感器；12—PVC管

图 11-2-4　非接触式收缩测试装置
（a）非接触式收缩测试装置；（b）非接触式收缩试件俯视图

① 事先准备好若干个干净的钢试模，在试模内涂刷一层黄油，底部垫上 1mm 厚的特富纶板，在板上涂一层黄油，然后再在内部贴两层塑料薄膜。将 U 形标靶安放在试模两端，测量平面应与收缩测量方向保持垂直。

②将拌制好的混凝土装入试模，用振捣棒振捣成型，在浇筑及振捣过程中需要双手扶住 U 形标靶直至混凝土成型。在试件中心位置插入放置温度传感器的 PVC 管，该管外径 10mm，为防止水泥浆渗入管内，试验前先在管内部插入与其内径相当的圆木棒，抹平后立即用塑料薄膜密封防止水分蒸发，将混凝土试件搬入到相对恒温室内（温度 20℃±2℃，湿度 65%±5%）养护。

③ 成型后的试模小心平缓地摆放到试验台上，安放标准标靶，按照试件编号依次安装位移传感器探头。位移传感器探头对准被测标靶，通过固定架将传感器探头调整到合适位置。此时应缓慢取出 PVC 管内的木棒，插入温度传感器，将连接好的电缆线理顺，防止接触到试件，对试件的测量产生干扰。

④ 最后在 U 形标靶及 PVC 管等局部塑料薄膜不好密封的地方涂上液体石蜡，待一切准备好后启动试验。

采用这种非接触式方法测定混凝土收缩变形，可以将测试起点提前到浇筑成型即开始测量，然后根据混凝土初凝时间确定自收缩的起点。

3）混凝土自生体积变形测试方法

依据《水工混凝土试验规程》DL/T 5150—2001[68] 规定，通过在混凝土试件内埋入线性差动位移传感器来监测混凝土早期体积的变形，试验装置如图 11-2-5 所示，密封试件桶直径为 200mm，高度为 500mm。

试验时首先将采集仪与电脑设备连接，并将应变计一端与采集仪连接，确保电脑设备、采集仪以及应变计准确连接，并有数据出现。其次在试验中首先将试件桶内壁铺有一

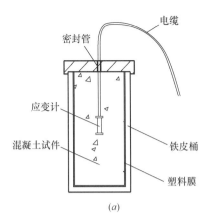
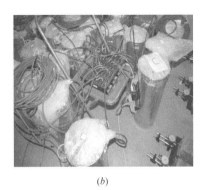

图 11-2-5　混凝土自生体积变形测试装置图

（*a*）自生体积变形测试密封桶；（*b*）自生体积变形试验采集仪

层塑料薄膜，将混凝土拌合物分三层装入密封桶内，先浇筑 1/3 高度的混凝土，然后将应变计垂直放置固定在试件桶中心，并注意浇筑以及振捣时不应损坏应变计。试件成型后，应尽快将密封桶的盖板紧贴试件端部盖好并用石蜡封好，周边及应变计电阻出口处也应密封，以防止试件水分散失。

试件测量一般在成型后 2h、6h、12h、24h 各量测应变计电阻及电阻比一次，以后每天量测一次至一周，然后每周量测 1～2 次，龄期为三个月。除有特殊要求外，一般以成型后 24h 应变计的测值为基准值。

4）混凝土强度和弹性模量试验方法

国家标准《普通混凝土力学性能试验方法标准》GB/T 50081—2002[69] 规定，混凝土抗压强度试验以 150mm×150mm×150mm 立方体试件为研究对象。每组试验设置三个边长为 150mm 的立方体试件。使用 TYA-2000 型电液式压力试验机（图 11-2-6）以 0.8MPa/s 的速率连续均匀地加载，并将试件破坏时（图 11-2-7）的荷载记录下来。

图 11-2-6　立方体抗压强度试验　　　　　图 11-2-7　抗压强度试验-破坏后

混凝土立方体抗压强度计算公式见下式：

$$f_c = F/A \tag{11-2-4}$$

式中　f_c——混凝土立方体抗压强度（MPa，精确到0.1MPa）；

　　　F——破坏荷载（N）；

　　　A——立方体试件的承压面积（mm^2）。

5）小结

主要详细介绍了接触式、非接触式混凝土收缩测定方法以及混凝土自生体积变形测试方法的基本情况，主要内容包括以下几个方面：

（1）详细介绍了混凝土收缩测试方法，包括接触式收缩测试方法和非接触式收缩测试方法。

（2）混凝土自生体积变形测试方法的原理以及试验过程介绍。

（3）混凝土立方体抗压强度试验方法介绍。

3. 粉煤灰对混凝土收缩影响研究

1）前言

在混凝土中添加粉煤灰，有较大经济效益和环保效益。研究表明，掺入适量粉煤灰，对混凝土性能有很好的改善作用。粉煤灰能明显降低混凝土的收缩开裂趋势，提高混凝土的和易性和耐久性。

在《大体积混凝土施工规范》GB 50496—2009[1]中有关粉煤灰的混凝土收缩影响系数，目前规范的掺量最多是40%，为使大体积混凝土施工符合技术先进、经济合理、安全适用的原则，需要增加到50%，强度增加到C60。因此，给出50%掺量的粉煤灰收缩影响系数，具有重要研究意义和工程应用价值。然而，从这方面入手的系统研究尚未见报道。在定量分析方面，目前开展的研究并不全面，也没有公认的结论，所以有必要做进一步的研究分析，从而为修编规范以及工程应用提供依据或参考。

本课题拟计划研究50%粉煤灰掺量下混凝土的自收缩变形，对粉煤灰掺量为0和50%的四种强度等级（C30、C40、C50、C60）的混凝土分别进行了接触式收缩试验、非接触式收缩试验以及相关的力学性能试验。通过求取C30、C40、C50、C60四组中粉煤灰的混凝土收缩影响系数（与纯水泥＋聚羧酸减水剂的基准组收缩对比、以28d收缩数据计算），取其均值为标准的$M_{粉煤灰50\%}$。

2）主要试验工况

本章试验设计组混凝土工况，分别规定其编号为C30-P、C40-P、C50-P、C60-P、C30-F、C40-F、C50-F和C60-F。前4组是没有掺有粉煤灰的混凝土，水胶比分别为0.45，0.39，0.34，0.30，具体配合比见表11-2-2；后4组是粉煤灰掺量为50%的混凝土，水胶比分别为0.45，0.39，0.34，0.30，具体配合比见表11-2-3。

普通混凝土的配合比（kg/m^3）　　　　　　　表 11-2-2

工况	水胶比	水	水泥	粉煤灰	砂子	石子	减水剂
C30-P	0.45	144	320	0	845	1080	6.4（2%）
C40-P	0.39	156	400	0	775	1070	8.0（2%）
C50-P	0.34	160	470	0	738	1062	9.4（2%）
C60-P	0.30	159	530	0	708	1062	10.6（2%）

粉煤灰混凝土的配合比（kg/m³）　　　　　　　　　　　表 11-2-3

工况	水胶比	水	水泥	粉煤灰	砂子	石子	减水剂
C30-F	0.45	144	160	160	845	1080	6.4（2%）
C40-F	0.39	156	200	200	775	1070	8.0（2%）
C50-F	0.34	160	235	235	738	1062	9.4（2%）
C60-F	0.30	159	265	265	708	1062	10.6（2%）

3）试验过程

（1）材料选用及力学性能

试验选用冀东 P·O42.5 级普通硅酸盐水泥，北京冶建特种材料有限公司产聚羧酸减水剂，石景山热电厂Ⅱ级粉煤灰。试验中混凝土分别采用 C30、C40、C50、C60 四种强度等级的混凝土，水胶比分别设计为 0.30、0.34、0.39 和 0.45，混凝土 28d 实测强度如表 11-2-4 所示。

混凝土 28d 立方体抗压强度　　　　　　　　　　表 11-2-4

试件编号	普通混凝土（MPa）		50%粉煤灰（MPa）	
	实测强度	均值	实测强度	均值
C30	50.5、49.8、46.3	48.8	32.1、35.2、29.8	32.4
C40	57.6、52.0、50.6	53.4	41.1、52.6、40.0	44.6
C50	58.8、62.0、61.7	60.8	47.4、44.0、49.8	47.1
C60	62.4、66.6、64.6	64.5	51.4、51.4、51.1	51.3

（2）试件设计

本试验的试件尺寸是按《普通混凝土长期性能和耐久性能试验方法标准》GB/T 50082—2009[67] 的要求而制作的。试件尺寸分别为 100mm×100mm×515mm，150mm×150mm×150mm。其中棱柱体试件共浇筑 16 个，立方体试件浇筑 12 个，试件工况主要分为接触式和非接触式两种工况，具体工况及其编号如表 11-2-5 所示。表 11-2-5 中字母 N 代表接触式收缩，U 代表非接触式收缩。

具体工况及其编号　　　　　　　　　　　　表 11-2-5

序号	编号	试件尺寸	水胶比
1	C30-F	150mm×150mm×150mm	
2	N-C30-F	100mm×100mm×515mm	0.45
3	U-C30-F	100mm×100mm×550mm	
4	C40-F	150mm×150mm×150mm	
5	N-C40-F	100mm×100mm×515mm	0.39
6	U-C40-F	100mm×100mm×550mm	
7	C50-F	150mm×150mm×150mm	
8	N-C50-F	100mm×100mm×515mm	0.34
9	U-C50-F	100mm×100mm×550mm	

序号	编号	试件尺寸	水胶比
10	C60-F	150mm×150mm×150mm	
11	N-C60-F	100mm×100mm×515mm	0.30
12	U-C60-F	100mm×100mm×550mm	

（3）试件制作

试件制作过程如下：

① 按照设计好的材料用量以及粉煤灰掺量进行混凝土搅拌，本文试验使用的是自落式搅拌机，先将减水剂倒入拌合水中搅匀，再将粉煤灰倒入水泥中搅匀，然后向搅拌机中先倒入砂子，再倒入水泥与粉煤灰，搅拌片刻后加入部分的水，再搅拌片刻后倒入石子，最后加入剩余的水，搅拌片刻后将混凝土倒出搅拌机，立即测试坍落度以及向预先在内壁刷油的立方体和棱柱体试模内浇筑混凝土，并振捣成型，如图 11-2-8 所示。

② 棱柱体试件成型 1d 后进行拆模，随即用一层塑料薄膜进行密封并测定基准长度，用磁性表座固定千分表进行收缩数据的采集，具体接触式收缩试验的示意如图 11-2-9 所示。首先将两块钢板固定在地板上，在钢板上表面涂上润滑油，然后将棱柱体试件平放，两端垫于钢板上，最后在棱柱体试件的两端各固定一支千分表（千分表固定在吸附于钢板上的磁性表座支架中），表针对准金属测头端部，从而完成了收缩试验装置的组装。

图 11-2-8 现场搅拌试验

图 11-2-9 接触式收缩试验

③ 事先准备好若干个干净的钢试模，在试模内涂刷一层黄油，底部垫上 1mm 厚的特富纶板，在板上涂一层黄油，然后再在内部贴两层塑料薄膜。将 U 形标靶安放在试模两端，测量平面应与收缩测量方向保持垂直。将拌制好的混凝土装入试模，用振捣棒振捣成型，在浇筑及振捣过程中需要双手扶住 U 形标靶直至混凝土成型。在试件中心位置插入放置温度传感器的 PVC 管，该管外径 10mm，为防止水泥浆渗入管内，试验前先在管内部插入与其内径相当的圆木棒，抹平后立即用塑料薄膜密封防止水分蒸发，将混凝土试件搬入到相对恒温室内（温度 20℃±2℃，湿度 65%±5%）养护。成型后的试模小心平缓地摆放到试验台上，安放标准标靶，按照试件编号依次安装位移传感器探头。位移传感器探头对准被测标靶，通过固定架将传感器探头调整到合适位置。此时应缓慢取出 PVC 管内的木棒，插入温度传感器。最后在 U 形标靶及 PVC 管等局部塑料薄膜不好密封的地方

涂上液体石蜡，待一切准备好后启动试验。具体非接触式收缩试验的示意如图 11-2-10 所示。

4）试验结果及分析

（1）混凝土收缩变形随龄期的变化分析

本小节对表 11-2-2 和表 11-2-3 的 8 个工况的混凝土分别采用接触式收缩试验方法和非接触式收缩试验方法进行混凝土的自收缩试验，记录龄期为 3d、7d、14d、28d、45d、60d、90d、120d、140d、180d 的收缩变形，试验数据处理时取每个工况三个试件的收缩测试值的均值作为最终结果。随龄期的混凝土收缩变形见图 11-2-11 所示。

图 11-2-10　非接触式收缩试验

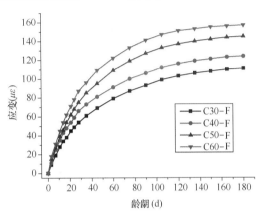

图 11-2-11　粉煤灰掺量为 50％混凝土
自收缩随时间的变化

（2）混凝土 28d 收缩变形的研究分析

依据龄期为 28d 的收缩测试值，试验数据处理时取每个工况三个试件的收缩测试值的均值，最后分别求四种强度等级的混凝土收缩值的粉煤灰影响修正系数，取其均值为规范的 $M_{粉煤灰50\%}$。试验数据处理结果如表 11-2-6 所示。

接触式及非接触式收缩试验下粉煤灰的收缩影响修正系数　　表 11-2-6

强　度　等　级		C30	C40	C50	C60	均值
接触式收缩试验	0％粉煤灰	70	82	93	102	—
	50％粉煤灰	54	66	75	87	—
	$M_{粉煤灰50\%}$	0.77	0.80	0.81	0.85	0.81
非接触式收缩试验	0％粉煤灰	144	168	190	211	—
	50％粉煤灰	115	131	153	166	—
	$M_{粉煤灰50\%}$	0.80	0.78	0.81	0.79	0.80

（3）现有的混凝土收缩研究

2005 年 Termkhaijornkit[70]等人研究表明粉煤灰掺量为 20％时混凝土的自收缩比普通混凝土大，而粉煤灰掺量为 50％时混凝土的自收缩比普通混凝土小得多。混凝土自收缩随龄期的变化曲线如图 11-2-12 所示。

2006 年安明喆[71]等人研究了不同掺量粉煤灰对混凝土自收缩的影响，研究结果表明粉煤灰掺量在 0～20％范围内，随掺量的增加，自收缩值降低幅度增大，但自收缩仍然有下降趋势，当掺量超过 20％后，粉煤灰抑制混凝土自收缩的作用并不太明显，说明粉煤灰可以降低混凝土早期的自收缩，粉煤灰掺量与 28d 自收缩的关系曲线如图 11-2-13 所示。

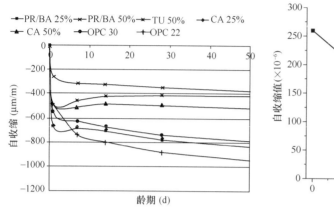

图 11-2-12　混凝土自收缩随龄期的变化曲线　　　　图 11-2-13　粉煤灰掺量与 28d 自收缩的关系

2006 年王强[25]等人研究了水胶比和粉煤灰掺量变化对混凝土的自收缩的综合影响。研究结果表明降低水胶比会增大自收缩，而增加粉煤灰掺量会减小自收缩，水胶比和粉煤灰掺量不同时混凝土的自收缩变形大小对比如图 11-2-14 所示。

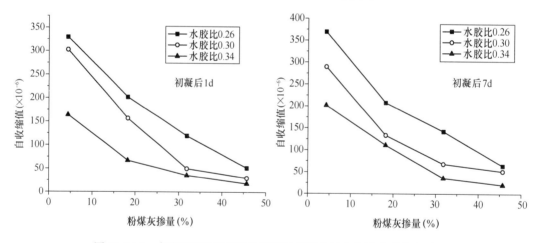

图 11-2-14　水胶比和粉煤灰掺量不同时混凝土的自收缩变形大小对比

2007 年乔艳静[46]等人研究结果表明随粉煤灰掺量的增大自收缩值减小，掺 30％粉煤灰的混凝土 28d 收缩值为 $121×10^{-6}$，掺 50％粉煤灰的混凝土 28d 收缩值为 $107×10^{-6}$，且随时间龄期的延长收缩趋于平缓，在一定程度上对混凝土的收缩起到了较好的抑制作用。矿物掺合料对混凝土自收缩的影响规律如图 11-2-15 所示。

2011 年郝成伟[72]等人采用设计的水泥浆体自收缩测量装置进行了不同粉煤灰掺量和水胶比的水泥浆体自收缩测试，试验结果表明水泥浆体早期自收缩随粉煤灰掺量增加而趋于减小，当粉煤灰掺量为 45％时，水泥浆体的自收缩减小为不掺粉煤灰浆体的一半。郝

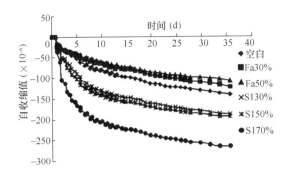

图 11-2-15 矿物掺合料对混凝土自收缩的影响规律

成伟等人还研究不同水胶比下的掺粉煤灰的水泥浆体的自收缩，水泥浆体自收缩随龄期的变化曲线如图 11-2-16 所示。

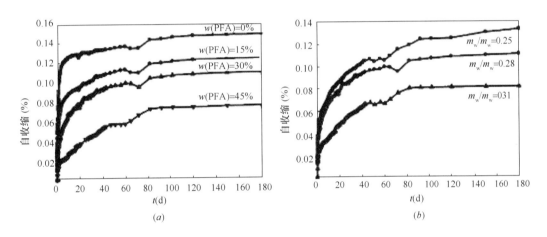

图 11-2-16 粉煤灰掺量和水胶比自收缩曲线

(a) $m_a/m_a＝0.28$；(b) PFA 含量（质量分数）30％

2013 年花丽君[73]等人研究了单掺粉煤灰与双掺粉煤灰和石灰粉对再生混凝土自收缩变形的影响，试验结果表明：粉煤灰等量取代水泥时，随着粉煤灰掺量的增加，再生混凝土试件的自收缩是先减小后增大，粉煤灰掺量为 20％的再生混凝土自收缩最小，粉煤灰掺量与再生混凝土自收缩的关系曲线如图 11-2-17 所示。

2013 年高英力[29]等人研究结果表明随粉煤灰的掺入，混凝土早期自收缩受到抑制，且随粉煤灰掺量的增加，自收缩随之减小，粉煤灰细度越高，减缩效果越明显，掺粉煤灰的轻骨料混凝土的自收缩变形曲线如图 11-2-18 所示。

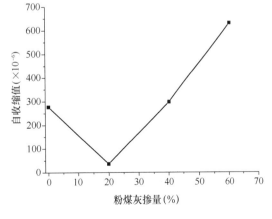

图 11-2-17 粉煤灰掺量与再生混凝土自收缩的关系

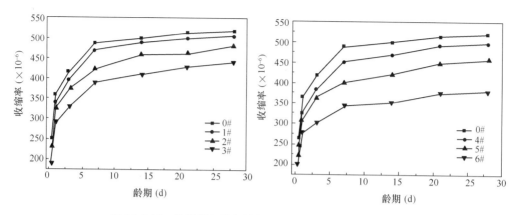

图 11-2-18 掺粉煤灰的轻骨料混凝土的自收缩变形曲线图

2014 年王新杰[74]等人研究了混凝土中粉煤灰掺量对其收缩性能的影响。研究结果表明粉煤灰对混凝土早期的自收缩、总收缩和干燥收缩都有一定程度的抑制作用，混凝土的自收缩和总收缩都会随着粉煤灰的掺量的增加而逐渐减小，不同粉煤灰掺量混凝土的收缩曲线如图 11-2-19 所示。

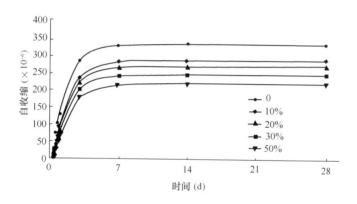

图 11-2-19 不同粉煤灰掺量混凝土的收缩曲线

2014 年刘建忠[75]等人研究粉煤灰掺量（0、10%、30%、50%）对水胶比为 0.24 的低水胶比混凝土干缩和自收缩性能的影响规律。试验结果表明随着粉煤灰掺量的增加，低水胶比混凝土的干缩明显减少，最终的自收缩值也不同程度的减少。粉煤灰掺量为 10%、30%、50%时，自收缩值分别降低了 6.3%、9.1%和 12.3%。混凝土自收缩随龄期的变化曲线图如图 11-2-20 所示。

2014 年廖宜顺[76]等人研究了粉煤灰掺量为水泥质量的 0，20%，40%时，水胶比（质量比）为 0.3 的硅酸盐水泥浆体在 72h 龄期内的电阻率变化规律和 168h 龄期内的自收缩变化规律。研究结果表明在相同龄期时，粉煤灰的掺量越大，硬化水泥浆体的自收缩越小，硬化水泥浆体的自收缩变化曲线如图 11-2-21 所示。

（4）研究结果与国内外研究成果的对比分析

已有学者开展了粉煤灰对混凝土自收缩影响系数研究，并基于试验数据建立了各种粉煤灰混凝土自收缩预测模型，现有成果和本文试验研究结果对比分析如图 11-2-22 所示。

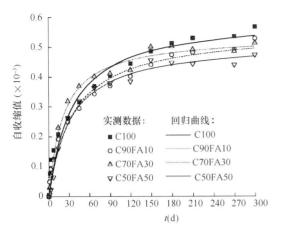

图 11-2-20　混凝土自收缩随龄期的变化曲线

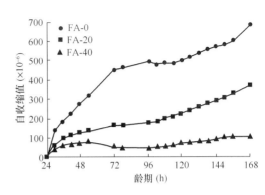

图 11-2-21　不同粉煤灰掺量混凝土的收缩曲线

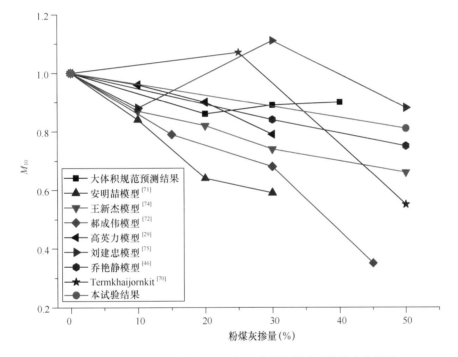

图 11-2-22　不同粉煤灰掺量的混凝土自收缩影响系数的变化曲线

由图 11-2-22 可以得出：

大部分学者的研究表明，随着粉煤灰掺量的增加，混凝土自收缩呈下降趋势。本文的试验结果也表明，混凝土的自收缩随着粉煤灰掺量的增加而减小。

5）粉煤灰对混凝土收缩值影响修正系数 M_{10} 取值建议

（1）粉煤灰对混凝土收缩值影响修正系数 M_{10} 取值建议如图 11-2-23 所示。

（2） M_{10} 建议值分析：对应粉煤灰掺量为 20％、30％和 40％的 M_{10} 取平均值作为建议值，对应粉煤灰掺量为 50％的 M_{10} 建议值取值参考本文接触式收缩试验结果取 0.80。

（3）收缩影响系数 M_{10} 建议值如表 11-2-7 所示。

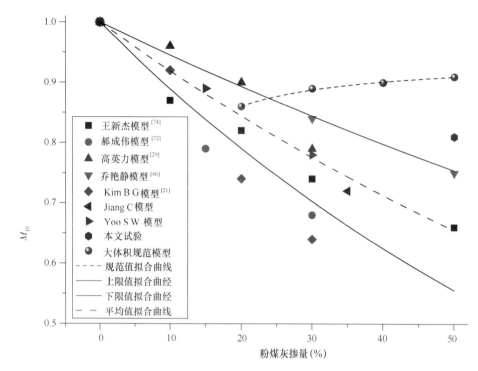

图 11-2-23　粉煤灰对混凝土收缩值影响修正系数 M_{10} 取值建议

收缩影响系数 M_{10} 建议值　　　　　　　　　　　　　　　　　表 11-2-7

粉煤灰掺量	0%	20%	30%	40%	50%
建议值	1.00	0.90	0.86	0.82	0.80

6）小结

通过进行接触式收缩试验和非接触式收缩试验，研究了粉煤灰对混凝土收缩的影响，得出粉煤灰掺量为 50% 时的收缩影响修正系数 $M_{粉煤灰50\%}$，并给出对应不同粉煤灰掺量的 M_{10} 建议值，得出的结论主要有以下几点：

（1）接触式收缩试验测得的 50% 掺量粉煤灰的收缩影响修正系数 $M_{粉煤灰50\%}$ 为 0.81。

（2）对应粉煤灰掺量为 20%，30%，40%，50% 的 M_{10} 建议值分别取 0.90、0.86、0.82、0.80。

4. 矿粉对混凝土收缩影响研究

1）前言

在混凝土中掺入矿粉，可以改善混凝土拌合物的和易性，提高混凝土的强度等，然而矿粉会增大混凝土的自收缩，当混凝土收缩受到约束后会产生约束拉应力，但是混凝土的抗拉强度较小，当约束拉应力超过其抗拉强度时，就会导致混凝土开裂。

在《大体积混凝土施工规范》GB 50496—2009[1]中有关矿粉的混凝土收缩影响系数，目前规范的掺量最多是 40%，为使大体积混凝土施工符合技术先进、经济合理、安全适用的原则，需要增加到 50%，强度增加到 C60。因此，给出 50% 掺量的矿粉收缩影响系数，具有重要研究意义和工程应用价值。然而，从这方面入手的系统研究尚未见报道。在定量分析方面，目前开展的研究并不全面，也没有公认的结论，所以有必要做进一步的研究分析，从而为修编规范以及工程应用提供依据或参考。

拟计划研究 50％矿粉掺量下混凝土自收缩变形问题，对矿粉掺量为 0 和 50％的四种强度等级（C30、C40、C50、C60）的混凝土分别进行了接触式收缩试验、非接触式收缩试验以及相关的力学性能试验。通过求取 C30、C40、C50、C60 四组中矿粉的混凝土收缩影响系数（与纯水泥＋聚羧酸减水剂的基准组收缩对比、以 28d 收缩数据计算），取其均值为规范的 $M_{矿粉50\%}$。

2）主要试验工况

本节试验设计八组混凝土工况，分别规定其编号为 C30-P、C40-P、C50-P、C60-P、C30-S、C40-S、C50-S 和 C60-S。前 4 组是普通混凝土，水胶比分别为 0.45，0.39，0.34，0.30，具体的配合比如表 11-2-8 所示；后 4 组是矿粉掺量为 50％的混凝土，水胶比分别为 0.45，0.39，0.34，0.30，具体的配合比如表 11-2-9 所示。

普通混凝土的配合比（kg/m³）　　　　　　　　　　　　　　表 11-2-8

工况	水胶比	水	水泥	矿粉	砂子	石子	减水剂
C30-P	0.45	144	320	0	845	1080	6.4（2％）
C40-P	0.39	156	400	0	775	1070	8.0（2％）
C50-P	0.34	159.8	470	0	738	1062	9.4（2％）
C60-P	0.30	159	530	0	708	1062	10.6（2％）

矿粉混凝土的配合比（kg/m³）　　　　　　　　　　　　　　表 11-2-9

工况	水胶比	水	水泥	矿粉	砂子	石子	减水剂
C30-S	0.45	144	160	160	845	1080	6.4（2％）
C40-S	0.39	156	200	200	775	1070	8.0（2％）
C50-S	0.34	159.8	235	235	738	1062	9.4（2％）
C60-S	0.30	159	265	265	708	1062	10.6（2％）

3）试验过程

（1）材料选用及力学性能

试验选用冀东 P・O42.5 级普通硅酸盐水泥，北京冶建特种材料有限公司产聚羧酸减水剂，北京上联首丰建材有限公司 S95 级磨细矿粉。试验中混凝土分别采用 C30、C40、C50、C60 四种强度的混凝土，水胶比分别设计为 0.3、0.34、0.39 和 0.45，混凝土 28d 实测强度如表 11-2-10 所示。

混凝土 28d 立方体抗压强度　　　　　　　　　　表 11-2-10

试件编号	普通混凝土（MPa）		50％矿粉（MPa）	
	实测强度	均值	实测强度	均值
C30	50.5、49.8、46.3	48.8	44.1、44.5、44.4	44.3
C40	57.6、52.0、50.6	53.4	44.6、50.9、40.0	45.2
C50	58.8、62.0、61.7	60.8	56.9、57.3、57.5	57.2
C60	62.4、66.6、64.6	64.5	63.8、62.7、64.5	63.7

（2）试件设计

本试验的试件尺寸是按《普通混凝土长期性能和耐久性能试验方法标准》GB/T 50082—2009[67]的要求而制作的。试件尺寸分别为 $100mm\times100mm\times515mm$，$150mm\times150mm\times150mm$。其中棱柱体试件共浇筑 16 个，立方体试件浇筑 12 个，试件工况主要分为接触式和非接触式两种工况，具体工况及其编号如表 11-2-11 所示。表 11-2-11 中字母 N 代表接触式收缩，U 代表非接触式收缩。

具体工况及其编号

表 11-2-11

序号	编号	试件尺寸	水胶比
1	C30-S	$150mm\times150mm\times150mm$	
2	N-C30-S	$100mm\times100mm\times515mm$	0.45
3	U-C30-S	$100mm\times100mm\times550mm$	
4	C40-S	$150mm\times150mm\times150mm$	
5	N-C40-S	$100mm\times100mm\times515mm$	0.39
6	U-C40-S	$100mm\times100mm\times550mm$	
7	C50-S	$150mm\times150mm\times150mm$	
8	N-C50-S	$100mm\times100mm\times515mm$	0.34
9	U-C50-S	$100mm\times100mm\times550mm$	
10	C60-S	$150mm\times150mm\times150mm$	
11	N-C60-S	$100mm\times100mm\times515mm$	0.30
12	U-C60-S	$100mm\times100mm\times550mm$	

4）试验结果及分析

（1）混凝土收缩变形随龄期的变化分析

本小节对表 11-2-8 和表 11-2-9 的 8 个工况的混凝土分别采用接触式收缩试验方法和非接触式收缩试验方法进行混凝土的自收缩试验，记录龄期为 3d、7d、14d、28d、45d、60d、90d、120d、140d、180d 的收缩变形，试验数据处理时取每个工况三个试件的收缩测试值的均值作为最终结果。随龄期的混凝土收缩变形如图 11-2-24 所示。

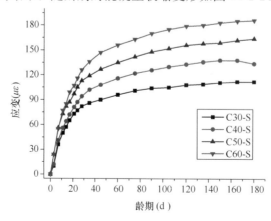

图 11-2-24　矿粉掺量为 50％时混凝土自收缩随时间的变化

（2）混凝土 28d 收缩变形的研究分析

本章对表 11-2-8 和表 11-2-9 的 8 个工况的混凝土分别采用接触式收缩试验方法和非接触式收缩试验方法进行混凝土的自收缩试验，记录龄期为 28d 的收缩测试值，试验数据处理时取每个工况三个试件的收缩测试值的均值，最后分别求四种强度等级的混凝土收缩值的矿粉影响修正系数，取其均值为规范的 $M_{矿粉50\%}$。试验数据处理结果如表 11-2-12 所示。

接触式及非接触式收缩试验下矿粉的收缩影响修正系数   表 **11-2-12**

强度等级		C30	C40	C50	C60	均值
接触式收缩试验	0%矿粉	70	82	93	102	—
	50%矿粉	82	94	113	126	—
	$M_{矿粉50\%}$	1.17	1.15	1.21	1.23	1.19
非接触式收缩试验	0%矿粉	144	168	190	211	—
	50%矿粉	170	203	230	255	—
	$M_{矿粉50\%}$	1.18	1.21	1.21	1.20	1.20

（3）现有的混凝土收缩研究

2004 年张树青[34]等人进行水胶比为 0.40，矿粉掺量分别为 20%、35% 和 50% 的混凝土的自收缩试验，研究结果显示，当矿粉掺量为 0、20%、35% 和 50% 时，混凝土自收缩值（28d）分别为 179.0×10^{-6}、182.8×10^{-6}、185.9×10^{-6} 和 189.8×10^{-6}。矿粉掺量与混凝土自收缩的关系如图 11-2-25 所示。

2006 年 Lee[43]等人通过实验预测了混凝土自收缩与矿粉以及水胶比的关系，矿粉替代量分别为 0、30% 和 50%，实验得到在相同水胶比情况下，随着矿粉掺量的增加，混凝土自收缩值也不断变大，即对混凝土自收缩有一定的负面影响，矿粉掺量与混凝土自收缩的关系曲线如图 11-2-26 所示。

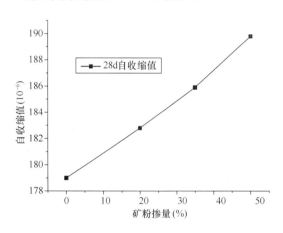

图 11-2-25　矿粉掺量与混凝土自收缩的关系

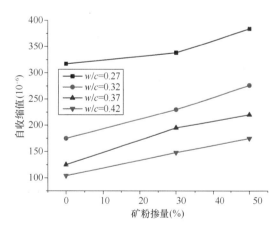

图 11-2-26　矿粉掺量与混凝土自收缩的关系

2002 年李家和[10]等人通过自制的混凝土自收缩测定仪测定了高性能混凝土早期的自收缩，并采用 0.30 水胶比，磨细矿粉掺量分别为 0、20% 和 30%，研究了磨细矿粉掺合料对高性能混凝土自收缩的影响。研究结果表明：与未掺矿粉的混凝土比较，磨细矿粉增大了高性能混凝土 3d 前的自收缩值，且增大了纯水泥 HPC 早期自收缩值，随着磨细矿

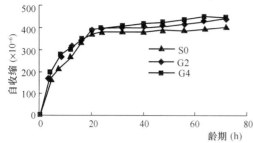

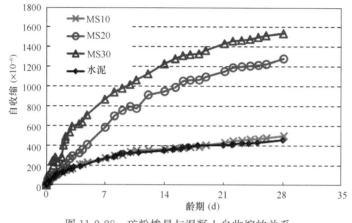

粉掺量的增加，自收缩值增大，且超细矿粉掺量越大，HPC 早期自收缩速度越大，矿粉掺量与混凝土自收缩的关系曲线如图 11-2-27 所示。

2014 年 Lee[77] 等人通过一系列试验测定了矿粉对混凝土自收缩的影响关系，试验中矿粉掺量为 10%、20% 和 30%，通过实验分析得到，混凝土自收缩值随着矿粉

图 11-2-27　矿粉掺量与混凝土自收缩的关系

掺量的增加而增大。其矿粉掺量与再生混凝土自收缩的关系曲线如图 11-2-28 所示。

图 11-2-28　矿粉掺量与混凝土自收缩的关系

2015 年 Valcuende[59] 等人通过接触式试验方法研究了不同掺量矿粉对自密实混凝土自收缩、干燥收缩以及抗压强度的影响，试验中水灰比设计为 0.55，矿粉掺量分别是 0、10%、20%、30%、40%、50% 和 60%，试验结果表明：随着矿粉替代量的增加，混凝土自收缩值逐渐增大，当矿粉替代量分别为 10% 和 60% 时，其自收缩分别平均增加了 11% 和 33%。其矿粉掺量与再生混凝土自收缩的关系曲线如图 11-2-29 所示。

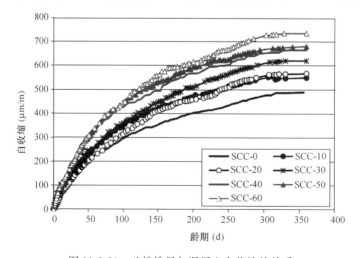

图 11-2-29　矿粉掺量与混凝土自收缩的关系

2009 年刘建忠[48]等人研究了不同矿粉掺量（0、10%、30%和50%）对水胶比为 0.24 的低水胶比混凝土干缩和自收缩性能的影响规律，定量化的揭示了矿物掺合料对混凝土收缩随时间发展趋势的影响。结果表明：随着矿粉掺量的增加，低水胶比混凝土的干缩明显减少，但减少的幅度低于同等掺量的粉煤灰，而自收缩值却随着矿粉掺量的增加而有不同程度的增大，矿粉掺量为 50% 时，最终收缩值降低了 25.8%。矿粉掺量与再生混凝土自收缩的关系曲线如图 11-2-30 所示。

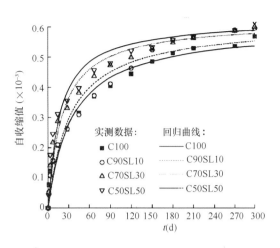

图 11-2-30　矿粉掺量与混凝土自收缩的关系

2011 年郑青[78]等人采用接触法测试无约束和规定温度条件下硬化混凝土的收缩变形性能。研究结果表明掺入矿粉后混凝土 28d 塑性收缩相对基准混凝土均有不同程度的增大。混凝土自收缩随矿粉掺量的变化曲线如表 11-2-13 所示。

混凝土 28d 收缩性能　　　　　　　　　　　　　　表 11-2-13

矿粉掺量	0	10%	20%	30%
收缩/$\times 10^{-6}$	257.0	384.6	428.4	378.8

2007 年乔艳静[46]等人通过圆环开裂试验、收缩试验来评定矿物掺合料对混凝土收缩开裂的性能。研究结果表明掺矿粉的混凝土试件自收缩值均高于基准混凝土，且自收缩值随矿粉掺量的增大而增大，掺量为 30% 的混凝土试件自收缩值为 187×10^{-6}，掺量为 50% 的混凝土试件自收缩值为 193×10^{-6}，掺量 70% 的混凝土试件收缩最大。28d 自收缩值达到 265×10^{-6}，几乎为空白试件的 2 倍。混凝土自收缩随时间的变化曲线如图 11-2-31 所示。

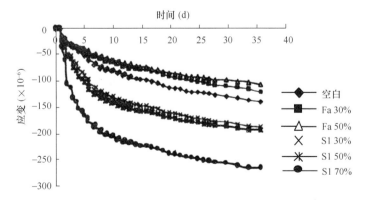

图 11-2-31　矿物掺合料混凝土自收缩的影响规律

2006 年 Lee[43]等人研究了不同水胶比和矿粉掺量对混凝土自收缩的影响。研究成果得出水胶比为 0.37 和 0.42 的 30% 掺量矿粉的混凝土 28d 自收缩较普通混凝土增大31%～

56％，50％掺量矿粉的混凝土 28d 自收缩增大 58％～76％，表明矿粉的掺入使得混凝土自收缩变大。混凝土自收缩随时间的变化曲线如图 11-2-32 所示。

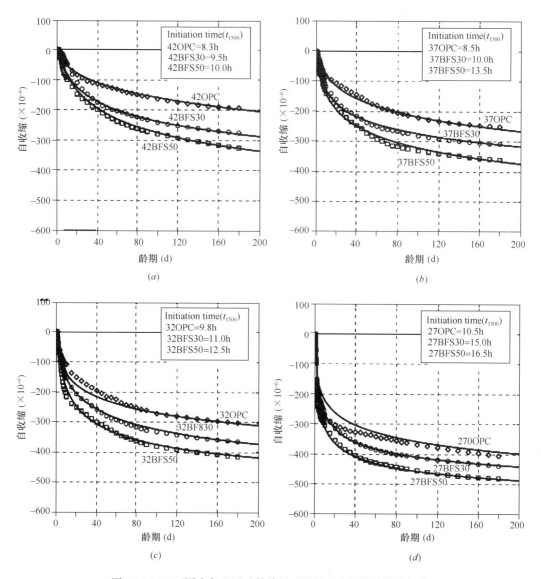

图 11-2-32　不同水灰比下矿粉掺量对混凝土自收缩的影响规律

(a) $w/cm=0.42$；(b) $w/cm=0.37$；(c) $w/cm=0.32$；(d) $w/cm=0.27$

（4）研究结果与国内外研究成果的对比分析

已有学者开展了矿粉对混凝土自收缩影响系数研究，并基于试验数据建立了各种矿粉混凝土自收缩预测模型，现有研究成果和本文试验研究结果对比分析如图 11-2-33 所示。

由图 11-2-33 可以得出：

①随着矿粉掺量的增加，混凝土自收缩呈增大趋势。

②基于本文开展的试验以及已有学者所预测的模型可以看出，大体积混凝土施工规范

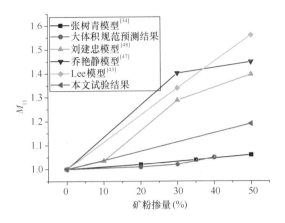

图 11-2-33 不同矿粉掺量的混凝土自收缩影响系数的变化曲线

中矿粉的混凝土收缩影响系数 M_{11} 偏小。

5）矿粉对混凝土收缩值影响修正系数 M_{11} 取值建议

（1）矿粉的混凝土收缩值影响系数 M_{11} 取值建议如图 11-2-34 所示：

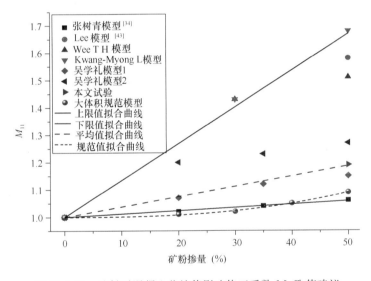

图 11-2-34 矿粉对混凝土收缩值影响修正系数 M_{11} 取值建议

（2）M_{11} 建议值分析：对应矿粉掺量为 20%、30%、40% 和 50% 的 M_{11} 取平均值作为建议值，并与规范值保持一致的变化规律。

（3）收缩影响系数 M_{11} 建议值如表 11-2-14 所示。

收缩影响系数 M_{11} 建议值 表 11-2-14

矿粉掺量	0	20%	30%	40%	50%
建议值	1.00	1.03	1.07	1.12	1.18

6）小结

通过进行接触式收缩试验和非接触式收缩试验，研究了矿粉对混凝土收缩的影响，得出矿粉掺量为 50% 时的收缩影响修正系数 $M_{矿粉50\%}$，并给出对应不同矿粉掺量的 M_{11} 建议值，得出的结论主要有以下几点：

（1）接触式收缩试验测得的 50% 掺量矿粉收缩影响修正系数 $M_{矿粉50\%}$ 为 1.19。

（2）对应矿粉掺量为 20%、30%、40%、50% 的 M_{11} 建议值分别取 1.03、1.07、1.12、1.18。

5. 混凝土自生体积变形试验研究及分析

1）前言

混凝土在恒温绝湿条件下仅仅由于胶凝材料的水化作用引起的体积变形称为自生体积变形[79]。混凝土的自生体积变形性能特征直接关系到大体积混凝土温控设计方案的选择，也是混凝土防裂需考虑的重要因素之一。在存在外部约束的条件下，因混凝土自生体积收缩变形会在结构内部产生拉应力，可能导致混凝土开裂。为了防止混凝土发生裂缝，许多坝工等大体积混凝土在设计中都提出抗裂要求，自生体积变形是混凝土抗裂能力的一个重要指标[80]。自生体积变形主要取决于胶凝材料的性质，是在保证充分水化条件下产生的，它不同于干缩变形，与混凝土的单位用水量无关。

随着水利水电工程的发展和技术的进步，混凝土施工技术已有所变化，其中各种外加剂的使用，多种掺合料的添加，都会影响混凝土的自生体积变形。矿粉和粉煤灰作为混凝土的掺合料，既保护了环境、节约了混凝土的成本，又提高了混凝土的抗压强度，同时改善了混凝土的性能。但是，掺矿粉和粉煤灰对混凝土自生体积变形的影响，不仅取决于矿粉和粉煤灰本身的质量，而且取决于它的掺量。在掺合料品种确定的情况下，掺合料的掺量对混凝土的自生体积变形性能起决定性的作用。

本课题拟计划研究 50% 粉煤灰和矿粉掺量下混凝土的自生体积变形问题，对粉煤灰及矿粉掺量为 0 和 50% 的四种强度等级（C30、C40、C50、C60）的混凝土分别进行了自生体积变形试验。通过求取 C30、C40、C50、C60 四组中粉煤灰和矿粉的混凝土自生体积变形影响系数（与纯水泥＋聚羧酸减水剂的基准组收缩对比、以 28d 收缩数据计算），取其均值为标准的 $M_{粉煤灰50\%}$ 和 $M_{矿粉50\%}$。

2）粉煤灰对自生体积变形的影响分析

（1）主要试验工况

本章试验设计组混凝土工况，分别规定其编号为 C30-P、C40-P、C50-P、C60-P、C30-F、C40-F、C50-F 和 C60-F。前 4 组是普通混凝土，配合比如表 11-2-15 所示；后 4 组是粉煤灰掺量为 50% 的混凝土，配合比如表 11-2-16 所示。

普通混凝土的配合比（kg/m³）　　　　表 11-2-15

工况	水胶比	水	水泥	粉煤灰	砂子	石子	减水剂
C30-P	0.45	144	320	0	845	1080	6.4（2%）
C40-P	0.39	156	400	0	775	1070	8.0（2%）
C50-P	0.34	160	470	0	738	1062	9.4（2%）
C60-P	0.30	159	530	0	708	1062	10.6（2%）

粉煤灰混凝土的配合比（kg/m³） 表 11-2-16

工况	水胶比	水	水泥	粉煤灰	砂子	石子	减水剂
C30-F	0.45	144	160	160	845	1080	6.4（2%）
C40-F	0.39	156	200	200	775	1070	8.0（2%）
C50-F	0.34	160	235	235	738	1062	9.4（2%）
C60-F	0.30	159	265	265	708	1062	10.6（2%）

（2）混凝土自生体积变形随龄期的变化分析

粉煤灰掺量为 50% 时混凝土自生体积变形随时间的变化曲线如图 11-2-35 所示。

（3）混凝土 28d 自生体积变形的研究分析

本小节对表 11-2-15 和表 11-2-16 的 8 个工况的混凝土根据行业标准《水工混凝土试验规程》SL 352—2006 进行了自生体积变形试验，记录龄期为 28d 的自生体积变形的测试值，试验数据处理时取每个工

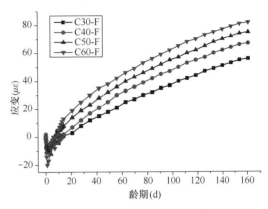

图 11-2-35　粉煤灰掺量为 50% 时混凝土
自生体积变形随时间的变化

况三个试件的自生体积变形测试值的均值，最后分别求四种强度等级混凝土收缩值的粉煤灰影响修正系数，其值如表 11-2-17 所示。

自生体积变形试验下粉煤灰的收缩影响修正系数 表 11-2-17

强度等级		C30	C40	C50	C60
自生体积 变形试验	0% 粉煤灰	28	32	37	48
	50% 粉煤灰	8	12	19	25
	$M_{粉煤灰50\%}$	0.29	0.38	0.51	0.52

（4）不同试验方法混凝土收缩影响系数 M_{10} 对比分析

不同试验方法混凝土收缩影响系数 M_{10} 如图 11-2-36 所示。

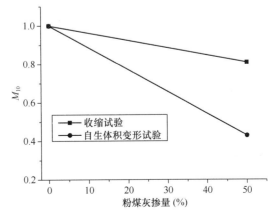

图 11-2-36　不同试验方法混凝土收缩影响系数 M_{10} 对比分析

3）矿粉对自生体积变形的影响分析

（1）主要试验工况

本章试验设计组混凝土工况，分别规定其编号为 C30-P、C40-P、C50-P、C60-P、C30-S、C40-S、C50-S 和 C60-S。前 4 组是普通混凝土，配合比如表 11-2-18 所示；后 4 组是矿粉掺量为 50％的混凝土，配合比如表 11-2-19 所示。

普通混凝土的配合比（kg/m³）　　　　　　　　　　　表 11-2-18

工况	水胶比	水	水泥	矿粉	砂子	石子	减水剂
C30-P	0.45	144	320	0	845	1080	6.4（2％）
C40-P	0.39	156	400	0	775	1070	8.0（2％）
C50-P	0.34	160	470	0	738	1062	9.4（2％）
C60-P	0.30	159	530	0	708	1062	10.6（2％）

矿粉混凝土的配合比（kg/m³）　　　　　　　　　　　表 11-2-19

工况	水胶比	水	水泥	矿粉	砂子	石子	减水剂
C30-S	0.45	144	160	160	845	1080	6.4（2％）
C40-S	0.39	156	200	200	775	1070	8.0（2％）
C50-S	0.34	160	235	235	738	1062	9.4（2％）
C60-S	0.30	159	265	265	708	1062	10.6（2％）

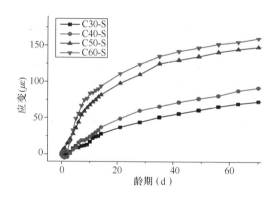

图 11-2-37　矿粉掺量为 50％时混凝土自生体积变形随时间的变化

（2）混凝土自生体积变形随龄期的变化分析

矿粉掺量为 50％时混凝土自生体积变形随时间的变化如图 11-2-37 所示。

（3）混凝土 28d 自生体积变形的研究分析

本小节对表 11-2-18 和表 11-2-19 的 8 个工况的混凝土根据行业标准《水工混凝土试验规程》SL 352—2006 进行了自生体积变形试验，记录龄期为 28d 的自生体积变形的测试值，试验数据处理时取每个工况三个试件的自生体积变形测试值的均值，最后分别求四种强度等级的混凝土收缩值的矿粉影响修正系数，如表 11-2-20 所示。

自生体积变形试验下矿粉的收缩影响修正系数　　　　　　　　表 11-2-20

强度等级		C30	C40	C50	C60
自生体积变形试验	0％矿粉	28	32	37	48
	50％矿粉	44	60	110	124
	$M_{矿粉50\%}$	1.57	1.87	1.97	1.58

（4）不同试验方法混凝土收缩影响系数 M_{11} 对比分析

不同试验方法混凝土收缩影响系数 M_{11} 如图 11-2-38 所示。

4）小结

通过进行自生体积变形试验，研究了粉煤灰和矿粉对混凝土自生体积变形的影响，并得出粉煤灰（矿粉）掺量为 50％时的收缩影响修正系数 $M_{粉煤灰50\%}$（$M_{矿粉50\%}$）。得出以下结论：

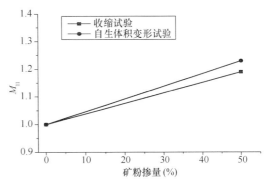

图 11-2-38 不同试验方法混凝土收缩
影响系数 M_{11} 对比分析

粉煤灰掺量为 50％的混凝土的自生体积明显比掺量为 0 的自生体积变形小，说明粉煤灰可以减小混凝土的自生体积变形；而矿粉掺量为 50％的混凝土的自生体积变形明显比掺量为 0 的自生体积变形大，说明矿粉会增大混凝土的自生体积变形。

6. 矿物掺合料对混凝土收缩补充研究

1）粉煤灰对混凝土收缩的影响的补充研究

（1）补充试验工况

为了研究粉煤灰对混凝土收缩性能的影响，本文试验按照粉煤灰掺量（等量取代水泥的比例）的不同，粉煤灰掺量分为 0、20％、35％和 50％四种，具体配合比如表 11-2-21 所示，水胶比定为 0.32（$w/b=0.32$），将砂率定为 36％，并取胶凝材料质量的 0.8％作为各工况下减水剂的掺用量，并规定其编号为 FA00、FA20、FA35、FA50。

补充试验配合比（kg/m³）   表 11-2-21

工况	水	水泥	粉煤灰	砂	石	减水剂
FA00	173.0	541.0	0.0	625	1111	4.328
FA20	173.0	432.8	108.2	625	1111	4.328
FA35	173.0	351.6	189.4	625	1111	4.328
FA50	173.0	270.5	270.5	625	1111	4.328

（2）混凝土 28d 收缩变形的研究

本章对混凝土采用非接触式收缩试验方法进行混凝土的自收缩试验，记录龄期为 28 天的收缩测试值，试验数据处理时取每个工况收缩测试值的均值作为最终结果，最后求不同掺量粉煤灰的收缩影响系数，取其均值为标准的 M_{10}。试验数据处理结果如表 11-2-22 所示。

粉煤灰对收缩影响修正系数   表 11-2-22

粉煤灰掺量（％）	0	20	35	50
自收缩应变（10^{-6}）	217	195	183	168
M_{10}	1.00	0.90	0.85	0.78

2）矿粉对混凝土收缩的影响的补充研究

（1）补充试验工况

为了研究矿粉对混凝土收缩性能的影响，本文试验按照矿粉掺量（等质量取代水泥的比例）的不同（矿粉掺量分为 0%、20%、35% 和 50% 四种）设置配合比（如表 11-2-23），水胶比定为 0.32（$w/b = 0.32$），相应的四种混凝土编号分别为 GS00、GS20、GS35 和 GS50。

矿粉高强混凝土配合比（kg/m³）　　　　　　　　　　　　表 11-2-23

工况	水胶比	水	水泥	矿粉	砂	石	减水剂
GS00	0.32	173	541.0	0	625	1111	4.328（0.8%）
GS20	0.32	173	432.8	108.2	625	1111	4.599（0.75%）
GS35	0.32	173	351.6	189.4	625	1111	4.599（0.75%）
GS50	0.32	173	270.5	270.5	625	1111	4.599（0.70%）

（2）混凝土收缩变形的研究

试验数据处理时取每个工况收缩测试值的均值，最后求矿粉的收缩影响系数，取其均值为标准的 M_{11}。试验数据处理结果如表 11-2-24 所示。

矿粉对收缩影响修正系数　　　　　　　　　　　　　表 11-2-24

矿粉掺量（%）	0	20	35	50
自收缩应变（10^{-6}）	211	218	231	255
M_{11}	1.00	1.17	1.09	1.20

3）小结

（1）混凝土收缩值随着粉煤灰掺量的增加而减少。当粉煤灰掺量分别为 20%，35% 和 50% 时，收缩影响系数分别为 0.90，0.85 和 0.78。

（2）混凝土收缩随着粉煤灰掺量的增加而增加。当矿粉掺量为 20%，35% 和 50% 时，收缩影响系数分别为 1.03，1.09 和 1.20。

7. 结论和建议

1）研究结论

（1）粉煤灰减小混凝土的收缩。采用接触式收缩试验得出的粉煤灰掺量为 50% 时的收缩影响系数为 0.81。

（2）矿粉会增加混凝土的收缩。采用接触式收缩试验得出的矿粉掺量为 50% 时的收缩影响系数为 1.19。

2）相关建议

（1）粉煤灰掺量对混凝土收缩影响系数 M_{10} 取值建议

①通过分析本文以及其他研究者们的试验结果，得出不同掺量下的粉煤灰对混凝土的收缩值影响系数。取不同掺量下的粉煤灰对混凝土收缩值影响系数 M_{10} 的平均值作为建议值，如表 11-2-25 所示。

粉煤灰掺量对收缩影响系数 M_{10} 建议值

表 11-2-25

	粉煤灰掺量				
	0	20%	30%	40%	50%
《大体积混凝土施工规范》 GB 50496—2009	1.00	0.86	0.89	0.90	—
建议值	1.00	0.90	0.86	0.82	0.80
偏差	0	4%	3%	9%	—

②建议值和标准值的对比如图 11-2-39 所示。由图 11-2-39 可知，建议值在粉煤灰掺量为 20% 时大于标准值，当掺量为 30% 和 40% 时小于标准值。建议值与标准值的偏差在 10% 以内。

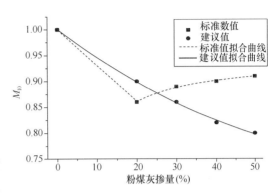

图 11-2-39 建议值和标准值的对比

（2）矿粉掺量对混凝土收缩影响系数 M_{11} 取值建议

①通过分析本文以及其他研究者的试验结果，得出不同掺量下的矿粉对混凝土的收缩值影响系数。取不同掺量下的矿粉对混凝土收缩值影响系数 M_{11} 的平均值作为建议值，如表 11-2-26 所示。

矿粉掺量对收缩影响系数 M_{11} 建议值

表 11-2-26

	矿 粉 掺 量				
	0	20%	30%	40%	50%
《大体积混凝土施工规范》 GB 50496—2009	1.00	1.01	1.02	1.05	—
建议值	1.00	1.03	1.07	1.12	1.18
偏差	0	2%	5%	7%	—

②建议值和标准值的对比如图 11-2-40 所示。由图 11-2-40 可知，建议值大于标准值。建议值与标准值的偏差在 10% 以内。

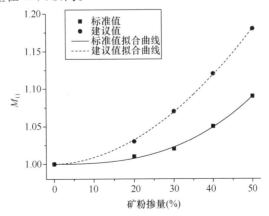

图 11-2-40 建议值和标准值的对比

参 考 文 献

[1]　GB 50496—2009，大体积混凝土施工规范[S]，建设部，2009.

[2]　Shen DJ，Wang XD，Cheng DB，et al. Effect of internal curing with super absorbent polymers on autogenous shrinkage of concrete at early age[J]. Construction and Building Materials，2016，106：512-522.

[3]　林耀. 高强混凝土收缩开裂的研究及应对措施[J]. 福建建材，2013(3)：18-20.

[4]　王铁梦. 工程结构裂缝控制[M]. 中国建筑工业出版社，1997.

[5]　Hua C，Ehrlacher A，Acker P. Analyses and models of the autogenous shrinkage of hardening cement paste. 1：Modeling at macroscopic scale[J]. Cement & Concrete Research，1995，25（7）：1457-1468.

[6]　安明喆. 高性能混凝土自收缩的研究[D]. 清华大学，1999.

[7]　陈立军，李世禹. 高性能混凝土自收缩增大的机理与改善途径[J]. 混凝土与水泥制品，2004(5)：10-12.

[8]　高小建，巴恒静. 加掺合料高性能混凝土早龄期收缩特性[J]. 哈尔滨工业大学学报，2004，36(12)：1615-1618.

[9]　宋兵. 核心混凝土的收缩及其对钢管高强混凝土轴压构件力学性能的影响[D]. 汕头大学，2001.

[10]　李家和，欧进萍，孙文博. 掺合料对高性能混凝土早期自收缩的影响[J]. 混凝土，2002(5)：9-10.

[11]　吴学礼，张树青，杨全兵，等. 粉煤灰混凝土的自收缩性能[J]. 粉煤灰，2003，15(6)：3-5.

[12]　李悦，吴科如，王胜先，等. 掺加混合材的水泥石自收缩特性研究[J]. 建筑材料学报，2001，4(1)：7-11.

[13]　Wild S，Sabir B B，Bai J，et al. Self-compensating autogenous shrinkage in Portland cement-metakaolin-fly ash pastes[J]. Advances in Cement Research，2000，12(1)：35-43.

[14]　张雄，韩继红，李悦. 掺复合矿物外加剂混凝土的收缩性能研究[J]. 建筑材料学报，2003，6(2)：204-207.

[15]　马丽媛，姚燕，王玲. 粉煤灰高强混凝土收缩开裂趋势的研究[J]. 混凝土，2002(6)：34-36.

[16]　中国混凝土学会高强与高性能混凝土专业委员会. 高强与高性能混凝土用粉煤灰应用技术要求[M]. 1998

[17]　张巍，杨全兵. 混凝土收缩研究综述[J]. 低温建筑技术，2003(5)：4-6.

[18]　钱晓倩，孟涛，詹树林，等. 减缩剂对混凝土早期自收缩的影响[J]. 绿色建筑，2004(4)：50-53.

[19]　翁家瑞. 高性能混凝土的干燥收缩和自生收缩试验研究[D]. 福州大学硕士学位论文，2005

[20]　Haque MN，Kayali O. Properties of high-strength concrete using a fine fly ash[J]. Cement & Concrete Research，1998，28(10)：1445-1452.

[21]　Kim BG，Lee KM，Lee HK. Autogenous shrinkage of high-performance concrete containing fly ash[J]. Magazine of Concrete Research，2003，55(6)：507-515.

[22]　杨波. 粉煤灰对高性能混凝土收缩、抗裂性能的影响及机理研究[D]. 福州大学，2005.

[23]　Subramaniam KV，Gromotka R，Shah SP，et al. Influence of ultrafine fly ash on the early age response and the shrinkage cracking potential of concrete[J]. Journal of Materials in Civil Engineering，2005，17(1)：45-53.

[24]　翁家瑞，郑建岚，王雪芳. 粉煤灰掺量对高性能混凝土收缩的影响[J]. 福州大学学报：自然科学版，2005，33(z1)：143-146.

[25]　王强，陈志城，阎培渝. 等强度条件下水胶比和粉煤灰掺量对混凝土自收缩的影响[J]. 混凝土，2006(12)：1-3.

［26］ Yen T，Hsu TH，Liu YW，et al. Influence of class F fly ash on the abrasion－erosion resistance of high-strength concrete［J］. Construction & Building Materials，2007，21(2)：458-463.

［27］ 王稷良，周明凯，孙立群，等. 粉煤灰与矿粉对高强混凝土性能的影响［C］// 超高层混凝土泵送与超高性能混凝土技术的研究与应用国际研讨会. 2008.

［28］ Nath P，Sarker P. Effect of Fly Ash on the Durability Properties of High Strength Concrete［J］. Procedia Engineering，2011，14(3)：1149-1156.

［29］ 高英力，龙杰，刘赫，等. 粉煤灰高强轻骨料混凝土早期自收缩及抗裂性试验研究［J］. 硅酸盐通报，2013(6)：1151-1156.

［30］ 胡建勤. 高性能混凝土抗裂性能及其机理的研究［D］. 武汉理工大学博士学位论文，2001.

［31］ Tazawa EI，Miyazawa S. Influence of cement and admixture on autogenous shrinkage of cement paste［J］. Cement & Concrete Research，1995，25(2)：281-287.

［32］ 欧阳华林，白山云. 高性能混凝土收缩徐变性能的试验研究［J］. 桥梁建设，2006(2)：4-6.

［33］ 吕林女，何永佳，丁庆军，等. 利用磨细钢渣矿粉配制 C60 高性能混凝土的研究［J］. 混凝土，2004(6)：51-52.

［34］ 张树青，杨全兵. 矿粉混凝土的自收缩性能［J］. 低温建筑技术，2004(3)：1-3.

［35］ Lyman CG. Growth and movement in Portland cemen t concrete［J］. London，Oxford University Press，1934，24(4)：133-139.

［36］ Davis HE. Autogenous volume change of concrete［J］. Proceeding of the 43th Annual American Society for Testing Materials，1940，26(14)：1103-1113.

［37］ Tazawa E. Autogeneous shrinkage caused by self desiccation in cementitious material［J］. Int. cong. on the Chemistry of Cement New Deli，1992：712-718.

［38］ Li J，Yao Y. A study on creep and drying shrinkage of high performance concrete［J］. Cement & Concrete Research，2001，31(8)：1203-1206.

［39］ Pane I，Hansen W. Early age creep and stress relaxation of concrete containing blended cements［J］. Materials & Structures，2002，35(2)：92-96.

［40］ Bernard O，Brühwiler E. Influence of autogenous shrinkage on early age behaviour of structural elements consisting of concretes of different ages［J］. Materials & Structures，2002，35(9)：550-556.

［41］ Hooton RD，Stanish K，Prusinski J. The Effect of Ground，Granulated Blast Furnace Slag（Slag Cement）on the Drying Shrinkage of Concrete-A Critical Review of the Literature［J］. Heat & Mass Transfer，2004，34(34)：429-436.

［42］ 梁文泉，王信刚，何真，等. 矿渣微粉掺量对混凝土收缩开裂的影响［J］. 武汉大学学报：工学版，2004，37(1)：77-81.

［43］ Lee KM，Lee HK，Lee SH，et al. Autogenous shrinkage of concrete containing granulated blast-furnace slag［J］. Cement & Concrete Research，2006，36(7)：1279-1285.

［44］ 高小建，赵福军，巴恒静. 减缩剂与聚丙烯纤维对混凝土早期收缩开裂的影响［J］. 沈阳建筑大学学报：自然科学版，2006，22(5)：768-772.

［45］ 范莲花. 矿渣微粉掺合料对混凝土性能的影响［D］. 西安建筑科技大学，2007.

［46］ 乔艳静，费治华，田倩，等. 矿渣、粉煤灰掺量对混凝土收缩、开裂性能的研究［J］. 长江科学院院报，2007，28(5)：90-92.

［47］ Neto AAM，Cincotto MA，Repette W. Drying and autogenous shrinkage of pastes and mortars with activated slag cement［J］. Cement & Concrete Research，2008，38(4)：565-574.

［48］ 刘建忠，孙伟，缪昌文，等. 矿物掺合料对低水胶比混凝土干缩和自收缩的影响［J］. 东南大学学报：自然科学版，2009，39(3)：580-585.

[49]　Güneyisi E，Geso ğlu M，Özbay E. Strength and drying shrinkage properties of self-compacting concretes incorporating multi-system blended mineral admixtures[J]. Construction & Building Materials，2010，24(10)：1878-1887.

[50]　钟军．水泥混凝土结构早期裂缝防治技术的研究[D]．吉林大学，2010.

[51]　ChengA，Hsu HM，Chao SJ. Properties of concrete incorporating bed ash from circulating fluidized bed combustion and ground granulates blast-furnace slag[J]. Journal of Wuhan University of Technology-Mater. Sci. Ed. 2011，26(2)：347-353.

[52]　肖佳，陈雷，邢昊．粉煤灰和矿粉对水泥胶砂自收缩的影响[J]．建筑材料学报，2011，14(5)：604-609.

[53]　蒋春祥，胡晓东，潘荣生．粉煤灰和矿粉对水泥水化热的影响研究[J]．水利建设与管理，2011，31(7)：76-78.

[54]　徐仁崇，李晓斌，桂苗苗，等．矿物掺合料对 C100 混凝土早期收缩及干缩的影响[J]．混凝土与水泥制品，2013(1)：24-27.

[55]　Wang Z，Liu S，Li X. Long-term properties of concrete containing ground granulated blast furnace slag and steel slag[J]. Magazine of Concrete Research，2014，66(21)：1-9.

[56]　Gedam BA，Bhandari NM，Upadhyay A. Influence of Supplementary Cementitious Materials on Shrinkage，Creep，and Durability of High-Performance Concrete[J]. Journal of Materials in Civil Engineering，2015，28(4).

[57]　Satish R，Raghuprasad PS. Drying Shrinkage Study of Blended Cement and OPC Composites in Marine Condition[J]. IOSR Journal of Mechanical and Civil Engineering，2015，12(4)：65-69.

[58]　Zhao H，Sun W，Wu X，et al. The properties of the self-compacting concrete with fly ash and ground granulated blast furnace slag mineral admixtures[J]. Journal of Cleaner Production，2015，95：66-74.

[59]　Valcuende M，Benito F，Parra C，et al. Shrinkage of self-compacting concrete made with blast furnace slag as fine aggregate[J]. Construction & Building Materials，2015，76(76)：1-9.

[60]　李鹏辉，刘光廷，高虎，等．自生体积变形试验方法研究及应用[J]．清华大学学报：自然科学版，2001，41(11)：114-117.

[61]　宋军伟，方坤河．水工混凝土自生体积变形特性研究与进展[J]．水力发电，2008，34(2)：71-73.

[62]　Akcay B，Tasdemir MA. Optimisation of using lightweight aggregates in mitigating autogenous deformation of concrete[J]. Construction & Building Materials，2009，23(1)：353-363.

[63]　WuCC，Zhou B，Lin ZX，etc. Autogenous Volume Deformation of Hydraulic Concrete. Procedia Earth and Planetary Science. Volume 5，2012，Pages 209-212.

[64]　Zhang XY，Liu SP. Stress Field Simulation of Concrete Structure Considering Influence of Temperature on Autogenous Volume Deformation[J]. Advanced Materials Research，2012，482-484：1321-1324.

[65]　Chen XB，Yin J，Song WM. Autogenous Volume Deformation and Creep Properties Analysis of C60 High Performance Concrete and C60 High Strength Concrete[M]. 2013.

[66]　杨冬鹏．不同粉煤灰掺量对混凝土自生体积变形影响的研究[C]// 水与水技术(第5辑). 2015.

[67]　GB/T 50082—2009，普通混凝土长期性能和耐久性能试验方法标准[S]，建设部，2009.

[68]　DL/T 5150—2001，水工混凝土试验规程[S]，中国电力出版社，2001.

[69]　GB/T 50081—2002，普通混凝土力学性能试验方法标准[S]，建设部，2002.

[70]　Termkhajornkit P，Nawa T，Nakai M，et al. Effect of fly ash on autogenous shrinkage[J]. Cement & Concrete Research，2005，35(3)：473-482.

[71] 安明喆，朱金铨，覃维祖，等．粉煤灰对高性能混凝土早期收缩的抑制及其机理研究[J]．中国铁道科学，2006，27(4)：27-31．

[72] 郝成伟，邓敏，莫立武，等．粉煤灰对水泥浆体自收缩和抗压强度的影响[J]．建筑材料学报，2011，14(6)：746-751．

[73] 花丽君，吴相豪，袁潘．掺粉煤灰和石灰粉影响再生混凝土自收缩变形的试验研究[J]．粉煤灰，2013(1)：37-39．

[74] 王新杰，徐巍，封金财，等．粉煤灰掺量对混凝土收缩性能影响的试验研究[J]．粉煤灰综合利用，2014(5)．

[75] 刘建忠，孙伟，缪昌文，等．矿物掺合料对低水胶比混凝土干缩和自收缩的影响[C]// 第五期全国混凝土矿物掺合料应用技术研讨会．2014．

[76] 廖宜顺，魏小胜，左义兵．粉煤灰掺量对水泥浆体电阻率与自收缩的影响[J]．建筑材料学报，2014，17(3)：517-520．

[77] Lee NK，Jang JG，Lee HK．Shrinkage characteristics of alkali-activated fly ash/slag paste and mortar at early ages[J]．Cement & Concrete Composites，2014，53(53)：239-248．

[78] 郑青，许晓东，杜泽，等．矿粉掺量对混凝土性能的影响[J]．混凝土与水泥制品，2011(4)：22-24．

[79] 刘数华，方坤河．混凝土的自生体积变形的影响因素分析[J]．水电与新能源，2007(2)：23-24．

[80] 雷爱中，SeokJB，刘艳霞等．对混凝土自生体积变形试验方法的再认识[J]．水力发电，2012，38(10)：90-92．

11.3 关于混凝土绝热温升单参数指数式系数 "*m*" 取值影响

1. 概述

1）混凝土绝热温升拟合曲线

混凝土结构的早龄期非荷载开裂是影响混凝土结构耐久性的主要原因之一。早龄期时胶凝材料（主要是指硅酸盐水泥）的水化热引起混凝土结构温度显著变化，受到内外约束作用而产生温度应力，可能引起混凝土结构开裂。因而，进行混凝土结构温度场有限元仿真计算，分析其早龄期抗开裂能力是十分重要的，而混凝土绝热温升模型是影响混凝土结构温度场有限元仿真分析精度的关键因素。

目前常用的混凝土绝热温升表示公式有单参数指数式、复合指数式、双曲线函数式等，它们代表的曲线都是单一向下凹的，与混凝土实际绝热温升曲线拟合时，拟合效果相差不是很大。其中单参数指数式的表达式：

$$\theta(\tau) = \theta_0(1 - e^{-m\tau})$$

式中　　$\theta(\tau)$——混凝土龄期为 τ 时的绝热温升（℃）；

θ_0——$\tau \to \infty$ 时混凝土的最终绝热温升（℃）；

τ——龄期（d）；

m——与水泥品种、单方水泥用量及入模温度有关的系数，$0.3 \sim 0.5$（d^{-1}）。

由于现代工程中水泥细度较过去更小以及外加剂（主要是减水剂）的应用，使得单参数指数式中的 m 值大于 $0.5\ d^{-1}$。

2）单参数指数式的优点与不足

单参数指数式的曲线能够较好地反映出混凝土绝热温升曲线的大致走势，并且单参数指数式运用起来也比较简单。但单参数指数式公式不具有普遍适用性。对于缓凝混凝土，因为单参数指数式曲线是单一向下凹的曲线，而绝热温升曲线是由两段凹向不同的曲线组成，所以用它来拟合的时候，在早龄期，拟合结果与试验结果存在很大的误差。此外，单参数指数式只考虑的混凝土龄期的影响，而没有考虑混凝土温度和水化反应完成程度的影响，使得有限元仿真计算的温度场不能完全反映实际情况。

由于单参数指数式存在的这些不足，所以很多学者提出了新的拟合公式。但是新的拟合公式大多具有一定的局限性，不同的新的拟合公式只针对特定类型的混凝土温升曲线有比较好的拟合效果。此外，新的拟合公式都比较复杂，综合考虑的因素也比较多，应用起来难度比较大。所以，目前主流的绝热温升表达式仍是单参数指数式、复合指数式、双曲线函数式等。

本文在单参数指数式的基础上，研究其系数 m 取值的影响因素以及研究系数 m 取值的合理范围。

2. 系数 *m* 取值的推导

1）日本规范 JSCE 2007

对于普通硅酸盐水泥，日本规范 JSCE 2007 中系数 m 取值与单方水泥用量 c 以及混凝土入模温度 T 的关系如表 11-3-1 所示。

日本规范 JSCE 2007 中系数 m 的取值			表 11-3-1

普通硅酸盐水泥			
温度（℃） 用量（kg/m³）	10	20	30
200	0.435	0.724	1.137
220	0.465	0.800	1.217
240	0.495	0.876	1.297
260	0.525	0.952	1.377
280	0.555	1.028	1.457
300	0.585	1.104	1.537
320	0.615	1.180	1.617
340	0.645	1.256	1.697
360	0.675	1.332	1.777
380	0.705	1.408	1.857
400	0.735	1.484	1.937
420	0.765	1.560	2.017
440	0.795	1.636	2.097
460	0.825	1.712	2.177
480	0.855	1.788	2.257
500	0.885	1.864	2.337

由表 11-3-1 可知，当混凝土入模温度 T 一定时，系数 m 与单方水泥用量 c 的关系可以用图 11-3-1 来表示。

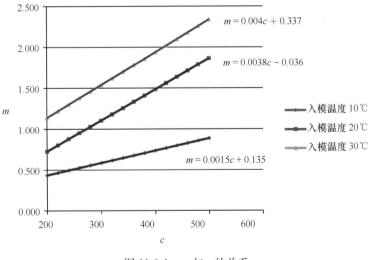

图 11-3-1　m 与 c 的关系

当单方水泥用量 c 一定时，系数 m 与混凝土入模温度 T 的数量关系可以用图 11-3-2 来表示。

2）日本规范 JCI 2008

对于普通硅酸盐水泥，日本规范 JCI 2008 中系数 m 取值与单方水泥用量 c 以及混凝

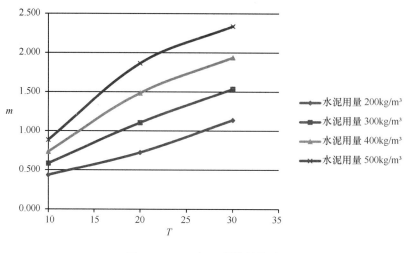

图 11-3-2　m 与 T 的数量关系

土入模温度 T 的关系如表 11-3-2 所示。

日本规范 JCI 2008 中系数 m 的取值　　　　　　　　　　　　　　表 11-3-2

普通硅酸盐水泥			
温度（℃） 用量（kg/m³）	10	20	30
250	0.6095	1.1275	1.6455
270	0.6547	1.1764	1.6982
300	0.7224	1.2498	1.7772
330	0.7901	1.3232	1.8562
360	0.8579	1.3966	1.9352
400	0.9482	1.4944	2.0406

由表 11-3-2 可知，当混凝土入模温度 T 一定时，系数 m 与单方水泥用量 c 的关系可以用图 11-3-3 来表示。

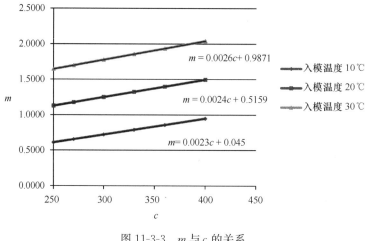

图 11-3-3　m 与 c 的关系

当单方水泥用量 c 一定时，系数 m 与混凝土入模温度 T 的关系可以用图 11-3-4 来表示。

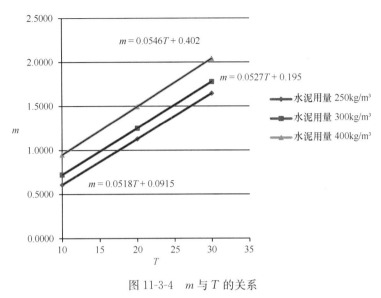

图 11-3-4 m 与 T 的关系

3）对比、分析两种规范

通过对比日本规范 JSCE 2007 和日本规范 JCI 2008 中普通硅酸盐水泥可知：

（1）两种不同规范中系数 m 在混凝土入模温度 T 一定时，都与单方水泥用量 c 成近似线性关系；而在水泥单方用量 c 一定时，规范 JSCE 2007 中系数 m 与混凝土入模温度 T 成非线性关系，规范 JCI 2008 中系数 m 与混凝土入模温度 T 成近似线性关系。

（2）混凝土入模温度 T 一定时，单方水泥用量 c 越大，系数 m 越大；水泥单方用量 c 一定时，混凝土入模温度 T 越高，系数 m 越大。

后续通过对中热硅酸盐水泥、高早强硅酸盐水泥、低热硅酸盐水泥、低热普通硅酸盐水泥、高炉矿渣水泥（B 类型）、粉煤灰水泥（B 类型）的分析，都有以上两点结论。

因此，对于任一品种的水泥，无论是日本规范 JSCE 2007 还是日本规范 JCI 2008 都近似有：

$$m = f(T)c + P$$

式中 $f(T)$、P ——与混凝土入模温度和水泥品种有关的变量；

c ——单方水泥用量。

通过研究两种规范中 $f(T)$、P 与入模温度 T 的关系，发现可以近似将系数 m 的表达式与混凝土入模温度 T（$T=10$，20，30）和单方水泥用量 c 的数量关系用表 11-3-3～表 11-3-9 表示。

普通硅酸盐水泥 表 11-3-3

日 本 规 范	系数 m 表达式
JSCE 2007	$m = (10^{-5}T^2 + 0.0005T - 0.0029)c + (0.0027T^2 - 0.0987T + 0.85)$
JCI 2008	$m = (5 \times 10^{-7}T^2 - 5 \times 10^{-6}T + 0.0023)c + (0.0471T - 0.4261)$

中热硅酸盐水泥 表 11-3-4

日 本 规 范	系数 m 表达式
JSCE 2007	$m = (-3 \times 10^{-6} T^2 + 0.0002T - 0.0015)c + (0.0002T^2 - 0.009T + 0.371)$
JCI 2008	$m = (-5 \times 10^{-7} T^2 + 9 \times 10^{-5} T + 0.0006)c + (-5 \times 10^{-7} T^2 + 0.0068T - 0.1012)$

高早强硅酸盐水泥 表 11-3-5

日 本 规 范	系数 m 表达式
JSCE 2007	$m = (-1 \times 10^{-5} T^2 + 0.0004T - 0.0013)c + (0.0045T^2 - 0.1175T + 1.204)$
JCI 2008	$m = (-7 \times 10^{-5} T + 0.0031)c + (-1 \times 10^{-6} T^2 + 0.099T - 0.6014)$

低热硅酸盐水泥 表 11-3-6

日 本 规 范	系数 m 表达式
JSCE 2007	$m = (5 \times 10^{-7} T^2 + 4 \times 10^{-5} T + 0.0001)c + (9 \times 10^{-5} T^2 - 0.0061T + 0.157)$

低热普通硅酸盐水泥 表 11-3-7

日 本 规 范	系数 m 表达式
JCI 2008	$m = (6 \times 10^{-5} T + 0.0003)c + (2 \times 10^{-6} T^2 - 0.0018T + 0.2184)$

高炉矿渣水泥（B 类型） 表 11-3-8

日 本 规 范	系数 m 表达式
JSCE 2007	$m = (5 \times 10^{-5} T + 0.0008)c + (0.0007T^2 - 0.0087T + 0.054)$
JCI 2008	$m = (5 \times 10^{-7} T^2 + 1 \times 10^{-5} T + 0.0018)c + (0.0216T - 0.325)$

粉煤灰水泥（B 类型） 表 11-3-9

日 本 规 范	系数 m 表达式
JSCE 2007	$m = (2 \times 10^{-6} T^2 + 3 \times 10^{-5} T + 0.0006)c + (0.0008T^2 - 0.0146T + 0.169)$
JCI 2008	$m = (0.0001T + 0.0003)c + (0.0076T - 0.0212)$

4）系数 m 计算方法的提出

考虑到混凝土在硬化过程中的温升现象，主要是因为水泥中的熟料和石膏与水发生反应，放出热量。因此，可近似将不同品种水泥按一定比例折算成普通硅酸盐水泥。通过查阅国家标准《通用硅酸盐水泥》GB 175—2007 中水泥的组分与材料可知，熟料和石膏的质量分数如表 11-3-10 所示。

熟料和石膏的质量分数 表 11-3-10

品 种	代 号	（熟料＋石膏）质量分数（%）
普通硅酸盐水泥	P·O	≥80 且＜95
硅酸盐水泥	P·Ⅰ	100
	P·Ⅱ	≥95

续表

品　种	代　号	（熟料＋石膏）质量分数 （％）
矿渣硅酸盐水泥	P·S·A	≥50 且＜80
	P·S·B	≥30 且＜50
火山灰质硅酸盐水泥	P·P	≥60 且＜80
粉煤灰硅酸盐水泥	P·F	≥60 且＜80
复合硅酸盐水泥	P·C	≥50 且＜80

熟料和石膏质量分数按中间取值，则不同品种水泥之间的折算比例如表 11-3-11 所示。

折　算　比　例 表 11-3-11

名称	硅酸盐水泥		普通硅酸盐水泥	矿渣硅酸盐水泥		火山灰质硅酸盐水泥	粉煤灰硅酸盐水泥	复合硅酸盐水泥
代号	P·Ⅰ	P·Ⅱ	P·O	P·S·A	P·S·B	P·P	P·F	P·C
λ	1	0.98	0.88	0.65	0.40	0.70	0.70	0.65

对照表 11-3-11 中的折算比例，可以将不同品种水泥系数 m 值的研究转换成普通硅酸盐水泥系数 m 值的研究。

查阅资料可知，

$$Q = kQ_0$$

式中　Q——胶凝材料水化热总量（kJ/kg）；

　　　Q_0——水泥水化热总量（kJ/kg）；

　　　k——不同掺量掺合料水化热调整系数。

因此，可以将掺有掺合料的胶凝材料水化热计算转化为水泥粉料水化热计算，即可以将掺有掺合料的胶凝材料的 m 值计算问题转化为单纯的水泥 m 值计算。

当采用粉煤灰与矿渣双掺时，不同掺量掺合料水化热调整系数可按下式计算：

$$k = k_1 + k_2 - 1$$

式中　k_1——粉煤灰掺量对应的水化热调整系数；

　　　k_2——矿粉掺量对应的水化热调整系数。

不同掺量掺合料水化热调整系数如表 11-3-12 所示。

不同掺量掺合料水化热调整系数 表 11-3-12

掺量	0	10％	20％	30％	40％	50％
粉煤灰（k_1）	1	0.96	0.95	0.93	0.82	0.75
矿渣粉（k_2）	1	1	0.93	0.92	0.84	0.79

5）算例

（1）已知某项目每方混凝土胶材组分：P·Ⅱ水泥 189kg，粉煤灰 105kg，矿粉

126kg；温度 $T=28℃$，如何计算 m。

分析：根据表 11-3-11 的折算比例可知，189kg P·Ⅱ水泥可折算为：$W=\lambda W_C=0.98$ $\times189=185$kg P·Ⅰ硅酸盐水泥。

入模为 28℃，介于 20℃到 30℃之间，则

$A=(0.0026-0.0024)\times(28-20)/(30-20)+0.0024=0.00256$

$B=(0.9871-0.5159)\times(28-20)/(30-20)+0.5159=0.89286$

$m_0=AW+B=0.00256\times185+0.89286=1.36646$

粉煤灰掺量为：$105/(185+105+126)=25.2\%$；

矿粉掺量为：$126/(185+105+126)=30.3\%$；

按粉煤灰 25%、矿粉 30%计，由表 11-3-12 可知：

$k=k_1+k_2-1=0.94+0.92-1=0.86$

$m=km_0=0.86\times1.36646=1.175$

（2）已知某项目每方混凝土胶材组分：P.O 水泥 252kg，粉煤灰 97kg，矿粉 71kg；入模温度 $T=22.6℃$，试计算 m。

分析：根据表 11-3-11 的折算比例可知，252kg P.O 水泥可折算为：$W=\lambda W_C=0.88$ $\times252=222$kg P.Ⅰ硅酸盐水泥。

入模温度为 22.6℃，介于 20℃到 30℃之间，则

$A=(0.0026-0.0024)\times(22.6-20)/(30-20)+0.0024=0.00245$

$B=(0.9871-0.5159)\times(22.6-20)/(30-20)+0.5159=0.63841$

$m_0=AW+B=0.00245\times222+0.63841=1.18231$

粉煤灰掺量为：$97/(222+97+71)=24.9\%$；

矿粉掺量为：$71/(222+97+71)=18.2\%$；

按粉煤灰 25%、矿粉 20%计，由表 11-3-12 可知：

$k=k_1+k_2-1=0.94+0.93-1=0.87$

$m=km_0=0.87\times1.18231=1.028$

6）系数 m 计算方法的适用性验证

将工程上的大体积混凝土构件内部中心实测最高温度与浇筑温度的差值近似认为是混凝土的最终绝热温升。将龄期为 τ 时的实测温度近似等于混凝土浇筑温度加上混凝土龄期为 τ 时的绝热温升。用公式表示如下：

$$T(\tau)=T_0+(T-T_0)(1-e^{-m'\tau})$$

式中　$T(\tau)$——龄期为 τ 时的实测温度（℃）；

　　　　T_0——混凝土浇筑温度（℃）；

　　　　T——混凝土内部最高温度（℃）；

　　　　τ——龄期（d）；

　　　　m'——与水泥品种、单方水泥用量及浇筑温度有关的系数（d^{-1}）。

将工程实测温度生成的曲线和由公式计算生成的曲线进行拟合，对比分析温峰到达前两者的拟合效果，其大致图形如图 11-3-5 所示。

根据由公式计算生成的曲线和实测温度生成的曲线大致重合，部分工程中系数 m' 取值如表 11-3-13 所示。

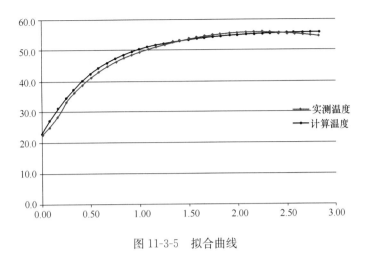

图 11-3-5 拟合曲线

工程中系数 m′取值   表 11-3-13

工 程 名 称	胶材用量（kg/m³）			水泥品种	浇筑温度（℃）	拟合系数 m′
	水泥	粉煤灰	矿粉			
港珠澳大桥	189	105	126	P·Ⅱ	28.0	2.0
					24.1	1.9
					23.3	1.8
虎门二桥	258	108	64	未知	25.8	1.5
沪通长江大桥	252	97	71	P·O	22.6	1.7
富春江船闸	194	65	65	未知	16.8	1.1
舟山西堠门跨海大桥	252	108	0	P·S	32.7	2.4
坝陵河大桥	266	137	0	P·O	26.0	2.1
常州龙江路大桥	248	106	0	P·S	17.6	1.7
明州大桥	未 知				30.1	1.5

将工程温度数据拟合的系数 m' 与提出的系数 m 计算方法得出的结果进行比较可知：选择日本规范 JCI 2008 比选择日本规范 JSCE 2007 计算出的系数 m 更接近工程温度数据拟合的系数 m'。选择日本规范 JCI 2008 计算时，部分结果对比如表 11-3-14 所示。

结 果 对 比   表 11-3-14

项目名称	温度 T（℃）	拟合系数 m′	计算系数 m
港珠澳大桥	计算温度取值：28	—	1.89
	浇筑温度：28	2.0	—
沪通长江大桥	计算温度取值：22.6	—	1.57
	浇筑温度：22.6	1.7	—

从表 11-3-14 可以看出，拟合 m' 值与计算 m 值比较接近，说明提出的系数 m 计算方法有一定的适用性。

3. 结论和建议

1）由于现代工程中普遍使用减水剂以及水泥细度较过去更细，使得单参数指数式的系数 m 取值远远大于 $0.5\mathrm{d}^{-1}$。

2）由于影响系数 m 取值的因素较多，可以采取控制变量的研究方法，研究单一变量对系数 m 取值的影响，然后分别制定细化后的规范，作为工程指导。

3）在日本规范 JSCE 2007 和 JCI 2008 中，当混凝土采用特定品种的水泥以及浇筑温度一定时，系数 m 取值与水泥单方用量呈线性关系，并且混凝土温度越高、单方水泥用量越大，系数 m 取值就越大。

4）通过对比计算得出的系数 m 与工程温度数据拟合的系数 m'，发现日本规范 JCI 2008 适用性更强，选用日本规范 JCI 2008 计算得出的系数 m 与工程温度数据拟合的 m' 更接近。

5）本文提出的系数 m 计算方法适用性较强，在无试验数据的情况下，可以根据混凝土配合比、表 11-3-11 折算比例、表 11-3-12 水化热调整系数，按照本标准推荐的方式计算 m 值。

6）在工程条件允许的情况下，为获得准确的绝热温升值，建议做绝热温升试验获得结果。

11.4 不同减水剂对水泥水化放热的影响

1. 绪论

在大体积混凝土施工过程中，混凝土的水化热对大体积混凝土的温度裂缝控制至关重要。水泥水化热、水泥用量、水胶比、矿物掺合料、减水剂种类及用量等均会影响混凝土的水化热。从材料角度考虑减少大体积混凝土水化热主要有以下三种途径：1）选择水化热较低的水泥，如大坝水泥、矿渣水泥等；2）掺入缓凝高效减水剂、高性能减水剂可在水胶比降低和强度不变的情况下，大幅度降低水泥用量，缓凝成分可延缓水泥水化热峰值的出现和降低水化热；3）掺加掺合料（如粉煤灰、磨细矿渣粉）部分取代水泥，以减少水泥用量，降低水化热，改善混凝土和易性，延缓凝结时间。

2. 研究内容

研究聚羧酸减水剂和萘系减水剂在其各自最佳掺量下（需视水灰比而定），对水泥水化放热参数 3d 水化热 Q_3、7d 水化热 Q_7、总水化热 Q_0 的影响。

3. 试验方案

1）基本原则：掺减水剂组与不掺减水剂组的水泥净浆扩展度基本相同。

（1）配合比 1：普通硅酸盐水泥加水拌合，不加任何减水剂，作为基准组。

（2）配合比 2：普通硅酸盐水泥加水和高性能聚羧酸减水剂，其中聚羧酸减水剂的掺量为水泥质量的 2%（聚羧酸减水剂为液体，其中固含量为 10%）。

（3）配合比 3：普通硅酸盐水泥加水和萘系减水剂，萘系减水剂的掺量为水泥质量的 0.75%（萘系减水剂为固体）。

2）原材料

（1）水泥：冀东水泥厂 P·O 42.5 级普通硅酸盐水泥。

（2）外加剂

① 聚羧酸减水剂：选择高性能聚羧酸减水剂，北京冶建特种材料有限公司生产，液体，固含量建议值为 10%；

② 萘系减水剂：天津自强化工有限公司生产，UNF-5 高效萘系高效减水剂。

4. 试验研究

1）水泥净浆扩展度的确定

在基准组中，首先选取 0.5 的水灰比，称取水泥 300g、水 150g，根据国家标准《混凝土外加剂匀质性试验方法》GB/T 8077—2000，测得水泥净浆的扩展度为 142mm。

根据基准组 0.5 水灰比、142mm 的扩展度调整掺高性能聚羧酸减水剂的水泥净浆的用水量，经过反复调整，在相同扩展度时的用水量仅为 51g，此时的水灰比仅为 0.18，由于该水灰比过小，将导致此时水泥早期水化度降低，单位水泥水化放热量明显下降，此时测试出的水泥水化热不具有代表意义，因此需调整基准组的水灰比。

经反复摸索，基准组水灰比调整为 0.75，用标准方法测得此时的扩展度为 327mm；第二组掺高性能聚羧酸减水剂的用水量最终确定为 70g，扩展度为 320mm；第三组掺萘系减水剂的用水量最终确定为 150g，扩展度为 314mm。三种水泥净浆的扩展度基本一致。

试验配比及结果如表 11-4-1 所示。

三种配方材料用量 表 11-4-1

	水泥 (g)	水 (g)	减水剂 (g)	扩展度 (mm)	水灰比
配方1	100	75	—	322	0.75
配方2	100	23.3	2（聚羧酸减水剂，掺2%，固含量10%）	320	0.25
配方3	100	50	0.75（萘系减水剂，掺0.75%）	318	0.5

2）水化热测定

按照国家标准《水泥水化热测定方法》GB/T 12959—2008 的试验方法进行水化热检测，测试的主要数据是 3d 和 7d 的水泥水化放热量。检测结果如表 11-4-2 所示。

水泥水化热检测结果 表 11-4-2

	Q_3 (kJ/kg)	Q_7 (kJ/kg)	Q_0（kJ/kg）　　$Q_0=4/\left(\dfrac{7}{Q_7}-\dfrac{3}{Q_3}\right)$	
配方1（空白基准组，水灰比0.75）	222	286	364.9	
配方2（聚羧酸减水剂组，水灰比0.25）	212	220	226.4	
配方3（萘系减水剂组，水灰比0.5）	190	264	372.9	

3）结果分析

根据上表三组不同试样 3d 和 7d 的水化放热量可见，在其水泥净浆的扩展度基本相同、试样中水泥用量均为 100g 的试验条件下，掺加减水剂后，试样 3d 和 7d 的水泥水化热均较基准组降低。掺萘系减水剂组（水灰比为 0.5）3d 水化热降幅较大，较基准组降低了 14.4%；掺高性能聚羧酸减水剂组（水灰比为 0.25）7d 水化热降幅更大，较基准组降低了 23.1%。同时，依据原规范建议公式计算，水泥水化热总量，掺高性能聚羧酸减水剂组较基准组 Q_0 降低 138.5 kJ/kg，而掺萘系减水剂组 Q_0 则较基准组升高 8kJ/kg。

此外，掺加高性能聚羧酸减水剂后，混凝土的水灰比可大幅降低（配制较高强度的混凝土），7d 内水泥水化放热主要集中在前 3d，3d 水化热占 7d 水泥水化热的比例为 96.4%；而基准组的此值为 77.6%，掺萘系减水剂后的此值为 72.0%。在高性能聚羧酸减水剂在大体积混凝土施工中逐渐应用的新形势下，水泥水化放热提前、集中在前 3d 内，这对大体积混凝土水化温升控制将提出更高要求。同时，在以上试验前提下（固定扩展度，水灰比变化），对于水泥水化热总量 Q_0，掺高性能聚羧酸减水剂组较基准组降低 38%，而掺萘系减水剂组 Q_0 则较基准组却升高 2.2%。

水泥水化热结果分析 表 11-4-3

	3d水化热 降幅	7d水化热 降幅	Q_3/Q_7	$Q_0=\dfrac{4}{\left(\dfrac{7}{Q_7}-\dfrac{3}{Q_3}\right)}$
配方1（空白基准组，水灰比0.75）	222kJ/kg	286kJ/kg	77.6%	364.9kJ/kg
配方2（聚羧酸减水剂组，水灰比0.25）	4.5%	23.1%	96.4%	−38%（↓）
配方3（萘系减水剂组，水灰比0.5）	14.4%	7.7%	72.0%	+2.2%（↑）

5. 结论

通过本文的水化热试验结果可见：

1）在水泥净浆扩展度基本相同时，掺高效减水剂或高性能聚羧酸减水剂都能不同程度地降低水泥 3d 水化热、7d 水化热和总水化热；

2）掺高性能聚羧酸减水剂较掺萘系高效减水剂在降低水泥 7d 水化热和总水化热方面更优越。

附录 《大体积混凝土施工标准》 GB 50496-2018

中华人民共和国国家标准

大体积混凝土施工标准

Standard for construction of mass concrete

GB 50496-2018

主编部门：中华人民共和国住房和城乡建设部
批准部门：中华人民共和国住房和城乡建设部
施行日期：2 0 1 8 年 1 2 月 1 日

中华人民共和国住房和城乡建设部
公　告

2018 第 77 号

住房城乡建设部关于发布国家标准
《大体积混凝土施工标准》的公告

现批准《大体积混凝土施工标准》为国家标准，编号为 GB 50496-2018，自 2018 年 12 月 1 日起实施。其中，第 4.2.2、5.3.1 条为强制性条文，必须严格执行。原国家标准《大体积混凝土施工规范》GB 50496-2009 同时废止。

本标准在住房城乡建设部门户网站（www.mohurd.gov.cn）公开，并由住房城乡建设部标准定额研究所组织中国建筑工业出版社出版发行。

中华人民共和国住房和城乡建设部
2018 年 4 月 25 日

前　言

根据住房和城乡建设部《关于印发〈2015 年工程建设标准规范制订、修订计划〉的通知》（建标〔2014〕189 号）的要求，标准编制组经广泛调查研究，认真总结实践经验，参考有关国际标准和国外先进标准，并在广泛征求意见的基础上，编制了本标准。

本标准的主要技术内容是：1 总则；2 术语和符号；3 基本规定；4 原材料、配合比、制备及运输；5 施工；6 温度监测与控制。

本标准修订的主要技术内容是：1 规定了大体积混凝土施工过程中"四节一环保"的要求；2 提出了大体积混凝土施工中的安全措施和劳动保护的要求；3 对大体积混凝土的设计强度等级、所用的水泥水化热指标和配合比设计参数进行了适当调整；4 提出了大体积混凝土施工现场取样的特殊规定；5 提出了根据工程需要，可开展应力-应变测试的要求；6 提出了可通过试验直接得出混凝土绝热温升值的规定；7 对绝热温升计算公式中 m 值的取值方法给出了计算公式；8 删除了掺合料对混凝土抗拉强度影响系数（λ）；9 重新给出了掺合料对混凝土收缩的影响系数 M_{10}、M_{11}；10 给出了各种保温材料的导热系数值。

本标准中以黑体字标志的条文为强制性条文，必须严格执行。

本标准由住房和城乡建设部负责管理和对强制性条文的解释，由中冶建筑研究总院有限公司负责具体技术内容的解释。执行过程中如有意见或建议，请寄送中冶建筑研究总院有限公司（地址：北京市海淀区西土城路 33 号，邮编：100088）。

本 标 准 主 编 单 位：中冶建筑研究总院有限公司
　　　　　　　　　　　　中交武汉港湾工程设计研究院有限公司
本 标 准 参 编 单 位：中国京冶工程技术有限公司
　　　　　　　　　　　　中建三局集团有限公司
　　　　　　　　　　　　上海宝冶集团有限公司
　　　　　　　　　　　　中冶天工集团有限公司
　　　　　　　　　　　　中国新兴建设开发有限责任公司
　　　　　　　　　　　　中国二十冶集团有限公司
　　　　　　　　　　　　中冶赛迪工程技术有限公司
　　　　　　　　　　　　中国核工业华兴建设有限公司
　　　　　　　　　　　　中石化洛阳工程有限公司
　　　　　　　　　　　　南京建工集团有限公司
　　　　　　　　　　　　上海电力建筑工程有限公司
　　　　　　　　　　　　北京首钢建设集团有限公司
　　　　　　　　　　　　江苏海润化工有限公司
　　　　　　　　　　　　江苏富腾化学有限公司
　　　　　　　　　　　　华夏建宇（北京）混凝土技术研究院
　　　　　　　　　　　　北京固瑞恩科技有限公司

中核工程咨询有限公司

北京新奥混凝土集团有限公司

中冶建工集团有限公司

本标准主要起草人员：	林松涛	仲晓林	彭宣常	张际斌	张兴斌	郝挺宇	程大业
	张　剑	韩宇栋	殷淑娜	甘新平	屠柳青	李顺凯	刘可心
	路来军	姜国庆	沈德建	鲁开明	许立山	肖启华	陈定洪
	万　宇	仲朝明	黄思伟	胡立辉	张晓平	霍先庆	樊兴林
	杨　尚	曹　杨	魏宏超	黄洪军	杜风来	陈拥军	郭建平
	董伟玮	刘小刚	马雪英	常仕文	郑谦文		
本标准主要审查人员：	毛志兵	杨嗣信	王铁梦	阎培渝	张元勃	石云兴	张超琦
	谢永江	傅宇方	牟宏远	彭明祥	王桂玲		

目　次

Contents

1 总　　则

1.0.1 为在大体积混凝土施工中贯彻国家技术经济政策，保证工程质量，做到技术先进、工艺合理、节约资源、保护环境，制定本标准。

1.0.2 本标准适用于混凝土结构中大体积混凝土施工。不适用于碾压混凝土和水工大体积混凝土等工程施工。

1.0.3 大体积混凝土施工除应符合本标准外，尚应符合国家现行有关标准的规定。

2 术语和符号

2.1 术　　语

2.1.1 大体积混凝土 mass concrete

混凝土结构物实体最小尺寸不小于1m的大体量混凝土，或预计会因混凝土中胶凝材料水化引起的温度变化和收缩而导致有害裂缝产生的混凝土。

2.1.2 胶凝材料 cementitious material

配制混凝土的硅酸盐水泥与活性矿物掺合料的总称。

2.1.3 跳仓施工法 alternative bay construction method

将超长的混凝土块体分为若干小块体间隔施工，经过短期的应力释放，再将若干小块体连成整体，依靠混凝土抗拉强度抵抗下段温度收缩应力的施工方法。

2.1.4 永久变形缝 permanent deformation seam

将建（构）筑物垂直分割开永久留置的预留缝，包括伸缩缝和沉降缝。

2.1.5 竖向施工缝 vertical construction seam

混凝土不能连续浇筑时，浇筑停顿时间有可能超过混凝土的初凝时间，在适当位置留置的垂直方向的预留缝。

2.1.6 水平施工缝 horizontal construction seam

混凝土不能连续浇筑时，浇筑停顿时间有可能超过混凝土的初凝时间，在适当位置留置的水平方向的预留缝。

2.1.7 温度应力 thermal stress

混凝土温度变形受到约束时，在混凝土内部产生的应力。

2.1.8 收缩应力 shrinkage stress

混凝土收缩变形受到约束时，在混凝土内部产生的应力。

2.1.9 温升峰值 peak value of rising temperature

混凝土浇筑体内部的最高温升值。

2.1.10 里表温差 temperature difference of core and surface

混凝土浇筑体内最高温度与外表面内 50mm 处的温度之差。

2.1.11 断面加权平均温度 thickness weighted mean temperature

根据测试点位各温度测点代表区段长度占厚度权值，对各测点温度进行加权平均得到的值。

2.1.12 降温速率 descending speed of temperature

散热条件下，混凝土浇筑体内部温度达到温升峰值后，24h 内断面加权平均温度下降值。

2.1.13 入模温度 temperature of mixture placing to mold

混凝土拌合物浇筑入模时的温度。

2.1.14 有害裂缝 harmful crack

影响结构安全或使用功能的裂缝。

2.1.15 绝热温升 adiabatic temperature rise

混凝土浇筑体处于绝热状态条件下，其内部某一时刻温升值。

2.1.16 胶浆量 binder paste content

混凝土中胶凝材料浆体量占混凝土总量之比。

2.1.17 温度场 temperature field

混凝土温度在空间和时间上的分布。

2.2 符 号

2.2.1 温度及材料性能

a——混凝土热扩散率；

C——混凝土比热容；

C_x——外约束介质（地基或老混凝土）的水平变形刚度；

E_0——混凝土弹性模量；

$E(t)$——混凝土龄期为 t 时的弹性模量；

$E_i(t)$——第 i 计算区段，龄期为 t 时，混凝土的弹性模量；

$f_{tk}(t)$——混凝土龄期为 t 时的抗拉强度标准值；

$K_b，K_1，K_2$——混凝土浇筑体表面保温层传热系数修正值；

m——与水泥品种、浇筑温度等有关的系数；

Q——胶凝材料水化热总量；

Q_0——水泥水化热总量；

Q_t——龄期 t 时的累积水化热；

R_s——保温层总热阻；

t——混凝土的龄期；

T_s——混凝土浇筑体表面温度；

$T_b(t)$——龄期为 t 时，混凝土浇筑体内的表层温度；

$T_{bm}(t)$、$T_{dm}(t)$——混凝土浇筑体中部达到最高温度时，其块体上、下表层的温度；

T_{max}——混凝土浇筑体内的最高温度；

$T_{max}(t)$——龄期为 t 时，混凝土浇筑体内的最高温度；

T_q——混凝土达到最高温度时的大气平均温度；

$T(t)$——龄期为 t 时，混凝土的绝热温升；

$T_y(t)$——龄期为 t 时，混凝土收缩当量温度；

$T_w(t)$——龄期为 t 时，混凝土浇筑体预计的稳定温度或最终稳定温度；

$\Delta T_1(t)$——龄期为 t 时，混凝土浇筑块体的里表温差；

$\Delta T_2(t)$——龄期为 t 时，混凝土浇筑块体在降温过程中的综合降温差；

$\Delta T_{1\max}(t)$——混凝土浇筑后可能出现的最大里表温差；

$\Delta T_{1i}(t)$——龄期为 t 时，在第 i 计算区段混凝土浇筑块体里表温差的增量；

$\Delta T_{2i}(t)$——龄期为 t 时，在第 i 计算区段内，混凝土浇筑块体综合降温差的增量；

β_μ——固体在空气中的放热系数；

β_s——保温材料总放热系数；

λ_0——混凝土的导热系数；

λ_i——第 i 层保温材料的导热系数。

2.2.2 数量几何参数

H——混凝土浇筑体的厚度，该厚度为浇筑体实际厚度与保温层换算混凝土虚拟厚度之和；

h——混凝土的实际厚度；

h'——混凝土的虚拟厚度；

L——混凝土搅拌运输车往返距离；

N——混凝土搅拌运输车台数；

Q_1——每台混凝土泵的实际平均输出量；

$Q_{\max}$——每台混凝土泵的最大输出量；

S——混凝土搅拌运输车平均行车速度；

T_t——每台混凝土搅拌运输车总计停歇时间；

V——每台混凝土搅拌运输车的容量；

W——每立方米混凝土的胶凝材料用量；

α_1——配管条件系数；

δ——混凝土表面的保温层厚度；

δ_i——第 i 层保温材料厚度。

2.2.3 计算参数及其他

$H(t, \tau)$——在龄期为 τ 时产生的约束应力延续至 t 时的松弛系数；

K——防裂安全系数；

k——不同掺量掺合料水化热调整系数；

k_1、k_2——粉煤灰、矿渣粉掺量对应的水化热调整系数；

M_1、$M_2 \cdots\cdots M_{11}$——混凝土收缩变形不同条件影响修正系数；

$R_i(t)$——龄期为 t 时，在第 i 计算区段，外约束的约束系数；

n——常数，随水泥品种、比表面积等因素不同而异；

$\bar{r}$——水力半径的倒数；

α——混凝土的线膨胀系数；

β——混凝土中掺合料对弹性模量的修正系数；

β_1、β_2——混凝土中粉煤灰、矿渣粉掺量对应的弹性模量修正系数；

ρ——混凝土的质量密度；

ε_y^0——在标准试验状态下混凝土最终收缩的相对变形值；

$\varepsilon_y(t)$——龄期为 t 时，混凝土收缩引起的相对变形值；

$\sigma_x(t)$——龄期为 t 时，因综合降温差，在外约束条件下产生的拉应力；

$\sigma_z(t)$——龄期为 t 时，因混凝土浇筑块体里表温差产生自约束拉应力的累计值；

η——作业效率；

σ_{zmax}——最大自约束应力。

3 基 本 规 定

3.0.1 大体积混凝土施工应编制施工组织设计或施工技术方案，并应有环境保护和安全施工的技术措施。

3.0.2 大体积混凝土施工应符合下列规定：

1 大体积混凝土的设计强度等级宜为 C25～C50，并可采用混凝土 60d 或 90d 的强度作为混凝土配合比设计、混凝土强度评定及工程验收的依据；

2 大体积混凝土的结构配筋除应满足结构承载力和构造要求外，还应结合大体积混凝土的施工方法配置控制温度和收缩的构造钢筋；

3 大体积混凝土置于岩石类地基上时，宜在混凝土垫层上设置滑动层；

4 设计中应采取减少大体积混凝土外部约束的技术措施；

5 设计中应根据工程情况提出温度场和应变的相关测试要求。

3.0.3 大体积混凝土施工前，应对混凝土浇筑体的温度、温度应力及收缩应力进行试算，并确定混凝土浇筑体的温升峰值，里表温差及降温速率的控制指标，制定相应的温控技术措施。

3.0.4 大体积混凝土施工温控指标应符合下列规定：

1 混凝土浇筑体在入模温度基础上的温升值不宜大于 50℃；

2 混凝土浇筑体里表温差（不含混凝土收缩当量温度）不宜大于 25℃；

3 混凝土浇筑体降温速率不宜大于 2.0℃/d；

4 拆除保温覆盖时混凝土浇筑体表面与大气温差不应大于 20℃。

3.0.5 大体积混凝土施工前，应做好施工准备，并应与当地气象台、站联系，掌握近期气象情况。在冬期施工时，尚应符合有关混凝土冬期施工规定。

3.0.6 大体积混凝土施工应采取节能、节材、节水、节地和环境保护措施，并应符合现行国家标准《建筑工程绿色施工规范》GB/T 50905 的有关规定。

4 原材料、配合比、制备及运输

4.1 一 般 规 定

4.1.1 大体积混凝土配合比设计除应满足强度等级、耐久性、抗渗性、体积稳定性等设计要求外，尚应满足大体积混凝土施工工艺要求，并应合理使用材料、降低混凝土绝热温升值。

4.1.2 大体积混凝土制备及运输，除应满足混凝土设计强度等级要求，还应根据预拌混凝土供应运输距离、运输设备、供应能力、材料批次、环境温度等调整预拌混凝土的有关参数。

4.2 原 材 料

4.2.1 水泥选择及其质量，应符合下列规定：

　　1 水泥应符合现行国家标准《通用硅酸盐水泥》GB 175 的有关规定，当采用其他品种时，其性能指标应符合国家现行有关标准的规定；

　　2 应选用水化热低的通用硅酸盐水泥，3d 水化热不宜大于 250kJ/kg，7d 水化热不宜大于 280kJ/kg；当选用 52.5 强度等级水泥时，7d 水化热宜小于 300kJ/kg；

　　3 水泥在搅拌站的入机温度不宜高于 60℃。

4.2.2 用于大体积混凝土的水泥进场时应检查水泥品种、代号、强度等级、包装或散装编号、出厂日期等，并应对水泥的强度、安定性、凝结时间、水化热进行检验，检验结果应符合现行国家标准《通用硅酸盐水泥》**GB 175** 的相关规定。

4.2.3 骨料选择，除应符合现行行业标准《普通混凝土用砂、石质量及检验方法标准》JGJ 52 的有关规定外，尚应符合下列规定：

　　1 细骨料宜采用中砂，细度模数宜大于 2.3，含泥量不应大于 3％；

　　2 粗骨料粒径宜为 5.0mm～31.5mm，并应连续级配，含泥量不应大于 1％；

　　3 应选用非碱活性的粗骨料；

　　4 当采用非泵送施工时，粗骨料的粒径可适当增大。

4.2.4 粉煤灰和粒化高炉矿渣粉，质量应符合现行国家标准《用于水泥和混凝土中的粉煤灰》GB/T 1596 和《用于水泥、砂浆和混凝土中的粒化高炉矿渣粉》GB/T 18046 的有关规定。

4.2.5 外加剂质量及应用技术，应符合现行国家标准《混凝土外加剂》GB 8076 和《混凝土外加剂应用技术规范》GB 50119 的有关规定。

4.2.6 外加剂的选择除应满足本标准第 4.2.5 条的规定外，尚应符合下列规定：

　　1 外加剂的品种、掺量应根据材料试验确定；

　　2 宜提供外加剂对硬化混凝土收缩等性能的影响系数；

　　3 耐久性要求较高或寒冷地区的大体积混凝土，宜采用引气剂或引气减水剂。

4.2.7 混凝土拌合用水质量应符合现行行业标准《混凝土用水标准》JGJ 63 的有关

规定。

4.3 配 合 比 设 计

4.3.1 大体积混凝土配合比设计，除应符合现行行业标准《普通混凝土配合比设计规程》JGJ 55 的有关规定外，尚应符合下列规定：

1 当采用混凝土 60d 或 90d 强度验收指标时，应将其作为混凝土配合比的设计依据；

2 混凝土拌合物的坍落度不宜大于 180mm；

3 拌合水用量不宜大于 170kg/m³；

4 粉煤灰掺量不宜大于胶凝材料用量的 50％，矿渣粉掺量不宜大于胶凝材料用量的 40％；粉煤灰和矿渣粉掺量总和不宜大于胶凝材料用量的 50％；

5 水胶比不宜大于 0.45；

6 砂率宜为 38％～45％。

4.3.2 混凝土制备前，宜进行绝热温升、泌水率、可泵性等对大体积混凝土裂缝控制有影响的技术参数的试验，必要时配合比设计应通过试泵送验证。

4.3.3 在确定混凝土配合比时，应根据混凝土绝热温升、温控施工方案的要求，提出混凝土制备时的粗细骨料和拌合用水及入模温度控制的技术措施。

4.4 制 备 及 运 输

4.4.1 混凝土制备与运输能力应满足混凝土浇筑工艺要求，预拌混凝土质量应符合现行国家标准《预拌混凝土》GB/T 14902 的有关规定，并应满足施工工艺对坍落度损失、入模坍落度、入模温度等的技术要求。

4.4.2 对同时供应同一工程分项的预拌混凝土，胶凝材料和外加剂、配合比应一致，制备工艺和质量控制水平应基本相同。

4.4.3 混凝土拌合物运输应采用混凝土搅拌运输车，运输车应根据施工现场实际情况具有防晒、防雨和保温措施。

4.4.4 搅拌运输车数量应满足混凝土浇筑工艺要求，计算方法可按本标准附录 A 确定。

4.4.5 搅拌运输车运送时间应符合现行国家标准《预拌混凝土》GB/T 14902 的有关规定。

4.4.6 运输过程补充外加剂进行调整时，搅拌运输车应快速搅拌，搅拌时间不应小于 120s。

4.4.7 运输和浇筑过程中，不应通过向拌合物中加水方式调整其性能。

4.4.8 运输过程中当坍落度损失或离析严重，经采取措施无法恢复混凝土拌合物工作性能时，不得浇筑入模。

5 施 工

5.1 一 般 规 定

5.1.1 大体积混凝土施工组织设计，应包括下列主要内容：

    1 大体积混凝土浇筑体温度应力和收缩应力计算结果；

    2 施工阶段主要抗裂构造措施和温控指标的确定；

    3 原材料优选、配合比设计、制备与运输计划；

    4 主要施工设备和现场总平面布置；

    5 温控监测设备和测试布置图；

    6 浇筑顺序和施工进度计划；

    7 保温和保湿养护方法；

    8 应急预案和应急保障措施；

    9 特殊部位和特殊气候条件下的施工措施。

5.1.2 大体积混凝土浇筑体温度应力和收缩应力，可按本标准附录 B 确定。

5.1.3 保温覆盖层的厚度，可根据温控指标的要求按本标准附录 C 确定。

5.1.4 大体积混凝土施工宜采用整体分层或推移式连续浇筑施工。

5.1.5 当大体积混凝土施工设置水平施工缝时，位置及间歇时间应根据设计规定、温度裂缝控制规定、混凝土供应能力、钢筋工程施工、预埋管件安装等因素确定。

5.1.6 超长大体积混凝土施工，结构有害裂缝控制应符合下列规定：

    1 当采用跳仓法时，跳仓的最大分块单向尺寸不宜大于 40m，跳仓间隔施工的时间不宜小于 7d，跳仓接缝处应按施工缝的要求设置和处理；

    2 当采用变形缝或后浇带时，变形缝或后浇带设置和施工应符合国家现行有关标准的规定。

5.1.7 混凝土入模温度宜控制在 5℃～30℃。

5.2 技 术 准 备

5.2.1 大体积混凝土施工前应进行图纸会审，并应提出施工阶段的综合抗裂措施，制定关键部位的施工作业指导书。

5.2.2 大体积混凝土施工应在混凝土的模板和支架、钢筋工程、预埋管件等工作完成并验收合格的基础上进行。

5.2.3 施工现场设施应按施工总平面布置图的要求按时完成，场区内道路应坚实平坦。必要时，应制定场外交通临时疏导方案。

5.2.4 施工现场供水、供电应满足混凝土连续施工需要。当有断电可能时，应采取双回路供电或自备电源等措施。

5.2.5 大体积混凝土供应能力应满足混凝土连续施工需要，不宜低于单位时间所需量的 1.2 倍。

5.2.6 大体积混凝土施工设备，在浇筑混凝土前应进行检修和试运转，其性能和数量应满足大体积混凝土连续浇筑需要。

5.2.7 混凝土测温监控设备的标定调试应正常，保温材料应齐备，并应派专人负责测温作业管理。

5.2.8 大体积混凝土施工前，应进行专业培训，并应逐级进行技术交底，同时应建立岗位责任制和交接班制度。

5.3 模 板 工 程

5.3.1 大体积混凝土模板和支架应进行承载力、刚度和整体稳固性验算，并应根据大体积混凝土采用的养护方法进行保温构造设计。

5.3.2 模板和支架系统安装、使用和拆除过程中，必须采取安全稳定措施。

5.3.3 对后浇带或跳仓法留置的竖向施工缝，宜采用钢板网、铁丝网或快易收口网等材料支挡；后浇带竖向支架系统宜与其他部位分开。

5.3.4 大体积混凝土拆模时间应满足混凝土的强度要求，当模板作为保温养护措施的一部分时，其拆模时间应根据温控要求确定。

5.3.5 大体积混凝土宜适当延迟拆模时间。拆模后，应采取预防寒流袭击、突然降温和剧烈干燥等措施。

5.4 混 凝 土 浇 筑

5.4.1 大体积混凝土浇筑应符合下列规定：

　　1 混凝土浇筑层厚度应根据所用振捣器作用深度及混凝土的和易性确定，整体连续浇筑时宜为 300mm～500mm，振捣时应避免过振和漏振。

　　2 整体分层连续浇筑或推移式连续浇筑，应缩短间歇时间，并应在前层混凝土初凝之前将次层混凝土浇筑完毕。层间间歇时间不应大于混凝土初凝时间。混凝土初凝时间应通过试验确定。当层间间歇时间超过混凝土初凝时间时，层面应按施工缝处理。

　　3 混凝土的浇灌应连续、有序，宜减少施工缝。

　　4 混凝土宜采用泵送方式和二次振捣工艺。

5.4.2 当采取分层间歇浇筑混凝土时，水平施工缝的处理应符合下列规定：

　　1 在已硬化的混凝土表面，应清除表面的浮浆、松动的石子及软弱混凝土层；

　　2 在上层混凝土浇筑前，应采用清水冲洗混凝土表面的污物，并应充分润湿，但不得有积水；

　　3 新浇筑混凝土应振捣密实，并应与先期浇筑的混凝土紧密结合。

5.4.3 大体积混凝土底板与侧墙相连接的施工缝，当有防水要求时，宜采取钢板止水带等处理措施。

5.4.4 在大体积混凝土浇筑过程中，应采取措施防止受力钢筋、定位筋、预埋件等移位和变形，并应及时清除混凝土表面泌水。

5.4.5 应及时对大体积混凝土浇筑面进行多次抹压处理。

5.5 混 凝 土 养 护

5.5.1 大体积混凝土应采取保温保湿养护。在每次混凝土浇筑完毕后，除应按普通混凝土进行常规养护外，保温养护应符合下列规定：

    1 应专人负责保温养护工作，并应进行测试记录；

    2 保湿养护持续时间不宜少于14d，应经常检查塑料薄膜或养护剂涂层的完整情况，并应保持混凝土表面湿润；

    3 保温覆盖层拆除应分层逐步进行，当混凝土表面温度与环境最大温差小于20℃时，可全部拆除。

5.5.2 混凝土浇筑完毕后，在初凝前宜立即进行覆盖或喷雾养护工作。

5.5.3 混凝土保温材料可采用塑料薄膜、土工布、麻袋、阻燃保温被等，必要时，可搭设挡风保温棚或遮阳降温棚。在保温养护中，应现场监测混凝土浇筑体的里表温差和降温速率，当实测结果不满足温控指标要求时，应及时调整保温养护措施。

5.5.4 高层建筑转换层的大体积混凝土施工，应加强养护，侧模和底模的保温构造应在支模设计时综合确定。

5.5.5 大体积混凝土拆模后，地下结构应及时回填土；地上结构不宜长期暴露在自然环境中。

5.6 特殊气候条件下的施工

5.6.1 大体积混凝土施工遇高温、冬期、大风或雨雪天气时，必须采用混凝土浇筑质量保证措施。

5.6.2 当高温天气浇筑混凝土时，宜采用遮盖、洒水、拌冰屑等降低混凝土原材料温度的措施。混凝土浇筑后，应及时保湿保温养护；条件许可时，混凝土浇筑应避开高温时段。

5.6.3 当冬期浇筑混凝土时，宜采用热水拌合、加热骨料等提高混凝土原材料温度的措施。混凝土浇筑后，应及时进行保温保湿养护。

5.6.4 当大风天气浇筑混凝土时，在作业面应采取挡风措施，并应增加混凝土表面的抹压次数，应及时覆盖塑料薄膜和保温材料。

5.6.5 雨雪天不宜露天浇筑混凝土，需施工时，应采取混凝土质量保证措施。浇筑过程中突遇大雨或大雪天气时，应及时在结构合理部位留置施工缝，并应中止混凝土浇筑；对已浇筑还未硬化的混凝土应立即覆盖，严禁雨水直接冲刷新浇筑的混凝土。

5.7 现 场 取 样

5.7.1 当一次连续浇筑不大于1000m³同配合比的大体积混凝土时，混凝土强度试件现场取样不应少于10组。

5.7.2 当一次连续浇筑1000m³～5000m³同配合比的大体积混凝土时，超出1000m³的混凝土，每增加500m³取样不应少于一组，增加不足500m³时取样一组。

5.7.3 当一次连续浇筑大于5000m³同配合比的大体积混凝土时，超出5000m³的混凝土，每增加1000m³取样不应少于一组，增加不足1000m³时取样一组。

6 温度监测与控制

6.0.1 大体积混凝土浇筑体里表温差、降温速率及环境温度的测试，在混凝土浇筑后，每昼夜不应少于 4 次；入模温度测量，每台班不应少于 2 次。

6.0.2 大体积混凝土浇筑体内监测点布置，应反映混凝土浇筑体内最高温升、里表温差、降温速率及环境温度，可采用下列布置方式：

1 测试区可选混凝土浇筑体平面对称轴线的半条轴线，测试区内监测点应按平面分层布置；

2 测试区内，监测点的位置与数量可根据混凝土浇筑体内温度场的分布情况及温控的规定确定；

3 在每条测试轴线上，监测点位不宜少于 4 处，应根据结构的平面尺寸布置；

4 沿混凝土浇筑体厚度方向，应至少布置表层、底层和中心温度测点，测点间距不宜大于 500mm；

5 保温养护效果及环境温度监测点数量应根据具体需要确定；

6 混凝土浇筑体表层温度，宜为混凝土浇筑体表面以内 50mm 处的温度；

7 混凝土浇筑体底层温度，宜为混凝土浇筑体底面以上 50mm 处的温度。

6.0.3 应变测试宜根据工程需要进行。

6.0.4 测试元件的选择应符合下列规定：

1 25℃环境下，测温误差不应大于 0.3℃；

2 温度测试范围应为－30℃～120℃；

3 应变测试元件测试分辨率不应大于 $5\mu\varepsilon$；

4 应变测试范围应满足－$1000\mu\varepsilon$～$1000\mu\varepsilon$ 要求；

5 测试元件绝缘电阻应大于 500MΩ。

6.0.5 温度测试元件的安装及保护，应符合下列规定：

1 测试元件安装前，应在水下 1m 处经过浸泡 24h 不损坏；

2 测试元件固定应牢固，并应与结构钢筋及固定架金属体隔离；

3 测试元件引出线宜集中布置，沿走线方向予以标识并加以保护；

4 测试元件周围应采取保护措施，下料和振捣时不得直接冲击和触及温度测试元件及其引出线。

6.0.6 测试过程中宜描绘各点温度变化曲线和断面温度分布曲线。

6.0.7 发现监测结果异常时应及时报警，并应采取相应的措施。

6.0.8 温控措施可根据下列原则或方法，结合监测数据实时调控：

1 控制混凝土出机温度，调控入模温度在合适区间；

2 升温阶段可适当散热，降低温升峰值，当升温速率减缓时，应及时增加保温措施，避免表面温度快速下降；

3 在降温阶段，根据温度监测结果调整保温层厚度，但应避免表面温度快速下降；

4 在采用保温棚措施的工程中，当降温速率过慢时，可通过局部掀开保温棚调整环境温度。

附录 A 混凝土泵输出量和搅拌运输车数量的计算

A.0.1 混凝土泵的实际平均输出量，可根据混凝土泵的最大输出量、配管情况和作业效率确定，应按下式计算：

$$Q_1 = Q_{max} \cdot \alpha_1 \cdot \eta \tag{A.0.1}$$

式中：Q_1——每台混凝土泵的实际平均输出量（m^3/h）；

Q_{max}——每台混凝土泵的最大输出量（m^3/h）；

α_1——配管条件系数，可取 $0.8\sim0.9$；

η——作业效率，根据混凝土搅拌运输车向混凝土泵供料的间断时间、拆装混凝土输出管和布料停歇等情况，可取 $0.5\sim0.7$。

A.0.2 当混凝土泵连续作业时，每台混凝土泵配备的混凝土搅拌运输车台数，可按下式计算：

$$N = \frac{Q_1}{V}\left(\frac{L}{S} + T_t\right) \tag{A.0.2}$$

式中：N——混凝土搅拌运输车台数（台）；

Q_1——每台混凝土泵的实际平均输出量（m^3/h）；

V——每台混凝土搅拌运输车的容量（m^3）；

S——混凝土搅拌运输车平均行车速度（km/h）；

L——混凝土搅拌运输车往返距离（km）；

T_t——每台混凝土搅拌运输车总计停歇时间（h）。

附录 B 大体积混凝土浇筑体施工阶段温度应力与收缩应力的计算

B.1 混凝土绝热温升

B.1.1 水泥水化热可按下式计算：

$$Q_0 = \frac{4}{7/Q_7 - 3/Q_3} \tag{B.1.1}$$

式中：Q_3——在龄期 3d 时的累积水化热（kJ/kg）；

Q_7——在龄期 7d 时的累积水化热（kJ/kg）；

Q_0——水泥水化热总量（kJ/kg）。

B.1.2 胶凝材料水化热总量应在水泥、掺合料、外加剂用量确定后，根据实际配合比通过试验得出。当无试验数据时，可按下式计算：

$$Q = kQ_0 \tag{B.1.2}$$

式中：Q——胶凝材料水化热总量（kJ/kg）；

k——不同掺量掺合料水化热调整系数。

B.1.3 当采用粉煤灰与矿渣粉双掺时，不同掺量掺合料水化热调整系数可按下式计算：

$$k = k_1 + k_2 - 1 \tag{B.1.3}$$

式中：k_1——粉煤灰掺量对应的水化热调整系数，取值见表 B.1.3；

k_2——矿渣粉掺量对应的水化热调整系数，取值见表 B.1.3。

表 B.1.3 不同掺量掺合料水化热调整系数

掺量	0	10%	20%	30%	40%	50%
粉煤灰（k_1）	1	0.96	0.95	0.93	0.82	0.75
矿渣粉（k_2）	1	1	0.93	0.92	0.84	0.79

注：表中掺量为掺合料占总胶凝材料用量的百分比。

B.1.4 混凝土绝热温升值可按现行行业标准《水工混凝土试验规程》DL/T 5150 中的相关规定通过试验得出。当无试验数据时，混凝土绝热温升值可按下式计算：

$$T(t) = \frac{WQ}{C\rho}(1 - e^{-mt}) \tag{B.1.4}$$

式中：$T(t)$——混凝土龄期为 t 时的绝热温升（℃）；

W——每立方米混凝土的胶凝材料用量（kg/m³）；

C——混凝土的比热容，可取 0.92～1.00 [kJ/(kg·℃)]；

ρ——混凝土的质量密度，可取 2400～2500（kg/m³）；

t——混凝土龄期（d）；

m——与水泥品种、用量和入模温度等有关的单方胶凝材料对应系数。

B.1.5 单方胶凝材料对应的系数 m 值可按下列公式计算：

$$m = km_0 \tag{B.1.5-1}$$

$$m_0 = AW + B \tag{B.1.5-2}$$

$$W = \lambda W_C \tag{B.1.5-3}$$

式中：m_0——等效硅酸盐水泥对应的系数；

W——等效硅酸盐水泥用量（kg）；

A、B——与混凝土施工入模温度相关的系数，按表 B.1.5-1 取内插值；当入模温度低于 10℃或高于 30℃时，按 10℃或 30℃选取；

W_C——单方其他硅酸盐水泥用量（kg）；

λ——修正系数。

表 B.1.5-1 不同入模温度对 m 的影响值

入模温度（℃）	10	20	30
A	0.0023	0.0024	0.0026
B	0.045	0.5159	0.9871

当使用不同品种水泥时，可按表 B.1.5-2 的系数换算成等效硅酸盐水泥的用量。

表 B.1.5-2　不同硅酸盐水泥的修正系数

名称	硅酸盐水泥	普通硅酸盐水泥	矿渣硅酸盐水泥		火山灰质硅酸盐水泥	粉煤灰硅酸盐水泥	复合硅酸盐水泥
代号	P·Ⅰ	P·Ⅱ	P·O	P·S·A	P·S·B	P·P	P·F	P·C
λ	1	0.98	0.88	0.65	0.40	0.70	0.70	0.65

B.2　混凝土收缩值的当量温度

B.2.1　混凝土收缩值宜按现行国家标准《普通混凝土长期性能和耐久性能试验方法标准》GB/T 50082 中的相关要求，通过试验得出。当无试验数据时，混凝土收缩的相对变形值可按下式计算：

$$\varepsilon_y(t) = \varepsilon_y^0(1 - e^{-0.01t}) \cdot M_1 \cdot M_2 \cdot M_3 \cdots M_{11} \tag{B.2.1}$$

式中：　　$\varepsilon_y(t)$——龄期为 t 时，混凝土收缩引起的相对变形值；

ε_y^0——在标准试验状态下混凝土最终收缩的相对变形值，取 4.0×10^{-4}；

M_1、M_2、$\cdots M_{11}$——混凝土收缩变形不同条件影响修正系数，可按表 B.2.1 采用。

B.2.2　混凝土收缩相对变形值的当量温度可按下式计算：

$$T_y(t) = \varepsilon_y(t)/\alpha \tag{B.2.2}$$

式中：$T_y(t)$——龄期为 t 时，混凝土收缩值当量温度；

α——混凝土的线膨胀系数，取 1.0×10^{-5}。

表 B.2.1　混凝土收缩值不同条件影响修正系数

水泥品种	M_1	水泥细度 (m²/kg)	M_2	水胶比	M_3	胶浆量 (%)	M_4	养护时间 (d)	M_5	环境相对湿度 (%)	M_6	$\bar{r}$	M_7	$\dfrac{E_sF_s}{E_cF_c}$	M_8	减水剂	M_9	粉煤灰掺量 (%)	M_{10}	矿渣粉掺量 (%)	M_{11}
矿渣水泥	1.25	300	1.00	0.3	0.85	20	1.00	1	1.11	25	1.25	0	0.54	0.00	1.00	无	1.00	0	1.00	0	1.00
低热水泥	1.10	400	1.13	0.4	1.00	25	1.20	2	1.11	30	1.18	0.1	0.76	0.05	0.85	有	1.30	20	0.90	20	1.03
普通水泥	1.00	500	1.35	0.5	1.21	30	1.45	3	1.09	40	1.10	0.2	1.00	0.10	0.76	—	—	30	0.86	30	1.07
火山灰水泥	1.00	600	1.68	0.6	1.42	35	1.75	4	1.07	50	1.03	0.3	1.15	0.15	0.68	—	—	40	0.82	40	1.12
抗硫酸盐水泥	0.78	—	—	—	—	40	2.10	5	1.04	60	0.88	0.4	1.20	0.20	0.61	—	—	50	0.80	50	1.18
—	—	—	—	—	—	45	2.55	7	1.00	70	0.77	0.5	1.31	0.25	0.55	—	—	—	—	—	—
—	—	—	—	—	—	50	3.03	10	0.96	80	0.70	0.6	1.40	—	—	—	—	—	—	—	—
—	—	—	—	—	—	—	—	14~180	0.93	90	0.54	0.7	1.43	—	—	—	—	—	—	—	—

注：1　$\bar{r}$ 为水力半径的倒数，构件截面周长（L）与截面积（F）之比，$\bar{r}=L/F$（cm⁻¹）；

2　E_sF_s/E_cF_c 为广义配筋率，E_s、E_c 为钢筋、混凝土的弹性模量（N/mm²），F_s、F_c 为钢筋、混凝土的截面积（mm²）；

3　粉煤灰（矿渣粉）掺量指粉煤灰（矿渣粉）掺合料重量占胶凝材料总重的百分数。

B.3 混凝土的弹性模量

B.3.1 混凝土的弹性模量可按下式计算：

$$E(t) = \beta E_0(1 - e^{-\varphi t}) \tag{B.3.1}$$

式中：$E(t)$——混凝土龄期为 t 时，混凝土的弹性模量（N/mm²）；

E_0——混凝土的弹性模量，可取标准养护条件下 28d 的弹性模量，按表 B.3.1 取用；

φ——系数，取 0.09；

β——掺合料修正系数。

表 B.3.1 混凝土在标准养护条件下龄期为 28d 时的弹性模量

混凝土强度等级	混凝土弹性模量（N/mm²）
C25	2.80×10^4
C30	3.00×10^4
C35	3.15×10^4
C40	3.25×10^4
C50	3.45×10^4

B.3.2 掺合料修正系数可按下式计算：

$$\beta = \beta_1 \cdot \beta_2 \tag{B.3.2}$$

式中：β_1——粉煤灰掺量对应系数，可按表 B.3.2 取值；

β_2——矿渣粉掺量对应系数，可按表 B.3.2 取值。

表 B.3.2 不同掺量掺合料修正系数

掺量	0	20%	30%	40%	50%
粉煤灰（β_1）	1	0.99	0.98	0.96	0.95
矿渣粉（β_2）	1	1.02	1.03	1.04	1.05

B.4 温升估算

B.4.1 浇筑体内部温度场和应力场计算可采用有限单元法或一维差分法。

B.4.2 采用一维差分法，可将混凝土沿厚度分许多有限段 Δx(m)，时间分许多有限段 Δt(h)。相邻三层的编号为 $n-1$、n、$n+1$，在第 k 时间里，三层的温度 $T_{n-1,k}$、$T_{n,k}$ 及 $T_{n+1,k}$，经过 Δt 时间后，中间层的温度 $T_{n,k+1}$，可按差分式求得下式：

$$T_{n,k+1} = \frac{T_{n-1,k} + T_{n+1,k}}{2} \cdot 2a\frac{\Delta t}{\Delta x^2} - T_{n,k}\left(2a\frac{\Delta t}{\Delta x^2} - 1\right) + \Delta T_{n,k} \tag{B.4.2}$$

式中：a——混凝土热扩散率，取 0.0035m²/h；

$\Delta T_{n,k}$——第 n 层内部热源在 k 时段释放热量所产生的温升。

$a\dfrac{\Delta t}{\Delta x^2}$ 的取值不宜大于 0.5。

B.4.3 混凝土内部热源在 t_1 和 t_2 时刻之间释放热量所产生的温升，可按下式计算。在混凝土与相应位置接触面上释放热量所产生的温升可取 $\Delta T/2$。

$$\Delta T = T_{max}(e^{-mt_1} - e^{-mt_2}) \tag{B.4.3}$$

B.5　温　差　计　算

B.5.1　混凝土浇筑体的里表温差可按下式计算：

$$\Delta T_1(t) = T_m(t) - T_b(t) \tag{B.5.1}$$

式中：$\Delta T_1(t)$——龄期为 t 时，混凝土浇筑体的里表温差（℃）；

　　$T_m(t)$——龄期为 t 时，混凝土浇筑体内的最高温度，可通过温度场计算或实测求得（℃）；

　　$T_b(t)$——龄期为 t 时，混凝土浇筑体内的表层温度，可通过温度场计算或实测求得（℃）。

B.5.2　混凝土浇筑体的综合降温差可按下式计算：

$$\Delta T_2(t) = \frac{1}{6}\left[4T_m(t) + T_{bm}(t) + T_{dm}(t)\right] + T_y(t) - T_w(t) \tag{B.5.2}$$

式中：　$\Delta T_2(t)$——龄期为 t 时，混凝土浇筑体在降温过程中的综合降温（℃）；

　　$T_m(t)$——龄期为 t 时，混凝土浇筑体内的最高温度，可通过温度场计算或实测求得（℃）；

　$T_{bm}(t)$、$T_{dm}(t)$——龄期为 t 时，其块体上、下表层的温度（℃）；

　　$T_y(t)$——龄期为 t 时，混凝土收缩当量温度（℃）；

　　$T_w(t)$——混凝土浇筑体预计的稳定温度或最终稳定温度，可取计算龄期 t 时的日平均温度或当地年平均温度（℃）。

B.6　温　度　应　力　计　算

B.6.1　自约束拉应力的计算可按下式计算：

$$\sigma_z(t) = \frac{\alpha}{2} \cdot \sum_{i=1}^{n} \Delta T_{1i}(t) \cdot E_i(t) \cdot H_i(t,\tau) \tag{B.6.1}$$

式中：$\sigma_z(t)$——龄期为 t 时，因混凝土浇筑体里表温差产生自约束拉应力的累计值（MPa）；

　　$\Delta T_{1i}(t)$——龄期为 t 时，在第 i 计算区段混凝土浇筑体里表温差的增量（℃）。

　　$E_i(t)$——第 i 计算区段，龄期为 t 时，混凝土的弹性模量（MPa）；

　　α——混凝土的线膨胀系数；

　　$H_i(t,\tau)$——在龄期为 τ 时，在第 i 计算区段产生的约束应力，延续至 t 时的松弛系数，可按表 B.6.1 取值。

表 B.6.1　混凝土的松弛系数

$\tau=2d$		$\tau=5d$		$\tau=10d$		$\tau=20d$	
t	$H(t,\tau)$	t	$H(t,\tau)$	t	$H(t,\tau)$	t	$H(t,\tau)$
2	1	5	1	10	1	20	1
2.25	0.426	5.25	0.510	10.25	0.551	20.25	0.592
2.5	0.342	5.5	0.443	10.5	0.499	20.5	0.549
2.75	0.304	5.75	0.410	10.75	0.476	20.75	0.534
3	0.278	6	0.383	11	0.457	21	0.521

续表 B.6.1

$\tau＝2d$		$\tau＝5d$		$\tau＝10d$		$\tau＝20d$	
t	$H(t,\tau)$	t	$H(t,\tau)$	t	$H(t,\tau)$	t	$H(t,\tau)$
4	0.225	7	0.296	12	0.392	22	0.473
5	0.199	8	0.262	14	0.306	25	0.367
10	0.187	10	0.228	18	0.251	30	0.301
20	0.186	20	0.215	20	0.238	40	0.253
30	0.186	30	0.208	30	0.214	50	0.252
∞	0.186	∞	0.200	∞	0.210	∞	0.251

注：τ 为龄期，$H(t,\tau)$ 为在龄期为 τ 时产生的约束应力，延续至 t 时的松弛系数。

B.6.2 混凝土浇筑体里表温差的增量可按下式计算：

$$\Delta T_{1i}(t) = \Delta T_1(t) - \Delta T_1(t-j) \tag{B.6.2}$$

式中：j——为第 i 计算区段步长（d）。

B.6.3 在施工准备阶段，最大自约束应力可按下式计算：

$$\sigma_{z\max} = \frac{\alpha}{2} \cdot E(t) \cdot \Delta T_{1\max} \cdot H(t,\tau) \tag{B.6.3}$$

式中：$\sigma_{z\max}$——最大自约束应力（MPa）；

$\Delta T_{1\max}$——混凝土浇筑后可能出现的最大里表温差（℃）；

$E(t)$——与最大里表温差 $\Delta T_{1\max}$ 相对应龄期 t 时，混凝土的弹性模量（MPa）；

$H(t,\tau)$——在龄期为 τ 时产生的约束应力，延续至 t 时（d）的松弛系数。

B.6.4 外约束拉应力可按下式计算：

$$\sigma_x(t) = \frac{\alpha}{1-\mu} \sum_{i=1}^{n} \Delta T_{2i}(t) \cdot E_i(t) \cdot H_i(t,\tau) \cdot R_i(t) \tag{B.6.4-1}$$

$$\Delta T_{2i}(t) = \Delta T_2(t-j) - \Delta T_2(t) \tag{B.6.4-2}$$

$$R_i(t) = 1 - \frac{1}{\cosh\left(\sqrt{\dfrac{C_x}{HE(t)}} \cdot \dfrac{L}{2}\right)} \tag{B.6.4-3}$$

式中：$\sigma_x(t)$——龄期为 t 时，因综合降温差，在外约束条件下产生的拉应力（MPa）；

$\Delta T_{2i}(t)$——龄期为 t 时，在第 i 计算区段内，混凝土浇筑体综合降温差的增量（℃）。

μ——混凝土的泊松比，取 0.15；

$R_i(t)$——龄期为 t 时，在第 i 计算区段，外约束的约束系数。

L——混凝土浇筑体的长度（mm）。

H——混凝土浇筑体的厚度，该厚度为块体实际厚度与保温层换算混凝土虚拟厚度之和（mm）；

C_x——外约束介质的水平变形刚度（N/mm³），可按表 B.6.4 取值。

表 B.6.4 不同外约束介质的水平变形刚度取值（10^{-2} N/mm³）

外约束介质	软黏土	砂质黏土	硬黏土	风化岩、低强度等级素混凝土	C10 级以上配筋混凝土
C_x	1～3	3～6	6～10	60～100	100～150

B.7 控制温度裂缝的条件

B.7.1 混凝土抗拉强度可按下式计算：

$$f_{tk}(t) = f_{tk}(1 - e^{-\gamma t}) \tag{B.7.1}$$

式中：$f_{tk}(t)$ ——混凝土龄期为 t 时的抗拉强度标准值（MPa）；

f_{tk} ——混凝土抗拉强度标准值（MPa），可按表 B.7.1 取值；

γ ——系数，应根据所用混凝土试验确定，当无试验数据时，可取 0.3。

表 B.7.1 混凝土抗拉强度标准值（MPa）

符号	混凝土强度等级				
	C25	C30	C35	C40	C50
f_{tk}	1.78	2.01	2.20	2.39	2.64

B.7.2 混凝土防裂性能可按下式进行判断：

$$\sigma_z \leqslant f_{tk}(t)/K \tag{B.7.2-1}$$

$$\sigma_x \leqslant f_{tk}(t)/K \tag{B.7.2-2}$$

式中：K ——防裂安全系数，取 1.15。

附录 C 大体积混凝土浇筑体表面保温层厚度的计算

C.0.1 混凝土浇筑体表面保温层厚度可按下式计算：

$$\delta = \frac{0.5h\lambda_i(T_s - T_q)}{\lambda_0(T_{max} - T_b)} \cdot K_b \tag{C.0.1}$$

式中： δ ——混凝土表面的保温层厚度（m）；

λ_0 ——混凝土的导热系数 [W/(m·K)]，可按表 C.0.1-1 取值；

λ_i ——保温材料的导热系数 [W/(m·K)]，可按表 C.0.1-1 取值；

T_s ——混凝土浇筑体表面温度（℃）；

T_q ——混凝土达到最高温度时（浇筑后 3d～5d）的大气平均温度（℃）；

T_{max} ——混凝土浇筑体内的最高温度（℃）；

h ——混凝土结构的实际厚度（m）；

$T_s - T_q$ ——可取 15℃～20℃；

$T_{max} - T_b$ ——可取 20℃～25℃；

K_b ——传热系数修正值，取 1.3～2.3，见表 C.0.1-2。

表C.0.1-1 保温材料的导热系数 λ_i [W/(m·K)]

材料名称	导热系数	材料名称	导热系数
木模板	0.23	水	0.58
钢模板	58	油毡	0.05
黏土砖	0.43	土工布	0.04~0.06
黏土	1.38~1.47	普通混凝土	1.51~2.33
炉渣	0.47	石棉被	0.16~0.37
干砂	0.33	塑料布	0.20
湿砂	1.31	麻袋片	0.05~0.12
空气	0.03	泡沫塑料制品	0.035~0.047
矿棉被	0.05~0.14	沥青矿棉毡	0.033~0.052
胶合板	0.12~5.0	挤塑聚苯板（XPS）	0.028~0.034

表C.0.1-2 传热系数修正值

保温层种类	K_{b1}	K_{b2}
由易透风材料组成，但在混凝土面层上再铺一层不透风材料	2.0	2.3
在易透风保温材料上铺一层不易透风材料	1.6	1.9
在易透风保温材料上下各铺一层不易透风材料	1.3	1.5
由不易透风的材料组成（如：油布、帆布、棉麻毡、胶合板）	1.3	1.5

注：1 K_{b1}值为风速不大于4m/s时；

　　2 K_{b2}值为风速大于4m/s时。

C.0.2 多种保温材料组成的保温层总热阻，可按下式计算：

$$R_s = \sum_{i=1}^{n} \frac{\delta_i}{\lambda_i} + \frac{1}{\beta_\mu} \qquad (C.0.2)$$

式中：R_s——保温层总热阻（m²·K/W）；

　　　δ_i——第 i 层保温材料厚度（m）；

　　　λ_i——第 i 层保温材料的导热系数 [W/(m·K)]；

　　　β_μ——固体在空气中的传热系数 [W/(m²·K)]，可按表C.0.2取值。

表C.0.2 固体在空气中的传热系数

风速 (m/s)	β_μ		风速 (m/s)	β_μ	
	光滑表面	粗糙表面		光滑表面	粗糙表面
0	18.4422	21.0350	5.0	90.0360	96.6019
0.5	28.6460	31.3224	6.0	103.1257	110.8622
1.0	35.7134	38.5989	7.0	115.9223	124.7461
2.0	49.3464	52.9429	8.0	128.4261	138.2954
3.0	63.0212	67.4959	9.0	140.5955	151.5521
4.0	76.6124	82.1325	10.0	152.5139	164.9341

C. 0. 3 混凝土表面向保温介质传热的总传热系数（不考虑保温层的热容量），可按下式计算：

$$\beta_s = \frac{1}{R_s} \qquad (C.0.3)$$

式中：β_s——总传热系数 [W/(m²·K)]；

$\quad R_s$——保温层总热阻（m²·K/W）。

C. 0. 4 保温层相当于混凝土的虚拟厚度，可按下式计算：

$$h' = \frac{\lambda_0}{\beta_s} \qquad (C.0.4)$$

式中：h'——混凝土的虚拟厚度（m）；

$\quad \beta_s$——总传热系数 [W/(m²·K)]。

本标准用词说明

1 为便于在执行本标准条文时区别对待，对要求严格程度不同的用词说明如下：

　　1）表示很严格，非这样做不可的：

　　　　正面词采用"必须"，反面词采用"严禁"；

　　2）表示严格，在正常情况下均应这样做的：

　　　　正面词采用"应"，反面词采用"不应"或"不得"；

　　3）表示允许稍有选择，在条件许可时首先应这样做的：

　　　　正面词采用"宜"，反面词采用"不宜"；

　　4）表示有选择，在一定条件下可以这样做的，采用"可"。

2 本标准中指明应按其他相关标准执行的写法为"应符合……的规定"或"应按……执行"。

引 用 标 准 名 录

1 《普通混凝土长期性能和耐久性能试验方法标准》GB/T 50082

2 《混凝土外加剂应用技术规范》GB 50119

3 《建筑工程绿色施工规范》GB/T 50905

4 《通用硅酸盐水泥》GB 175

5 《用于水泥和混凝土中的粉煤灰》GB/T 1596

6 《混凝土外加剂》GB 8076

7 《预拌混凝土》GB/T 14902

8 《用于水泥、砂浆和混凝土中的粒化高炉矿渣粉》GB/T 18046

9 《水工混凝土试验规程》DL/T 5150

10 《普通混凝土用砂、石质量及检验方法标准》JGJ 52

11 《普通混凝土配合比设计规程》JGJ 55

12 《混凝土用水标准》JGJ 63

中华人民共和国国家标准

大体积混凝土施工标准

GB 50496－2018

条 文 说 明

编 制 说 明

《大体积混凝土施工标准》GB 50496－2018，经住房和城乡建设部 2018 年 4 月 25 日以 2018 第 77 号公告批准、发布。

本标准是在《大体积混凝土施工规范》GB 50496－2009 的基础上修订而成的，上一版的主编单位是中冶建筑研究总院有限公司，参编单位是中国京冶工程技术有限公司、中国建筑股份有限公司、中冶赛迪工程技术有限公司、上海宝冶建设有限公司、中冶天工建设有限公司、中国二十冶金建设有限公司、中冶京唐建设有限公司、中石化洛阳石化工程公司、北京东方建宇混凝土技术研究院、北京首钢建设集团有限公司、北京城建五公司、上海电力建设工程公司、中广核工程有限公司、中国核工业二四建设公司、马钢嘉华商品混凝土有限公司，主要起草人员是仲晓林、林松涛、彭宣常、孙跃生、张琨、王铁梦、牟宏远、束廉阶、路来军、王建、毛杰、徐兆桐、张晓平、陈定洪、吕军、刘小刚、张际斌、崔东清、刘耀齐、刘瑄、张兴斌、郑昆白、谷政学、陈李华、赵群、钟翔、仲朝明、陈宏哲、伍崇明、樊兴林、李高阳、陈飞飞。

本标准修订过程中，编制组进行了广泛的调查研究，总结了我国近年来在大体积混凝土工程建设中实践经验，同时参考了美国混凝土协会标准 ACI 207 和日本建筑协会标准 JASS 5 的相关规定，通过高性能聚羧酸减水剂及矿物掺合料（掺量 50％）对混凝土力学性能的影响、不同减水剂对水泥水化热的影响、矿物掺合料对混凝土收缩和自生体积变形影响、矿物掺合料对不同强度等级混凝土力学性能影响等试验，取得了重要技术参数。

为便于广大施工、监理、设计、科研、学校等单位有关人员在使用本标准时能正确理解和执行条文规定，《大体积混凝土施工标准》编制组按章、节、条顺序编制了本标准的条文说明，对条文规定的目的、依据以及执行中需注意的有关事项进行了说明，还着重对强制性条文的强制性理由作了解释。但是，本条文说明不具备与标准正文同等的法律效力，仅供使用者作为理解和把握标准规定的参考。

目　次

1 总　　则

1.0.1 本标准所给出的大体积混凝土施工要求，是为了保证工程的施工质量和施工安全，并为大体积混凝土的材料、施工工艺、裂缝控制提供技术指导，使工程质量满足设计文件和相关标准的要求。大体积混凝土施工还应贯彻节材、节水、节能、节地和保护环境等技术经济政策。本标准主要依据科学试验成果、常用施工工艺和工程实践经验，并参照国际与国外先进标准制定而成。

1.0.2 本标准适用于混凝土结构中大体积混凝土施工的全过程，包括配合比设计、原材料的选择、掺合料的用量、现场施工工艺、养护及温控。

本标准不适用水工和碾压大体积混凝土的主要原因是：

1 水工用大体积混凝土所用水泥大多为低热水泥或大坝水泥，而本标准所指大体积混凝土大多用普通硅酸盐水泥。

2 与本标准所指的大体积混凝土相比，碾压混凝土的水泥用量和坍落度都比较低，且大多数是素混凝土。

3 基　本　规　定

3.0.1 大体积混凝土施工时，除应满足普通混凝土施工所要求的混凝土力学性能及可施工性能外，还应控制有害裂缝的产生。为此，施工单位应预先制定好满足上述要求的施工组织设计和施工技术方案，并应进行技术交底，切实贯彻执行。为贯彻国家技术经济政策，保证工程质量，施工组织设计和施工技术方案中应包含环境保护和安全施工的技术措施。

3.0.2 根据大体积混凝土施工的特点，本条提出了对大体积混凝土设计强度等级、结构配筋等的具体要求。

1 根据现有资料统计，本次修订提出大体积混凝土的设计强度等级在 C25～C50 的范围内比较适宜。从冶金、电力、核电、石化和建工等行业的资料表明，许多工程已经或可以考虑利用 60d 或 90d 混凝土强度作为评定工程交工验收与设计的依据。这是一种有科学依据、工程实践，并可节能、降耗、有效减少有害裂缝产生的技术措施。

2 本款提出在大体积混凝土施工过程中，对结构的配筋除应满足结构承载力和构造要求外，还应根据大体积混凝土施工的具体方法（整体浇筑、分层浇筑或跳仓浇筑）配置承受温度应力和收缩应力的构造钢筋。

3 在大体积混凝土施工中考虑岩石地基对它的约束时，宜在混凝土垫层上设置滑动层。滑动层构造可采用一毡二油或一毡一油（夏季），以达到尽量减少约束的目的。

已有的试验资料和工程经验表明设置必要的滑动层或缓冲层，可减少基层、模板和支架系统对大体积混凝土在硬化过程中的变形约束，有利于对裂缝的控制。

4 该款中所指的减少大体积混凝土外部约束主要是指：模板、地基、桩基和既有混凝土等外部约束。

3.0.3 本条确定了大体积混凝土在施工方案阶段应做的试算分析工作，对大体积混凝土浇筑体在浇筑前应进行温度、温度应力及收缩应力的验算分析。以达到本标准第 B.7.2 条中要求的，1.15 倍的计算主拉应力小于等效龄期的混凝土抗拉强度标准值的控制目标。其目的是为了确定温控指标（温升峰值、里表温差、降温速率、混凝土表面与大气温差）及制定温控施工的技术措施（包括混凝土原材料的选择、混凝土拌制、运输过程及混凝土养护的降温和保温措施、温度监测方法等），以防止或控制有害裂缝的发生，确保施工质量。

3.0.5 本条提出了大体积混凝土施工前，需了解掌握气候变化情况，并尽量避开特殊气候的影响。如大雨、大雪等天气，若无良好的防雨雪措施，将影响混凝土的施工质量。高温天气如不采取遮阳降温措施，骨料的高温会直接影响混凝土拌合物的出机温度和入模温度。而在寒冷季节施工，会增加大体积混凝土保温保湿养护措施的费用，并给温控带来困难。所以应与当地气象台、站联系，掌握近期的气象情况，避开恶劣气候的影响十分重要。

3.0.6 为贯彻国家技术经济政策，保证工程质量、节能和施工安全，特增加本条新规定。大体积混凝土施工应符合国家现行标准《建筑施工安全统一规范》GB 50870 和《建筑施工作业劳动防护用品配备及使用标准》JGJ 184 的有关规定。

4 原材料、配合比、制备及运输

4.1 一 般 规 定

4.1.1 大体积混凝土的施工工艺特性主要是指一次性浇筑的混凝土体量大，浇筑时间长。为此，其拌合物的特性应满足良好的流动性，不泌水，适宜的凝结时间以及坍落度损失小等基本要求。

4.1.2 调整预拌混凝土的有关参数的目的，是为了保证混凝土的工作性能。

4.2 原 材 料

4.2.1 为在大体积混凝土施工中降低混凝土因水泥水化热引起的温升，达到降低温度应力和保温养护费用的目的，本条文根据目前国内水泥水化热的统计数据及多个大型重点工程的成功经验，将原标准中的"大体积混凝土施工时所用水泥其 3d 水化热不宜大于 240kJ/kg，7d 水化热不宜大于 270kJ/kg"修订为"大体积混凝土施工时所用水泥其 3d 水化热不宜大于 250kJ/kg，7d 水化热不宜大于 280kJ/kg"。当选用 52.5 强度等级水泥时，其 7d 水化热宜小于 300kJ/kg。当使用了 3d 水化热大于 250kJ/kg，7d 水化热大于 280kJ/kg 或抗渗要求高的混凝土，在混凝土配合比设计时应根据温控施工的要求及抗渗能力要采取适当措施调整。

4.2.2 本条为强制性条文。据调研在供应大体积混凝土工程用混凝土时，大多数商品混凝土搅拌站会对进站的水泥品种、代号、强度等级、包装或散装编号、出厂日期等进行检查，并对其强度、安定性、凝结时间、水化热等性能进行检验。但也有相当数量的商品混凝土搅拌站并未及时检验或检验的性能不全，将直接影响大体积混凝土工程质量，会造成严重的后果，给国家财产带来损失并威胁人身安全。因此，将本条定为强制性条文是十分必要的。

4.2.3 本条规定了大体积混凝土所使用的骨料应采用非碱活性骨料，但如使用了无法判定是否是碱活性骨料时，应采用现行国家标准《通用硅酸盐水泥》GB 175 等水泥标准规定的低碱水泥，并按照表1控制混凝土的碱含量；也可采用抑制碱骨料反应的其他措施。

表1　混凝土碱含量限值

反应类型	环境条件	混凝土最大碱含量（按 Na_2O 当量计）（kg/m³）		
		一般工程环境	重要工程环境	特殊工程环境
碱硅酸盐反应	干燥环境	不限制	不限制	3.0
	潮湿环境	3.5	3.0	2.0
	含碱环境	3.0	用非活性骨料	

4.2.4 当有可靠试验数据并满足相应国家标准要求时，可采用其他矿物掺合料。

4.2.6 由于大体积混凝土施工时所采用的外加剂对于硬化混凝土的收缩会产生很大的影响，所以对于大体积混凝土施工时采用的外加剂，应将其收缩值作为一项重要指标加以控制。

4.3　配合比设计

4.3.1 本条文考虑到大体积混凝土项目的总施工周期一般较长的特点，在保证混凝土强度满足使用要求的前提下，规定了大体积混凝土可以采用60d或90d的后期强度作为验收指标。这样可以减少大体积混凝土中的水泥用量，提高掺合料的用量，以降低大体积混凝土的绝热温升。同时可以使浇筑后的混凝土里表温差减小，降温速度控制的难度降低，并进一步降低养护费用。

由于聚羧酸高性能等减水剂的大量应用，提高了混凝土的可泵性和强度，根据工程施工需要这次修订调整了原标准对坍落度、用水量、水胶比和砂率的规定。

4.3.2 据了解现许多大体积混凝土施工在确定配合比前都通过试验直接得到混凝土的绝热温升值，而不需要再通过测得水泥水化热再算出混凝土绝热温升值。因此，将原标准中"并应进行水化热、……"修改为"宜进行混凝土绝热温升、……"。如果不具备试验条件，也可按照本标准提供的计算方法确定。

5 施 工

5.1 一 般 规 定

5.1.1～5.1.3 根据大体积混凝土的特点和工程实践经验对大体积混凝土施工组织设计规定了九个方面的主要内容，有关安全管理与文明施工还应遵守国家现行有关标准的规定。

其中大体积混凝土浇筑体施工阶段温度应力和收缩应力，可参照本标准附录B的计算方法进行，有条件时，宜按有限单元法或其他方法进行更加细致地计算分析。本标准附录B中介绍的方法，是目前众多计算大体积混凝土温度场和温度应力方法中的一种，可以在施工前对施工对象在现有条件下（包括材料和工艺）的温升峰值、降温速率、里表温差等参数及开裂情况做出合理估算，参考估算结果可对拟采用材料和工艺进行调整。计算过程中需要的参数，应尽量采用实际试验结果。

关于保温覆盖层厚度的确定，本标准在附录C中给出了计算方法。它是根据热交换原理，假定混凝土的中心向混凝土表面的散热量，等于混凝土表面保温材料应补充的发热量，并把保温层厚度虚拟成混凝土的厚度进行计算。但应指出的是现场应根据实测温度进行及时调整。

5.1.4 整体分层或推移式连续浇筑施工是目前大体积混凝土施工中普遍采用的方法，本条文规定了宜优先采用。工程实践中也有称其为"全面分层、分段分层、斜面分层"、"斜向分层、阶梯状分层"、"分层连续，大斜坡薄层推移式浇筑"等，本条文强调整体连续浇筑施工，不留施工缝，确保结构整体性强。

分层连续浇筑施工的特点，一是混凝土一次需要量相对较少，便于振捣，易保证混凝土的浇筑质量；二是可利用混凝土层面散热，对降低大体积混凝土浇筑体的温升有利；三是可确保结构的整体性。

对于实体厚度一般不超过2m、浇筑面积大、工程总量较大，且浇筑综合能力有限的混凝土工程，宜采用整体推移式连续浇筑法。

5.1.5 大体积混凝土（一般厚度大于2m）允许设置水平施工缝分层施工，并规定了水平施工缝设置的一般要求。已有的试验资料和工程经验表明，设置水平施工缝能有效地降低混凝土内部温升值，防止混凝土内外温差过大。当在施工缝的表层和中间部位设置间距较密、直径较小的抗裂钢筋网片后，可有效地避免或控制混凝土裂缝的出现或开展。

关于高层建筑转换层的大体积混凝土施工，由于转换层结构的尺寸高而大，一般转换梁常用截面高度1.6m～4.0m，转换厚板的厚度2.0m～2.8m，自重大，竖向荷载大，若采用整体浇筑有困难或可能对下部结构产生损害，可利用叠合梁原理，将高大转换层结构按叠合构件施工，不仅可以减少混凝土的水化热，还可利用分层施工形成的结构承受二次施工时的荷载。

5.1.6 对超长（大于现行国家标准《混凝土结构设计规范》GB 50010中伸缩缝的要求）大体积混凝土施工，可留置变形缝、后浇带或跳仓方法分段施工，并规定了设置的一般要求。这样可在一定程度上减轻外部约束程度，减少每次浇筑段的蓄热量，防止水化热的积聚，减少温度应力；但应指出的是跳仓接缝处的应力一般较大，应通过计算确定配筋量和加强构造处理。

5.2 技 术 准 备

5.2.1 图纸会审工作是大体积混凝土施工前一项重要的技术准备工作，应结合实际工程和自身实力、管理水平，制定关键部位的质量控制措施和施工期间的综合抗裂措施。

5.2.2 大体积混凝土施工前应对上道工序如混凝土的模板和支架、钢筋工程、预埋管件等隐蔽工程进行检查验收，合格后再进行混凝土的浇筑。

5.2.3、5.2.4 施工现场总平面布置应满足大体积混凝土连续浇筑对道路、水、电、专用施工设备等的需要，并加强现场指挥和调度，尽量缩短混凝土的装运时间，控制合理的入模温度，提高设备的利用率。

5.2.5 大体积混凝土的供应应满足混凝土连续施工的需要，一般情况下连续供应能力不宜低于单位时间所需量的 1.2 倍。采用多家供应商供料时，应制定统一的技术标准，确保质量可靠。需在施工现场添加料时，应派专人负责，并按批准的方案严格操作，严禁任意加水或添加外加剂。

5.2.6、5.2.7 大体积混凝土施工应尽可能增加装备投入和信息化管理，提高工效，进入现场的设备包括测温监控设备，在浇筑混凝土前应进行全面的检修和调试，确保设备性能可靠，以满足大体积混凝土连续浇筑的需要，施工中宜指定专人负责维护管理。

5.2.8 大体积混凝土与普通混凝土施工在许多方面不同，更应加强组织协调管理和岗前培训工作，明确岗位职责、责任到人，落实技术交底，遵守交接班制度。

5.3 模 板 工 程

5.3.1 本条为强制性条文。为防止大体积混凝土工程中模板和支架系统出现倒塌或倾覆现象，确保人员安全，避免重大经济损失，规定了大体积混凝土模板和支架系统在设计时需开展承载力、刚度和稳定性验算，保证其整体稳固性。一般在大体积混凝土施工中，模板主要采用钢模、木模或胶合板，支架主要采用钢支撑体系。采用钢模时对保温不利，应根据保温养护的需要再增加保温措施；采用木模或胶合板时，保温性能较好，可将其直接作为保温材料考虑。

5.3.2 模板和支架系统在安装、使用和拆卸时需采取措施保障安全，这对避免重大工程事故非常重要。在安装时，模板和支架系统还未形成可靠的结构体系，应采取临时措施，保证在搭设过程中的安全；在混凝土施工时应加强现场检查，必要时应加固；在拆卸时应注意混凝土的强度和拆除的顺序，在混凝土结构有可能未形成设计要求的受力体系前，应加设临时支撑系统。

5.3.3 本条文规定了采用后浇带或跳仓方法施工时施工缝支挡和竖向支撑体系的要求。

5.3.4、5.3.5 规定了拆模时间的要求和应采取的措施，国内外的工程实践证明，早期因水泥水化热使混凝土内部温度较高，过早拆模会导致混凝土内外温差增大，产生很大的拉应力，极易出现裂缝。因此有条件时应延迟拆模时间，缓慢降温，充分发挥混凝土的应力松弛效应，增加对大体积混凝土的保温保湿养护时间。

5.4 混 凝 土 浇 筑

5.4.1 本条文对大体积混凝土的浇筑层厚度、间隔时间、浇筑和振捣作了一般性规定。

1 关于浇筑层厚度，曾称作摊铺厚度、虚铺厚度。条文以插入式振捣棒为主，对其做了规定。浇筑层厚度一般不大于振捣棒作用部分长度的1.25倍，常用的插入式振捣棒作用有效长度大于450mm。

2 条文对连续分层浇筑的间歇时间做了规定，防止因间歇时间过长产生"冷缝"。层间的间歇时间是以混凝土的初凝时间为准的。关于混凝土的初凝时间，在国际上是以贯入阻力法测定，以贯入阻力值为3.5MPa时为混凝土的初凝，所以应经试验确定，试验地点宜在施工现场，试验方法可见现行国家标准《普通混凝土拌合物性能试验方法标准》GB/T 50080、《滑动模板工程技术规范》GB 50113。当层面间歇时间超过混凝土初凝时间时，应按施工缝处理。

4 大体积混凝土采用二次振捣工艺，即在混凝土浇筑后即将凝固前，在适当的时间和位置给予再次振捣，以排除混凝土因泌水在粗骨料、水平钢筋下部生成的水分和孔隙，增加混凝土的密实度，减少内部微裂缝，改善混凝土强度，提高抗裂性。振捣时间长短应根据混凝土的流动性大小确定。

5.4.2 本条对分层间歇浇筑混凝土时，施工缝的处理作了一般规定。

5.4.3 从以往的工程实践总结，钢板止水带相对其他防水方式具有较好的止水效果。

5.4.4 在大体积混凝土浇筑过程中，受力钢筋、定位筋、预埋件等易受到干扰，甚至移位和变形，应采取有效措施固定。大体积混凝土因为泵送混凝土的水灰比一般比较大，表面浮浆和泌水现象普遍存在，不及时清除，将会降低结构混凝土的质量，为此，在施工方案中应事先规定具体做法，以便及时清除混凝土表面积水。

5.4.5 大体积混凝土由于混凝土坍落度较大，在混凝土初凝前或混凝土预沉后在表面采用二次抹压处理工艺，并及时用塑料薄膜覆盖，可有效避免混凝土表面水分过快散失出现干缩裂缝，控制混凝土表面非结构性细小裂缝的出现和开展，必要时，可在混凝土终凝前1h～2h进行多次抹压处理，在混凝土表层配置抗裂钢筋网片。

5.5 混 凝 土 养 护

5.5.1 本条规定了应采用在大体积混凝土养护中已广泛使用且效果明显的保温保湿养护方法。根据以往的施工经验，在大体积混凝土养护过程中采用强制或不均匀的冷却降温措施不仅成本相对较高，管理不善易使大体积混凝土产生贯穿性裂缝，这类方法在房屋建筑工程中较少采用。

保温养护是大体积混凝土施工的关键环节。保温养护的主要目的是通过减少混凝土表面的热扩散，从而降低大体积混凝土浇筑体的里外温差值，降低混凝土浇筑体的自约束应力，其次是降低大体积混凝土浇筑体的降温速率，延长散热时间，充分发挥混凝土强度的潜力和材料的松弛特性，利用混凝土的抗拉强度，以提高混凝土承受外约束应力时的抗裂能力，达到防止或控制温度裂缝的目的。同时，在养护过程中保持良好温度和防风条件，使混凝土在适宜的温度和湿度环境下养护，故本条文对保温养护措施所应满足的条件作了规定。即施工人员应根据事先确定的温控指标的要求，来确定大体积混凝土浇筑后的养护措施。

5.5.2 实践证明，喷雾养护是一种行之有效的保湿措施，尤其在厚墙、转换层等大体积混凝土初凝前养护效果明显。

5.5.3 在大体积混凝土施工时，应因地制宜地采用保温性能好而又便宜的材料用在保温养护中，条文中列举了施工中常见而且又比较便宜的材料；现场实测是大体积混凝土施工中的一个重要环节，根据事先确定的温控指标和当时监测数据指导养护工作，确保混凝土不出现过大的温度应力，从而控制有害裂缝的产生。

5.5.4 对于高层建筑转换层的大体积混凝土施工，由于在高空中组织施工条件相对地面或地下较差，应加强进行保温构造设计和养护工作。必要时，封闭加热施工，以满足温控指标的要求，确保工程质量。

5.5.5 从以往的施工经验看，大体积混凝土结构若长时间暴露在自然环境中，易因干燥收缩产生微裂缝，影响混凝土的外观质量，故对此作了相应的规定。

5.6 特殊气候条件下的施工

5.6.1～5.6.5 为了控制混凝土不出现有害裂缝，保证混凝土浇筑质量，规定了在高温、冬期、大风、雨雪等特殊气候条件下进行大体积混凝土施工时应遵守的技术措施。

5.7 现 场 取 样

5.7.1 原标准没有对大体积混凝土试件的留置作规定，实际操作中，一般依照《混凝土结构工程施工质量验收规范》GB 50204 执行，针对性和操作性不强。近年来大体积混凝土浇筑体量越来越大，工程实际中出现超过 10000m³ 的大体积混凝土已常见。所以标准中，针对大体积混凝土施工的特点，明确了试件的留置规定。此规定的执行条件是该大体积混凝土所用主要原材料和配合比一致，并且是连续拌制（供应、浇筑）的。

6 温度监测与控制

6.0.1 大体积混凝土施工需在监测数据指导下进行，及时调整技术措施，监测系统宜具有实时在线和自动记录功能。考虑到部分地区实现该系统功能有一定困难，亦可采取手动方式测量，但考虑到测试数据代表性，测试应为等时间间隔，数据采集频度应满足本条规定。

6.0.2 多数大体积混凝土工程具有对称轴线，如实际工程不对称，可根据经验及理论计算结果选择有代表性的温度测试位置。

小于 2.5m 厚的结构布置 3 层测点，2.5m～5.0m 布置 5 层测点，5m 以上根据需要增加测点。

6.0.6 温度监测是信息化施工的体现，是从温度方面判断混凝土质量的一种直观方法。监测单位应每天提供温度监测日报，若监测过程中出现温控指标不正常变化，也应及时反馈给委托单位，以便发现问题采取相应措施。

6.0.7 监测工作开展前，可设置小于标准要求温控指标的各项预警值和控制值，若监测过程中，数据超过预警值，则应持续关注该数据并现场调查分析原因；若数据超过控制值，则应立即采取相应调整措施。

6.0.8 降温速率低于1℃/d时，可适当减少保温层厚度或局部掀开保温棚散热。

主 要 参 考 文 献

[1] 块体基础大体积混凝土施工技术规程．YBJ 224—91．北京：冶金工业出版社，1992．

[2] 王铁梦．工程结构裂缝控制(第二版)．北京：中国建筑工业出版社，2017．

[3] 林松涛，仲晓林．《大体积混凝土施工技术规范》试验研究报告与工程应用(系列)．中冶建筑研究总院有限公司，2015，2016，2017．

[4] 彭宣常．中国主要标准规范关于大体积混凝土施工的有关规定．工业建筑，2006(36)．

[5] 孙跃生，仲朝阳，谷政学，丁宁．混凝土裂缝控制中的材料选择．北京：化学工业出版社，2009．

[6] 韩素芳，耿维恕，夏靖华，沙志国．钢筋混凝土结构裂缝控制指南(第二版)．北京：化学工业出版社，2006．

[7] 中国工程院土木水利与建筑学部．混凝土结构耐久性设计与施工指南 CCES01-2004(2005 年修订版)．北京：中国建筑工业出版社，2005．

[8] 北京土木建筑学会．钢筋混凝土工程施工技术措施．北京：经济科学出版社，2005．

[9] 何星华，高小旺．建筑结构工程裂缝防治指南．北京：中国建筑工业出版社，2004．

[10] 钢铁企业冶金设备基础设计规范．GB 50696—2011．北京：中国计划出版社，2012．

[11] 建筑施工手册(第四版)编写组．建筑施工手册．北京：中国建筑工业出版社，2003．

[12] 赵志晋，赵帆．高层建筑施工．北京：中国建筑工业出版社，2003．

[13] 汪正荣，朱国梁．简明施工计算手册(第三版)．北京：中国建筑工业出版社，2006．

[14] 杨嗣信，胡世德，侯君伟．高层建筑施工手册．北京：中国建筑工业出版社，1993．

[15] 中国建筑工程总公司．混凝土结构工程施工工艺标准．北京：中国建筑工业出版社，2003．

[16] 北京城建集团．建筑结构工程施工工艺标准．北京：中国计划出版社，2004．

[17] 上海宝冶建设有限公司．混凝土结构工程施工规范．企业标准，Q/BYJ2-2003．

[18] 上海电力建设工程公司．大体积混凝土施工技术指南．企业标准，2000．

[19] 中国二十冶金建设有限公司．大型箱型基础混凝土施工工法．国家级工法，2003．

[20] 线登洲．大体积混凝土施工温度控制．石家庄：河北科学技术出版社，2003．

[21] 徐荣年，徐欣磊．工程结构裂缝控制——"王铁梦法"应用实例集．北京：中国建筑工业出版社，2005．

[22] 王铁梦．工程结构裂缝控制——"抗与放"的设计原则及其在"跳仓法"施工中的应用．北京：中国建筑工业出版社，2007．

[23] 魏福伟，牟宏远，田青．电厂锅炉基础温控防裂技术措施及其效果．工业建筑，1997(7)．

[24] 年洪喜，杨玉萍，王鑫等．厚大基础底板大体积混凝土裂缝控制技术．建筑技术，2005(8)．

[25] 秦夏强．大型地下箱型基础混凝土裂缝控制实践与研究．地下空间，2004-24-B12．

[26] 唐兴荣．高层建筑转换层结构设计与施工．北京：中国建筑工业出版社，2002．

[27] 郭杏林．混凝土工程施工细节详解．北京：机械工业出版社，2007．

[28] 徐荣年．工程结构裂缝控制-步入"王铁梦法"及诠补．北京：中国建筑工业出版社，2012．

[29] 彭圣浩．建筑工程质量通病防治手册(第四版)．北京：中国建筑工业出版社，2014．